"十三五"普通高等教育本科规划教材

高层建筑结构设计

主　编　李九阳　张自荣

副主编　沙　勇　刘　卉

编　写　许德峰

主　审　孙维东

中国电力出版社

CHINA ELECTRIC POWER PRESS

内 容 提 要

本书为"十三五"普通高等教育本科规划教材。

本书主要介绍了高层建筑结构特点、结构体系与结构布置、高层建筑结构荷载、设计原则，常用结构体系的设计方法和构造要求，并安排了框架结构、框架－剪力墙结构的设计实例。本书按照现行规范编写，每章后配有思考题或习题，以帮助学生巩固和加深所学的内容。

本书可作为普通高等院校土木工程专业教材，也可作为相关专业人员的参考书。

图书在版编目（CIP）数据

高层建筑结构设计/李九阳，张自荣主编. —北京：中国电力出版社，2017.4
"十三五"普通高等教育本科规划教材
ISBN 978 - 7 - 5198 - 0304 - 9

Ⅰ.①高…　Ⅱ.①李…②张…　Ⅲ.①高层建筑－结构设计－高等学校－教材　Ⅳ.①TU973

中国版本图书馆 CIP 数据核字（2017）第 008338 号

出版发行：中国电力出版社
地　　　址：北京市东城区北京站西街 19 号（邮政编码 100005）
网　　　址：http://www.cepp.sgcc.com.cn
责任编辑：孙　静　（010－63412542）
责任校对：李　楠
装帧设计：张俊霞　张　娟
责任印制：吴　迪

印　　　刷：北京天宇星印刷厂
版　　　次：2017 年 4 月第一版
印　　　次：2017 年 4 月北京第一次印刷
开　　　本：787 毫米×1092 毫米　16 开本
印　　　张：14.75
字　　　数：356 千字
插　　　页：5
定　　　价：32.00 元

前　言

本书为"十三五"普通高等教育本科规划教材，参照《建筑结构荷载规范》（GB 50009—2012）、《建筑抗震设计规范》（GB 50011—2010）、《混凝土结构设计规范》（GB 50010—2010）、《高层建筑混凝土结构技术规程》（JGJ 3—2010）等现行规范、规程编写。

本书主要介绍了高层建筑结构特点、结构体系与结构布置、高层建筑结构荷载、设计原则，常用结构体系的设计方法和构造要求，以及框架结构、框架-剪力墙结构的两个设计实例。本书按照现行规范编写，每章后配有思考题或习题，以帮助学生巩固和加深所学的内容。

本书主要针对土木工程专业应用型本科学生需要，内容力求简单易懂，理论联系实际。参考多本优秀教材，章节进行合理编排，各章后均有思考题，有的章节配有必要的习题，帮助读者对章节内容的理解和掌握；最后两章安排两个常用结构体系的设计实例，为学生的毕业设计提供指导和帮助。

本书由李九阳、张自荣主编，沙勇、刘卉副主编，许德峰参编。本书各章节编写分工如下：长春工程学院李九阳编写第1、2、4、7、8、10章；张自荣编写第6章；沙勇编写第5章；刘卉编写第9章；吉林农业大学许德峰编写第3章。全书由孙维东教授主审。

由于编者水平和时间有限，书中难免存在一些缺点和谬误，不足之处恳请广大读者和同行专家批评指正。

编　者

2017 年 3 月

目　　录

前言

第 1 章　概述 ……………………………………………………………………………… 1

1.1　高层建筑结构及其特点 …………………………………………………………… 1

1.2　高层建筑结构发展 ………………………………………………………………… 2

1.3　高层建筑结构材料 ………………………………………………………………… 5

思考题 …………………………………………………………………………………… 5

第 2 章　高层建筑结构体系 ……………………………………………………………… 6

2.1　框架结构 …………………………………………………………………………… 6

2.2　剪力墙结构 ………………………………………………………………………… 8

2.3　框架 - 剪力墙结构 ………………………………………………………………… 10

2.4　筒体结构 …………………………………………………………………………… 13

2.5　板柱 - 剪力墙结构 ………………………………………………………………… 15

2.6　其他结构 …………………………………………………………………………… 15

2.7　高层建筑结构布置 ………………………………………………………………… 16

2.8　高层建筑结构概念设计 …………………………………………………………… 22

思考题 …………………………………………………………………………………… 23

第 3 章　荷载 ……………………………………………………………………………… 24

3.1　概述 ………………………………………………………………………………… 24

3.2　竖向荷载 …………………………………………………………………………… 24

3.3　风荷载 ……………………………………………………………………………… 24

3.4　地震作用 …………………………………………………………………………… 28

思考题 …………………………………………………………………………………… 35

习题 ……………………………………………………………………………………… 36

第 4 章　高层建筑结构设计一般原则 …………………………………………………… 39

4.1　基本假定 …………………………………………………………………………… 39

4.2　荷载效应组合 ……………………………………………………………………… 39

4.3　抗震等级 …………………………………………………………………………… 41

4.4　结构设计要求 ……………………………………………………………………… 43

思考题 …………………………………………………………………………………… 46

第 5 章　框架结构设计 …………………………………………………………………… 47

5.1　延性框架结构抗震设计概念 ……………………………………………………… 47

5.2　框架结构内力与侧移的近似计算 ………………………………………………… 49

5.3 框架梁设计与构造 …………………………………………………………… 66

5.4 框架柱设计与构造 …………………………………………………………… 71

5.5 框架节点设计 ………………………………………………………………… 80

5.6 框架结构钢筋连接与锚固 …………………………………………………… 82

思考题 …………………………………………………………………………… 85

第6章 剪力墙结构设计 …………………………………………………………… 86

6.1 延性剪力墙结构抗震设计概念 ……………………………………………… 86

6.2 剪力墙结构内力与侧移的近似计算 ………………………………………… 87

6.3 剪力墙墙肢设计与构造 ……………………………………………………… 94

6.4 剪力墙连梁设计与构造 ……………………………………………………… 101

6.5 剪力墙结构钢筋连接与锚固 ………………………………………………… 103

思考题 …………………………………………………………………………… 104

习题 ……………………………………………………………………………… 104

第7章 框架 - 剪力墙结构设计 …………………………………………………… 105

7.1 框架 - 剪力墙结构概念设计 ………………………………………………… 105

7.2 框架 - 剪力墙结构内力与侧移的近似计算 ………………………………… 107

7.3 框架 - 剪力墙结构设计与构造 ……………………………………………… 117

思考题 …………………………………………………………………………… 119

第8章 筒体结构设计简介 ………………………………………………………… 120

8.1 筒体结构特点 ………………………………………………………………… 120

8.2 筒体结构设计简介 …………………………………………………………… 122

思考题 …………………………………………………………………………… 126

第9章 框架结构设计实例 ………………………………………………………… 127

9.1 工程概况 ……………………………………………………………………… 127

9.2 结构布置及计算简图 ………………………………………………………… 128

9.3 荷载收集 ……………………………………………………………………… 132

9.4 恒荷载作用下框架内力分析 ………………………………………………… 136

9.5 可变荷载作用下框架内力分析 ……………………………………………… 140

9.6 风荷载作用下的框架内力分析及侧移验算 ………………………………… 144

9.7 水平地震作用下的框架内力分析及侧移验算 ……………………………… 149

9.8 内力组合 ……………………………………………………………………… 155

9.9 内力调整 ……………………………………………………………………… 155

9.10 框架截面设计 ……………………………………………………………… 157

9.11 强节点验算 ………………………………………………………………… 165

第10章 框架 - 剪力墙结构设计实例 …………………………………………… 169

10.1 工程概况 …………………………………………………………………… 169

10.2 剪力墙、框架及连梁的刚度计算 ………………………………………… 173

10.3 重力荷载及水平荷载计算 ………………………………………………… 179

10.4 水平荷载作用下框架 - 剪力墙结构内力与位移计算 …………………… 185

10. 5 竖向荷载作用下框架 - 剪力墙结构内力计算 ················· 195
10. 6 作用效应组合（内力组合） ····························· 211
10. 7 内力调整 ··· 213
10. 8 构件截面设计 ····································· 215
10. 9 框架梁、框架柱、剪力墙施工图 ······················· 223

参考文献 ··· 227

第1章 概　　述

1.1　高层建筑结构及其特点

1.1.1　高层建筑定义

高层建筑是随着社会生产的发展和人们生活的需要而发展起来的，是商业化、工业化和城市化的结果。而科学技术的进步、轻质高强材料的出现以及机械化、电气化、计算机在建筑中的广泛应用，又为高层建筑的发展提供了物质和技术条件。

城市中的高层建筑是城市乃至国家经济繁荣和社会进步的窗口，反映着当地的经济和科技实力，随着经济的发展，世界主要政治、经济中心城市的高层建筑在最近 100 年得到了快速发展。

高层建筑和多层建筑并没有实质性的差别。JGJ3—2010《高层建筑混凝土结构技术规程》（简称《高规》）对高层建筑的定义为：混凝土结构 10 层及 10 层以上或超过 28m 的住宅建筑以及高度超过 24m 的其他民用建筑称为高层，并把常规高度的高层建筑称为 A 级高度，把高度超过 A 级高度限值的高层建筑称为 B 级高度。

世界各国对高层建筑的划分界限并不统一。1972 年联合国国际高层会议将 9 层及其以上建筑定义为高层建筑，并按建筑层数和高度划分为四类。

第一类：9～16 层，高度不超过 50m；

第二类：17～25 层，高度不超过 75m；

第三类：26～40 层，高度不超过 100m；

第四类：40 层以上，高度在 100m 以上。

美国将高度为 22～25m 以上或 7 层以上的建筑物定义为高层建筑。英国将高度 24.3m 以上的建筑物定为高层建筑。法国规定 28m 以上、居住建筑高度 50m 以上的建筑物为高层建筑。日本规定 8 层以上或建筑高度超过 31m 的建筑物为高层建筑。

1.1.2　高层建筑结构特点

高层建筑和多层、低层建筑一样，其结构都要承受竖向作用和水平作用。但是在低层建筑结构中，起控制作用的是竖向作用，水平作用往往可以忽略；在多层建筑结构中，水平作用的效应逐渐增大；在高层建筑中，水平作用成为设计的控制因素。各种作用效应随着建筑高度的增加而变化，见图1-1。

图 1-1 是结构效应（轴力 N、弯矩 M、侧移 Δ）随着建筑高度 H 变化的关系图，从图中可以看出，轴力与高度呈线性关系，弯矩与高度呈二次方关系，侧移与高度呈四次方关系。可见，高层建筑结构的设计，除了保证结构的承载力之

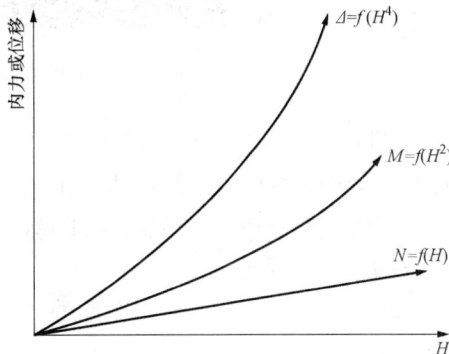

图 1-1　结构内力、水平位移与高度关系

外，更要使结构具有足够的刚度以满足侧移的要求。

在高层建筑结构设计中，也将需要更多的建筑材料来抵抗水平作用，因此抗侧力构件成为高层建筑设计的重点。故抗侧力构件的设计，不仅需要满足较大的承载力，还需要有足够的刚度来抵抗侧向变形。侧向变形过大，不仅容易使人感觉不舒服，影响使用；还会使建筑的非结构构件产生破坏，引起次生灾害；过大的侧向变形还会使主体结构产生裂缝，影响结构安全；甚至需要考虑结构因 P-Δ 效应产生较大的附加内力和偏心加剧，从而导致结构构件倒塌。

1.2 高层建筑结构发展

1.2.1 国外高层建筑的发展

现代高层建筑的出现在 19 世纪，1884～1885 年芝加哥建成了 11 层的家庭保险大楼（Home Insurance Building），是用铸铁和钢建造的框架结构，开创了现代高层建筑的先河。1931 年，纽约建成了著名的帝国大厦（Empire State Building）102 层，高 381m，成为世界第一高楼，也是首个高度超过埃及金字塔的建筑，并且享有世界第一高楼的美誉达 40 年之久（见图 1-2）。直到 1972～1973 年，在纽约建成了世界贸易中心双塔（World Trade Center Twin Towers），110 层，高 402m，成为世界著名建筑，但在 2001 年的 9·11 事件中被毁。同期建成的还有芝加哥的西尔斯大厦（Sears Tower），110 层，高 443m，因为采用成束筒结构形式而闻名至今（见图 1-3）。

图 1-2　帝国大厦

图 1-3　西尔斯大厦

20 世纪 90 年代之后，世界各地的高层建筑像雨后春笋般的涌现和增高。目前，世界上高度超过 300m 的高层建筑已达几十幢。1998 年，马来西亚吉隆坡建成了当时世界最高建筑——石油双塔（Petronas Twin Towers），452m，88 层（见图 1-4）；2010 年在阿拉伯联合酋长国迪拜建成的哈利法塔高度为 828m，162 层，是目前世界第一高楼与人工构造物（见图 1-5）。高层建筑在全球范围的建设，同时也促进着建筑材料、结构设计、施工技术的进步。

图 1-4　石油双塔

图 1-5　哈利法塔

1.2.2　中国高层建筑的发展

解放前国内高层建筑较少。解放后，在 50～70 年代，陆续建成一些，如 1959 年建成的
北京民族饭店，12 层，高 47.4m，是当时中国
著名的建筑；1968 年建成的广州宾馆，27 层，
88m 高，曾经是广州的地标性建筑；1976 年在
广州建成的白云宾馆，33 层，114m 高，是以
后 9 年中我国的最高建筑，标志着我国高层建
筑开始突破 100m。进入 20 世纪 80 年代后期，
我国高层建筑得到了迅速发展。1996 建成的深
圳地王大厦，81 层、高 325m；1998 年建成的
上海金茂大厦，88 层，高 420m；2014 年建成
上海中心大厦，118 层，结构高度 580m，是目
前国内已投入使用最高的建筑。我国目前超过
150m 的高层建筑已经超过 100 幢，超过 400m
的高层建筑也有 20 多幢，上海浦东建成的金茂

图 1-6　上海中心大厦、环球金融中心等

大厦、环球金融中心、上海中心大厦与东方明珠遥相呼应，见证着我国高层建筑和经济建设
的发展，见图 1-6。

港澳台的世界著名高层建筑也非常多。如 1990 年建成的中国银行大厦，72 层，369m；
2011 年建成的香港国际贸易中心，118 层，484m，这些高层建筑形成了美丽的香港地平线
（见图 1-7）；2004 年建成的台北 101 大厦，101 层，高 508m，目前仍是世界第三高楼（见
图 1-8）。

目前世界最高十大建筑和我国内地最高十大建筑分别见表 1-1 和表 1-2（截至 2016
年）。

图 1-7　香港地平线

图 1-8　台北 101 大厦

表 1-1　　　　　　　　　　　　世 界 十 大 最 高 建 筑

排名	建筑名称	城市	建成年份	层数	高度（m）
1	哈利法塔	迪拜	2009	160	828
2	高银大厦	天津	2015	117	597
3	上海中心大厦	上海	2014	118	580
4	平安国际金融大厦	深圳	2015	118	555
5	台北 101 大楼	台北	2004	101	509
6	上海环球金融中心	上海	2008	101	492
7	香港国际贸易中心	香港	2011	118	484
8	石油大厦	吉隆坡	1996	88	452
9	紫峰大厦	南京	2010	89	450
10	西尔斯大厦	芝加哥	1974	110	443

表 1-2　　　　　　　　　　　　我 国 内 地 十 大 最 高 建 筑

排名	建筑名称	城市	建成年份	层数	高度（m）
1	高银大厦	天津	2015	117	597
2	上海中心大厦	上海	2014	118	580
3	平安国际金融大厦	深圳	2015	118	555
4	台北 101 大楼	台北	2004	101	509
5	上海环球金融中心	上海	2008	101	492
6	香港国际贸易中心	香港	2011	118	484
7	紫峰大厦	南京	2010	89	450
8	京基 100 大厦	深圳	2011	100	441
9	广州国际金融中心	广州	2010	103	438
10	金茂大厦	上海	1998	88	420

1.3　高层建筑结构材料

高层建筑的主要材料是钢筋、混凝土和钢。可以全部采用钢筋混凝土，或全部采用钢材，也可以采用型钢或钢管与混凝土两种材料做成的混合结构。

钢筋混凝土材料造价较低且来源丰富，可以浇筑成所需的复杂截面形状，因此应用广泛。高层建筑宜采用高强、高性能混凝土和高强钢筋。

各类结构用混凝土的强度等级均不应低于 C20；抗震设计时，一级抗震等级框架梁、柱及节点的混凝土强度等级不应低于 C30；抗震设计时，框架柱的混凝土强度等级，9 度时不宜高于 C60，8 度时不宜高于 C70，剪力墙的混凝土强度等级不宜高于 C60。混凝土强度等级越高，对构件的养护与裂缝越不利，因此并非混凝土等级越高越好。

随着我国钢产量的不断提高，高强度钢筋应用也十分普遍，可根据混凝土构件对受力钢筋的要求确定。纵向受力钢筋宜采用 HRB400、HRB500、HRBF400、HRBF500 钢筋；梁、柱中纵向受力钢筋应宜采用 HRB400、HRB500、HRBF400、HRBF500 钢筋；箍筋宜采用 HRB400、HRBF400、HPB300、HRB500、HRBF500 钢筋，也可采用 HRB335、HRBF335 钢筋。

抗震等级一、二、三级的框架和斜撑构件，纵向受力钢筋尚应符合下列规定：1）钢筋的抗拉强度实测值和屈服强度实测值的比值不应小于 1.25；2）钢筋的屈服强度实测值和屈服强度标准值的比值不应大于 1.3；钢筋最大拉力下的总伸长率实测值不应小于 9%。

混合结构是目前高层、超高层建筑常用的形式。与混凝土结构、钢结构相比，混合结构具有显著的优势：造价比钢结构低，抗侧刚度比钢结构大；强度比钢筋混凝土高，抗震性能优于钢筋混凝土结构。

混合结构可以采用组合构件的形式，也可以采用组合结构体系的形式。

（1）用钢材加强钢筋混凝土构件。钢材放在构件内部，外部由钢筋混凝土包裹，称为钢骨（型钢）混凝土构件；也可以在钢管内部填充混凝土，形成外包钢构件，称为钢管混凝土。前者可充分利用外包混凝土的刚度和耐火性，又可利用钢骨减小了构件的断面，改善了抗震性能。后者利用钢管可以作为外包，减少了模板的使用；同时，形成约束混凝土，大大增强了混凝土的强度。

（2）组合结构体系。一部分抗侧力结构用钢，另一部分采用钢筋混凝土，形成混合结构体系。如：周边采用钢框架或型钢混凝土框架，内部采用钢筋混凝土核心筒的框架—核心筒结构；周边采用钢框筒或型钢（钢管）混凝土框筒，内部采用钢筋混凝土核心筒的筒中筒结构体系。

到目前为止，我国超高层建筑中，钢骨混凝土和混合结构的应用超过一半。

混合结构中钢材的性能应满足《高规》（JGJ3）的规定。

思 考 题

1.1　我国对高层建筑是怎样定义的？

1.2　高层建筑结构设计与多层建筑相比有何异同？

1.3　高层建筑结构效应与建筑高度的关系如何？

1.4　高层建筑对材料有哪些要求？

第 2 章 高 层 建 筑 结 构 体 系

高层建筑的结构体系是指承担自重和活荷载产生的竖向荷载、抵抗风荷载和地震作用的骨架。结构体系由水平构件和竖向构件组成，有的结构体系中还需设置斜撑。水平构件包括楼板、梁；竖向构件包括墙、柱等。建筑结构的各种作用通过竖向、水平构件向下传递至地基。作用在楼板上的竖向荷载通过楼板传至梁，再传至柱（墙、支撑），最后传至基础和地基；水平作用通过水平构件传至墙、柱，然后传至基础和地基。高层建筑结构体系包括：框架结构、剪力墙结构、框架－剪力墙结构、筒体结构、板柱－剪力墙结构等。不同的结构体系，适用于不同的层数、功能和高度。

2.1 框 架 结 构

框架是指由梁、柱组成的结构单元。框架结构是指全部竖向和水平荷载均由框架承担的结构体系，即整栋结构都由框架梁、柱组成。框架结构体系中的框架梁、柱可以采用钢、钢筋混凝土或钢与钢筋混凝土的组合形式。

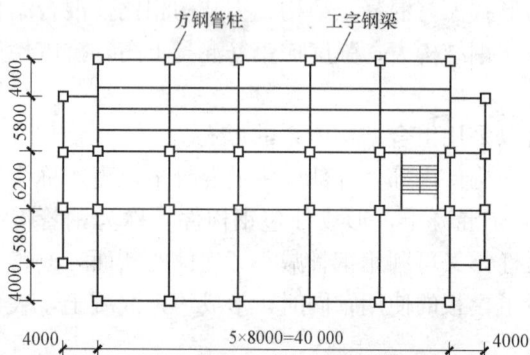

图 2-1 框架结构平面图

框架结构的优点是建筑平面布置灵活，墙体采用非承重墙，拆装方便，结构自重小。框架结构可以广泛应用于办公楼、教学楼、商场等公共建筑。框架结构典型实际应用平面布置见图 2-1。

框架结构的缺点是侧向刚度小，抵抗侧向变形能力差。用于比较高的建筑时，需要较大截面尺寸的梁柱才能满足侧向刚度的要求，从而减小了有效使用空间。因此，框架结构不宜用于层数太高的建筑，一般以 15～20 层以下为宜。

框架结构的梁、柱是线型杆件，截面惯性矩小，故在水平作用下的侧移较大，侧向位移主要由两部分组成：梁和柱的弯曲变形产生的水平位移及柱的轴向变形产生的水平位移。前者的位移曲线为剪切型，其特征是：层间位移自下而上逐渐减小，呈收敛的趋势；后者的位移曲线为弯曲型，其特征是：层间位移自下而上逐渐增大，呈发散的趋势。前者是主要的，故框架结构在水平作用下的位移曲线整体为剪切型，见图 2-2。

框架结构可以采用横向承重、纵向承重、纵横向框架承重等方式，主要取决于楼板的布置见图 2-3。

框架只能在自身平面内抵抗水平作用，所以必须在两个正交方向设置框架，形成双向梁柱抗侧力体系；地震震害表明，节点是导致结构破坏的薄弱环节，因此抗震框架结构梁柱节点不允许铰接，必须采用梁端能传递弯矩的刚接；抗震设计的框架结构不应采用单跨框架，

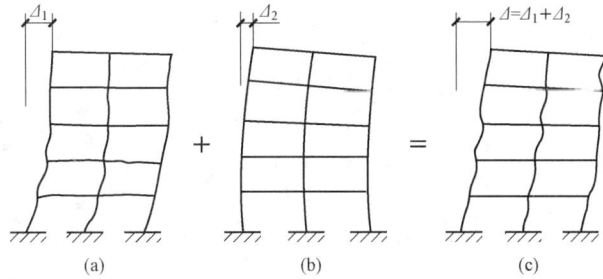

图 2-2 框架结构在水平荷载作用下的位移曲线

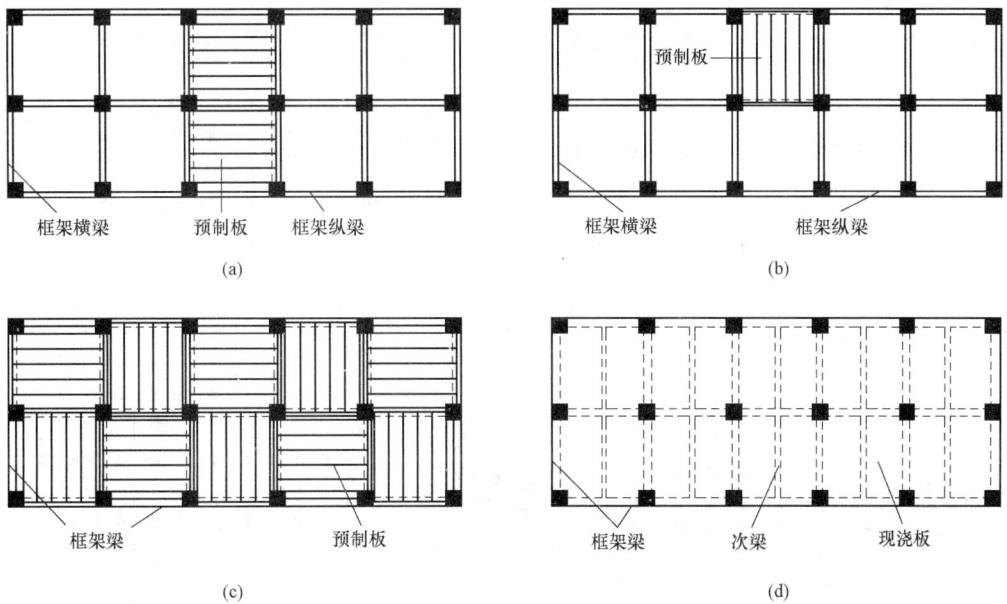

图 2-3 框架结构布置方案

(a) 横向框架承重；(b) 纵向框架承重；(c) 纵横向框架承重（一）；(d) 纵横向框架承重（二）

应保证足够的冗余度。

框架结构的填充墙及隔墙宜选用轻质墙体。抗震设计时，框架结构如采用砌体填充墙，其布置应符合下列规定：

1) 避免形成上下层刚度变化过大；

2) 避免形成短柱；

3) 减少因抗侧刚度偏心而造成结构扭转。

框架结构沿着建筑高度柱网尺寸和梁截面尺寸一般不变，柱的截面尺寸沿高度可逐渐减小，一般可以考虑隔几层缩减一次。

框架结构抗震设计时，不应采用框架和部分砌体墙混合承重的形式。框架结构中的楼、电梯及局部出屋顶的电梯机房、楼梯间、水箱间等，应采用框架承重，不应采用砌体承重。

框架梁、柱的中心线宜重合。

常用框架结构平面布置见图 2-4。

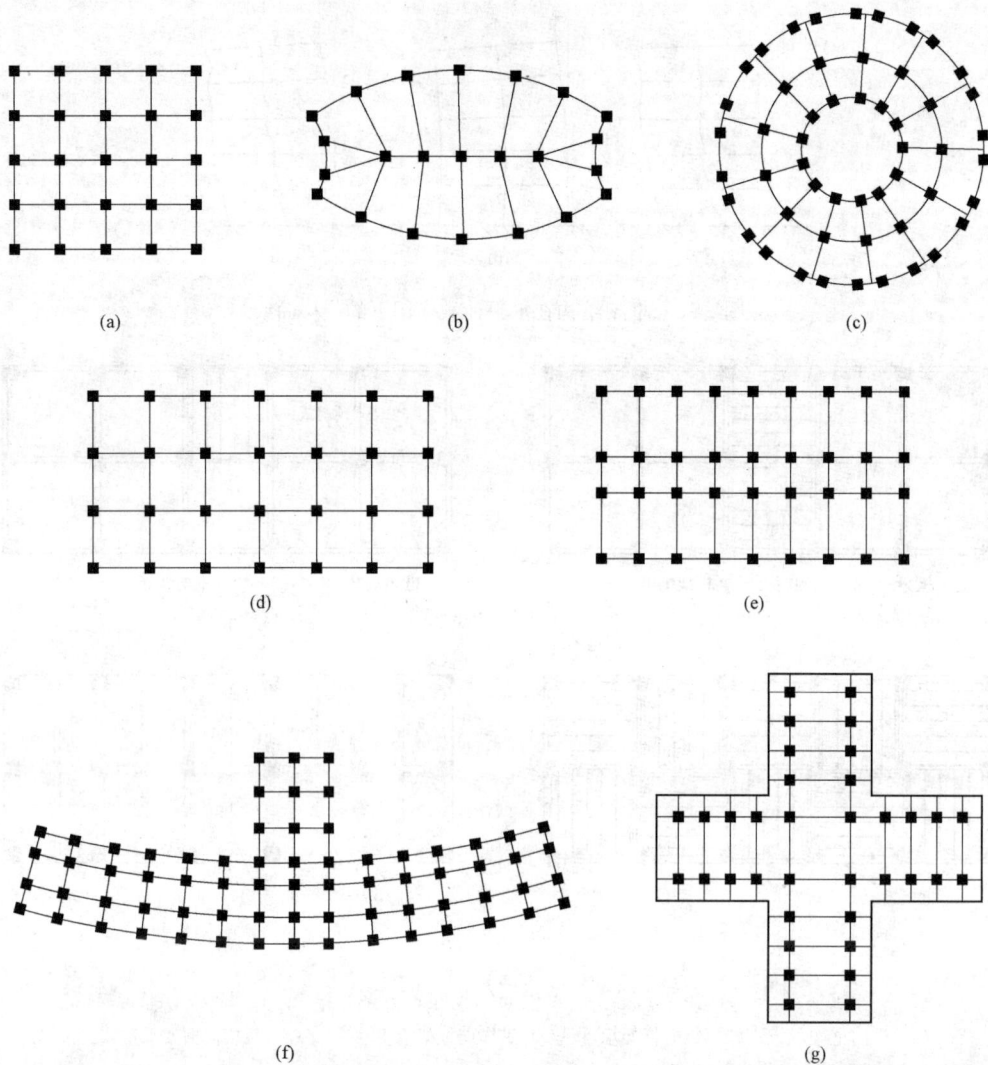

图 2-4 框架结构平面布置图

2.2 剪 力 墙 结 构

利用建筑物墙体作为承受竖向荷载、抵抗水平作用的结构，称为剪力墙结构。抗震结构中的剪力墙，称为抗震墙，剪力墙结构称为抗震墙结构。同时剪力墙起到了围护和分隔的作用。

剪力墙结构的优点是整体性好，侧向刚度大，具有良好的抗震性能。在历次地震中，剪力墙结构的震害比框架结构轻得多，因此剪力墙结构广泛应用于住宅、旅馆等高层建筑中。典型工程应用平面布置见图 2-5。

剪力墙结构的缺点是剪力墙间距不能太大，开间一般为 3~8m，平面布置不灵活，结构自重较大。因此，剪力墙结构应用高度一般不超过 30 层。

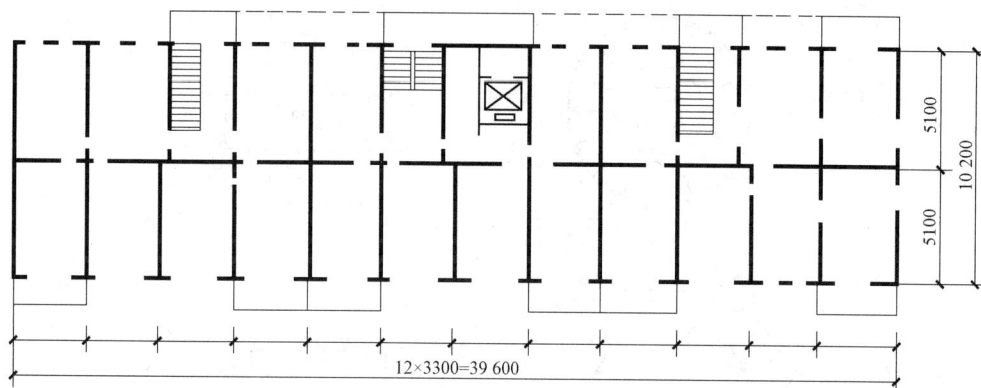

图 2-5　剪力墙结构——高层板式平面图

　　剪力墙在自身平面内刚度较大，故在水平荷载作用下，侧移较小。剪力墙结构位移曲线呈弯曲型，见图 2-6。

　　剪力墙是平面受力构件，宜在两个主轴方向或其他方向双向布置，分别抵抗各自方向的水平荷载，且各个方向的抗侧刚度相差不宜过大。抗震设计时，不应采用单向有墙的结构布置方式。

　　剪力墙结构平面布置宜简单、规则；立面宜自下而上连续布置，避免刚度突变；洞口宜上下对齐、成列布置，形成明确的连梁和墙肢。

　　剪力墙不宜过长，各段墙的高度和墙段长度之比不宜小于 3，墙段长度不宜大于 8m，以保证墙肢是受弯破坏控制，从而保证竖向分布钢筋在破坏时尽可能发挥作用。

　　剪力墙的两端尽可能与另一方向的剪力墙连接，形成有翼墙的墙。在楼、电梯间，两个方向的剪力墙相互连接形成井筒，极大地增加了结构的抗扭能力。

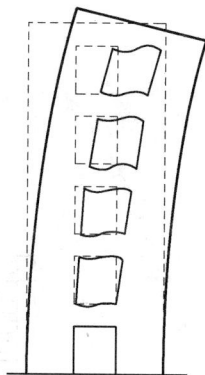

图 2-6　剪力墙结构水平荷载下位移曲线

　　常用剪力墙的平面布置见图 2-7。

　　为了使底层或底部若干层有较大的空间，底层或底部若干层的剪力墙不落地，支承在框架转换层或转换层以下的框架上，形成框支剪力墙，见图 2-8。

　　由剪力墙转换为框架，结构的侧向刚度减小，楼层受剪承载力也减小，形成了薄弱层和软弱层，地震发生时，底层及底部几层破坏严重，会导致局部倒塌或整体倒塌，因此地震区不允许采用底层或底部若干层全部为框架的框支剪力墙结构。

　　另外，短肢剪力墙也是住宅剪力墙结构建筑中常用的构件。短肢剪力墙是指截面厚度不大于 300mm，剪力墙的墙肢截面长度与厚度之比在 4~8 之间的墙。短肢剪力墙沿建筑高度可能有较多的楼层会出现反弯点，受力性能不如普通剪力墙，又承担了较多的轴力和剪力。因此抗震设计时不应采用全部的短肢剪力墙结构。当采用具有较多短肢剪力墙的剪力墙结构时，水平地震作用下，短肢剪力墙承担的底部倾覆力矩不宜大于结构底部总地震倾覆力矩的 50%，房屋的最大适用高度比普通剪力墙结构降低。

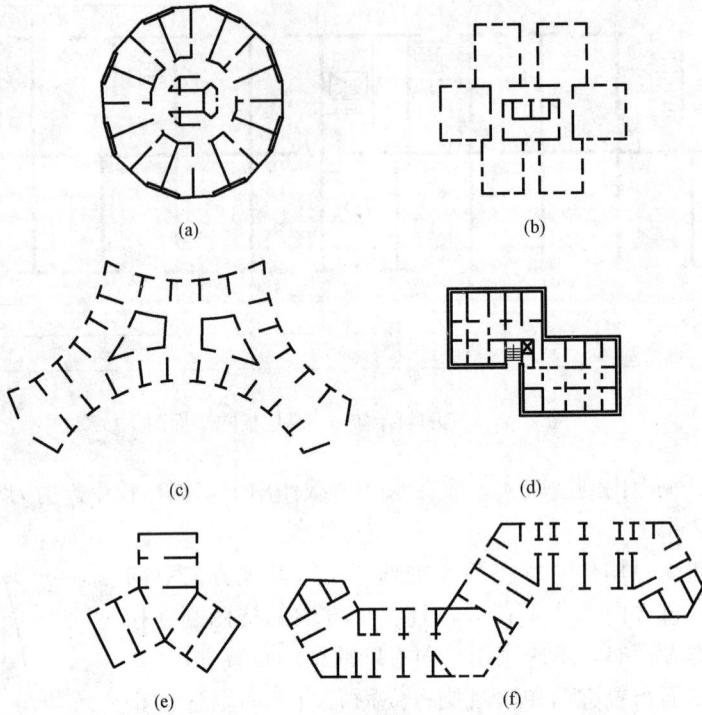

图 2-7　剪力墙平面布置图

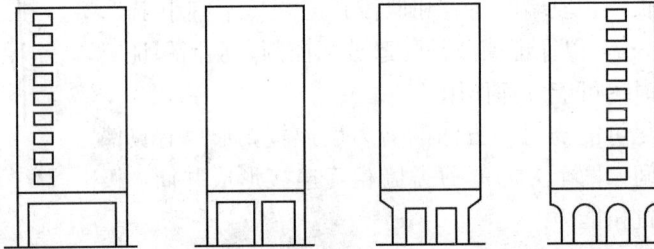

图 2-8　框支剪力墙立面布置

2.3　框架-剪力墙结构

　　框架和剪力墙共同承受竖向和水平荷载，称为框架-剪力墙结构。框架-剪力墙结构可以采用框架和剪力墙分片设置；也可以在剪力墙的端部设置框架柱；也可以将剪力墙集中布置在结构内部，围成井筒，形成框架—核心筒体结构。筒体的承载力、侧向刚度、抗扭能力都较单片墙体大大提高。这是在结构上提高材料利用率的途径。在建筑布置上，可以利用井筒做成电梯间、管道井等竖向通道。

　　框架-剪力墙结构结合了框架结构和剪力墙结构的优点，平面布置较灵活，结构刚度根据设计需要确定，整体性和抗震性能优越。框架-剪力墙结构是双重抗侧力体系。其中剪力墙刚度大，承担大部分的水平作用，是抗侧力的主体；框架承担竖向荷载，同时承担小部分的水平作用。

　　框架 - 剪力墙结构在水平荷载作用下的侧移曲线呈弯 - 剪型。在水平荷载作用下框架的整体变形呈剪切型，剪力墙呈弯曲型，当两者通过楼板协同工作时，变形必须协调。因此，在结构的底部，框架的侧移将减小，在结构的上部，剪力墙的侧移将减小，侧移曲线整体呈弯 - 剪型，见图 2 - 9。框架 - 剪力墙结构的层间位移沿建筑高度整体趋于均匀，改善了框架和剪力墙的抗震性能，也有利于减少小震作用下非结构构件的破坏。框架 - 剪力墙结构是目前高层建筑中应用最广泛的结构形式之一。

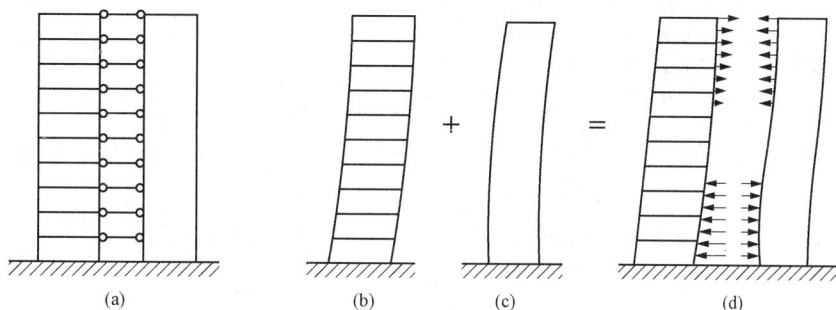

图 2 - 9　框架 - 剪力墙结构在水平荷载作用下的协同工作

　　框架和剪力墙都只在自身平面内具有刚度，抗震设计时，框架 - 剪力墙结构应设计成双向抗侧力体系，结构的两个主轴方向都要布置框架和剪力墙。

　　框架 - 剪力墙结构布置的关键是剪力墙的数量。剪力墙数量多，结构的刚度增加，水平侧移减小。但同时剪力墙数量增加，结构自重增加，地震作用加大，侧向位移与剪力墙数量并不呈比例变化。因此设置过多的剪力墙不仅没有必要，还会对使用造成影响。因此，剪力墙的数量不能过多，也不能过少。《高规》规定，抗震设计的框架 - 剪力墙结构，在规定的水平作用下，结构底层框架部分承受的地震倾覆力矩与结构的总倾覆力矩之比大于 10%，但不大于 50% 时，按框架 - 剪力墙结构进行设计。即底层剪力墙部分承担的倾覆力矩应大于结构总倾覆力矩的 50% 以上；当框架部分承受的地震倾覆力矩与结构的总倾覆力矩之比不大于 10% 时，按剪力墙结构计算。

　　剪力墙的布置应满足下列要求：

　　(1) 剪力墙宜均匀布置在建筑物的周边附近、楼梯间、电梯间、平面形状变化及恒荷载较大部位，剪力墙间距不宜过大；

　　(2) 平面形状凹凸较大时，宜在凸出部分的端部附近布置剪力墙；

　　(3) 纵、横向剪力墙宜组成 L 形、T 形、工形和井筒等形式，使一个方向的墙成为另一个方向墙的翼缘，增大抗侧、抗扭刚度；

　　(4) 单片剪力墙底部承担的水平剪力不应超过结构底部总水平剪力的 30%；

　　(5) 剪力墙宜贯通建筑物的全高，宜避免刚度突变；剪力墙开洞时，洞口宜上下对齐；

　　(6) 楼、电梯间等竖井宜尽量与靠近的抗侧力结构结合布置；

　　(7) 抗震设计时，剪力墙的布置宜使结构各主轴方向的侧向刚度接近；

　　(8) 剪力墙间距不宜过大。若间距过大，在水平荷载作用下，两道墙之间的楼板可能在自身平面内产生弯曲变形，因此，剪力墙的间距宜满足表 2 - 1 的规定。当这些剪力墙之间的楼板有较大开洞时，剪力墙的间距应适当减小。

表 2 - 1　　　　　　　　　　　　剪 力 墙 的 间 距　　　　　　　　　　　　m

楼盖形式	非抗震设计（取较小值）	抗震设防烈度		
		6 度、7 度（取较小值）	8 度（取较小值）	9 度（取较小值）
现浇	5.0B，60	4.0B，50	3.0B，40	2.0B，30
装配整体	3.5B，50	3.0B，40	2.5B，30	—

注　1. 表中 B 为剪力墙之间的楼盖宽度。
　　2. 装配整体式楼盖的现浇层应满足相应的规定。
　　3. 现浇层厚度大于 60mm 的叠合楼板可作为现浇板考虑。
　　4. 当房屋端部未布置剪力墙时，第一片剪力墙与房屋端部的距离，不宜大于表中剪力墙间距的 1/2。

（9）纵向剪力墙不宜集中布置在房屋的两尽端，以避免由于两端剪力墙的约束作用造成楼板开裂。

（10）框架 - 剪力墙结构中，主体结构构件之间除个别节点外不应采用铰接。

典型框架 - 剪力墙的平面布置见图 2 - 10。

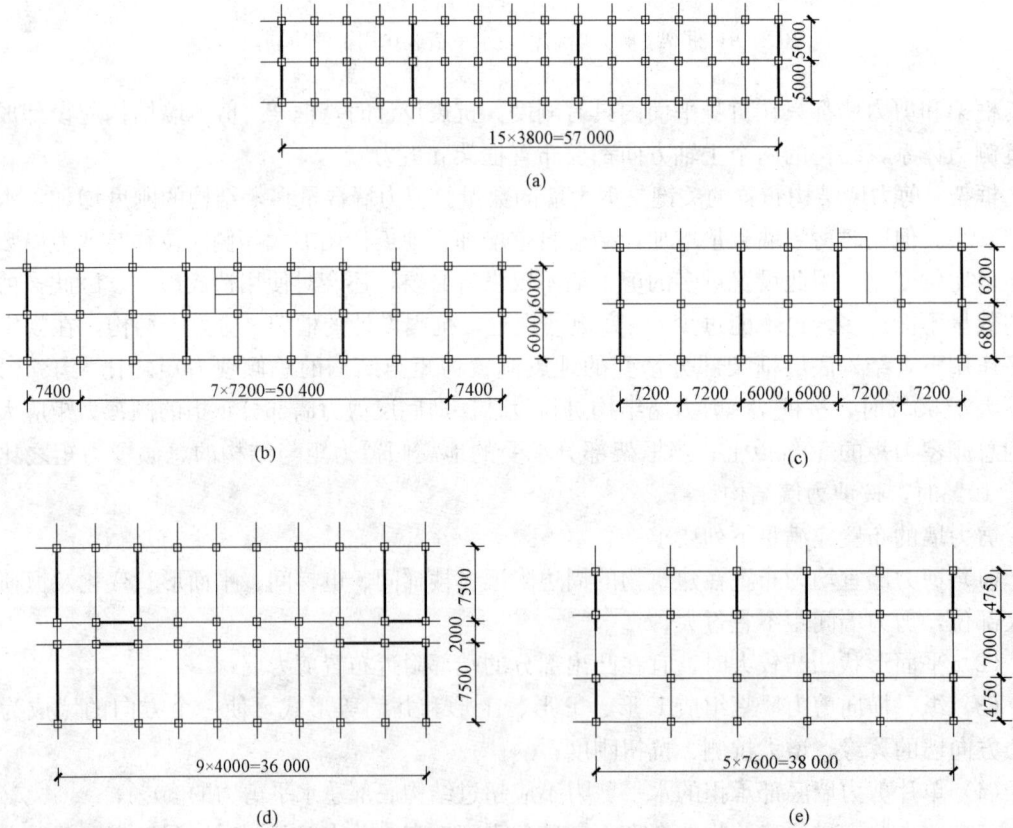

图 2 - 10　框架 - 剪力墙的平面布置图

2.4 筒 体 结 构

由竖向筒体为主组成的承受竖向和水平作用的高层建筑结构称为筒体结构。筒体结构包括实腹筒、框筒、桁架筒、筒中筒、成束筒等。用剪力墙围成的筒体就是实腹筒。在实腹筒的墙体上开出许多规则排列的洞口就形成了框筒,框筒实际是由布置在建筑物周边的柱距小、梁截面高的密柱深梁框架组成的。如果筒体的四壁是由竖杆和斜杆形成的桁架组成的,则为桁架筒。当上述筒体单元进行组合,就形成了筒中筒和成束筒。

筒体结构的主要特点是它的空间受力性能。无论哪一种筒体,在水平荷载作用下都可看成固定于基础上的箱形悬臂构件,它比单片平面结构具有更大的抗侧刚度、抗扭刚度和承载力。

筒体结构的结构布置应符合下列规定:

(1) 核心筒和内筒的墙肢宜均匀、对称布置;

(2) 核心筒和内筒的筒体角部不宜开洞,当不可避免时,筒角内壁至洞口的距离不应小于 500mm 和开洞墙截面厚度的较大值;

(3) 核心筒或内筒的外墙与外框柱之间的中距,非抗震设计大于 15m、抗震设计大于 12m 时,宜采取增设内柱等措施;

(4) 核心筒或内筒的外墙不宜在水平方向连续开洞,洞间墙肢的截面高度不宜小于 1.2m;当洞间墙肢的截面高度与厚度之比小于 4 时,宜按框架柱进行截面设计;

(5) 框架-核心筒结构的核心筒宜贯通建筑物全高;核心筒宽度不宜小于筒体总高的 1/12;框架-核心筒结构周边柱间必须设置框架梁;

(6) 筒中筒结构的平面外形宜选用圆形、正多边形、椭圆形、矩形、切角三角形等;内筒的宽度可为高度的 1/12~1/15;采用外框筒时,外框筒柱距不宜大于 4m,洞口面积不宜大于墙面面积的 60%,角柱面积可取中柱面积的 1~2 倍,外框筒梁的截面高度可取柱距的 1/4。

实腹筒、框筒、桁架筒、筒中筒平面布置见图 2-11。

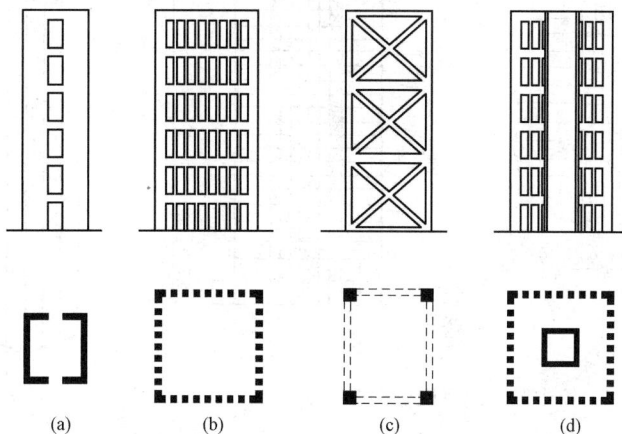

图 2-11 筒体类型
(a) 实腹筒;(b) 框筒;(c) 桁架筒;(d) 筒中筒

框筒、桁架筒、筒中筒、成束筒典型工程应用实例见图 2 - 12～图 2 - 15。

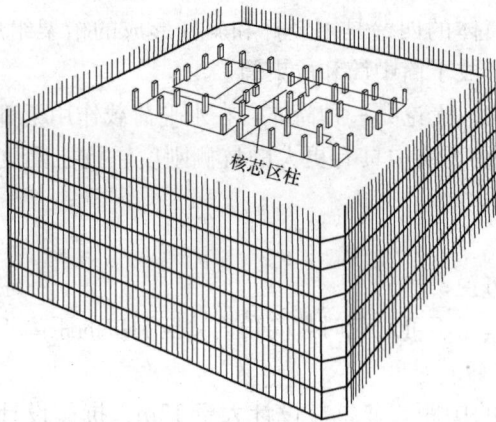

图 2 - 12　框筒（纽约世贸中心塔楼）

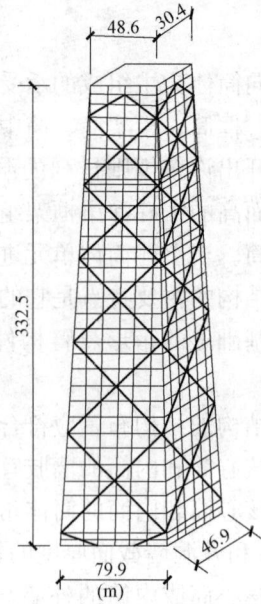

图 2 - 13　桁架筒（芝加哥汉考克大厦）

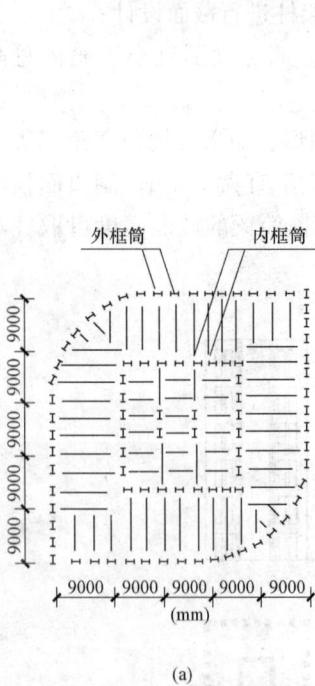

图 2 - 14　筒中筒（北京国贸大厦一期）

图 2 - 15　成束筒（西尔斯大厦）

2.5　板柱-剪力墙结构

板柱-剪力墙是指钢筋混凝土无梁楼盖和柱组成的结构。板柱结构施工方便、楼板高度小，净空尺寸大，平面布置灵活。但板柱结构的连接节点处容易发生冲切破坏，抗震性能差，因此不宜在地震区使用。在板柱结构中设置剪力墙或将楼、电梯间做成钢筋混凝土井筒，即成为板柱-剪力墙结构。

板柱-剪力墙结构应同时布置筒体或两主轴方向的剪力墙，以形成双向抗侧力体系，其剪力墙的布置要求与框架-剪力墙结构相同；抗震设计时，房屋的周边应设置边梁形成周边框架，房屋的顶层及地下室顶板宜采用有梁板结构；楼、电梯间等有较大开洞时，洞口周边宜设置框架梁或边梁；无梁板可根据承载力和变形要求采用无柱帽（柱托）板或有柱帽（柱托）板的形式；抗震设计时，各层筒体或剪力墙应能承担相应方向该层的全部地震剪力，各层板柱和框架尚应承担不少于 20% 的本层地震剪力，且应符合有关抗震构造要求。

2.6　其 他 结 构

高层建筑结构中还有悬挂结构体系和巨型框架结构体系。

悬挂结构体系是以钢筋混凝土内筒为主要受力结构，从内筒不同高度处伸出金属悬臂杆，并在其端部挂有钢吊杆与内筒共同承受各层楼板的自重与附加的活荷载。悬挂结构体系示意见图 2-16。悬挂结构不但可以满足建筑师自由设计的要求，而且利用悬挂结构构成内部楼层，在不同位置设置耗能装置，可以有效减小结构的风荷载和地震作用。如香港的汇丰银行大楼，它是用搁在两排钢柱上的四排水平桁架来悬吊其下的楼板。见图 2-17。

巨型框架结构体系是由若干个巨柱（通常由楼电梯井或大截面的实体柱组成的筒体）以及巨梁（每隔几个或十几个楼层设置一道，梁高一般占一个或几个楼层高）组成的结构体系，承受主要的竖向和水平作用，其余的楼面梁柱组成二级结构，负责将楼面荷载传递到巨型框架上。巨型框架结构体系示意见图 2-18，日本东京市政厅大厦采用了巨型框架结构体系。其平面和剖面布置见图 2-19。

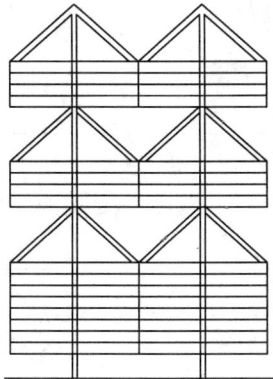

图 2-16　悬挂结构体系示意图　　图 2-17　香港汇丰银行　　图 2-18　巨型框架结构示意图

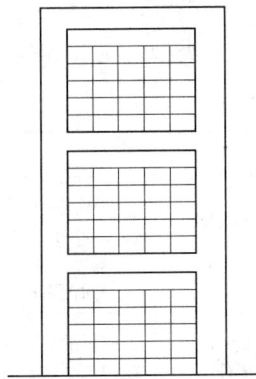

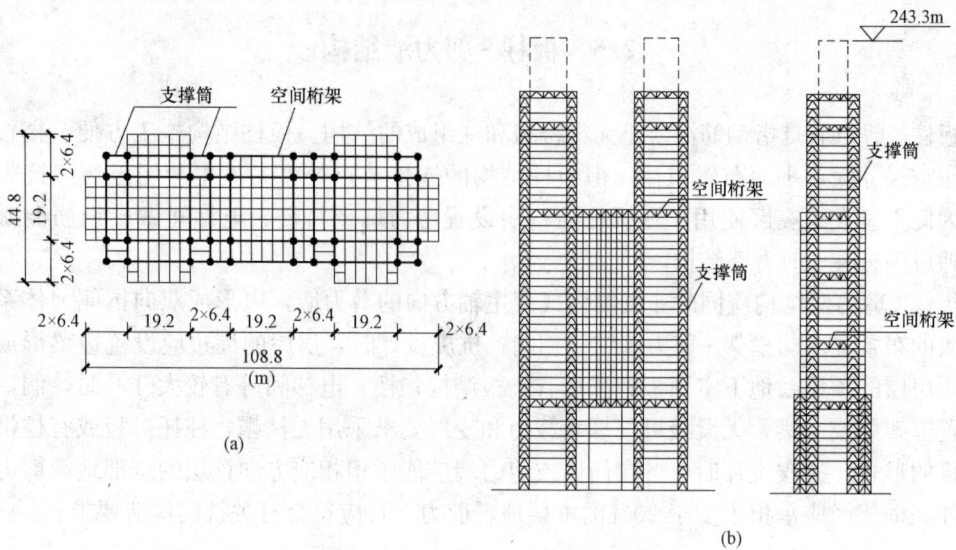

图 2-19　日本东京市政厅大厦
(a) 平面图；(b) 剖面图

2.7　高层建筑结构布置

高层建筑结构的设计，除了要根据建筑高度、抗震设防烈度等合理选择结构材料、抗侧力结构体系外，要特别重视建筑体形和结构布置。建筑体形是指建筑的平面形状、立面和竖向剖面的变化；结构布置是指结构构件的平面布置和竖向布置。建筑体形和结构布置对结构的抗震性能有决定性的作用。建筑师根据建筑的使用功能、建筑场地、美学等确定建筑的平面形状、立面和竖向剖面；结构师根据建筑体形和抵抗竖向荷载、抗风、抗震的要求，进行结构布置。

《建筑抗震设计规范》(GB 50011) 对高层建筑平面不规则、竖向不规则的内容给予了明确规定。《建筑抗震设计规范》从扭转、平面凹凸、楼板局部不连续性三个方面给出了平面不规则的类型，见表 2-2；从侧向刚度、竖向抗侧力构件、楼层承载力三个方面给出了竖向不规则的类型，见表 2-3。

表 2-2	平面不规则的主要类型
不规则类型	定义和参考指标
扭转不规则	在规定的水平力作用下，楼层的最大弹性水平位移（层间位移）大于该楼层两端弹性水平位移（层间位移）平均值的 1.2 倍
凹凸不规则	平面凹进的尺寸大于相应投影方向总尺寸的 30%
楼板局部不连续	楼板的尺寸和平面刚度急剧变化，例如，有效楼板宽度小于该层楼板典型宽度的 50%，或开洞面积大于该层楼面面积的 30%，或较大的楼层错层

表 2 - 3	竖向不规则的主要类型
不规则类型	定义和参考指标
侧向刚度不规则	该层的侧向刚度小于相邻上一层的 70%，或小于其上相邻三个楼层侧向刚度平均值的 80%；除顶层或出屋面小建筑外，局部收进的水平向尺寸大于相邻下一层的 25%
竖向抗侧力构件不连续	竖向抗侧力构件（柱、抗震墙、抗震支撑）的内力由水平转换构件（梁、桁架等）向下传递
楼层承载力突变	抗侧力结构的层间受剪承载力小于相邻上一楼层的 80%

建筑设计应根据抗震概念设计的要求明确建筑形体的规则性。不规则的建筑应按规定采取加强措施；特别不规则的建筑应进行专门研究和论证，采取特别的加强措施；严重不规则的建筑不应采用。

所谓不规则的程度划分方法如下：不规则，指的是超过表 2-2 和表 2-3 中一项及以上的不规则指标。特别不规则，指的是具有明显的抗震薄弱部位，可能引起不良后果者，如同时具有表 2-2 和表 2-3 所列六个主要不规则类型的三个或三个以上，或具有表 2-4 所列的一项不规则，或具有表 2-2 和表 2-3 所列两个方面的基本不规则且其中一项接近表 2-4 的不规则指标。严重不规则，指的是形体复杂，多项不规则指标超过不规则的上限值或某一项大大超过规定值，具有现有技术和经济条件不能克服的严重的抗震薄弱环节，可能导致地震破坏的严重后果。

表 2 - 4		特 别 不 规 则 的 项 目
序号	不规则类型	简 要 涵 义
1	扭转偏大	裙房以上有较多楼层考虑偶然偏心的扭转位移比大于 1.4
2	抗扭刚度弱	扭转周期比大于 0.9，混合结构扭转周期比大于 0.85
3	层刚度偏小	本层侧向刚度小于相邻上层的 50%
4	高位转换	框支墙体的转换构件位置：7 度超过 5 层，8 度超过 3 层
5	厚板转换	7～9 度设防的厚板转换结构
6	塔楼偏置	单塔或多塔合质心与大底盘的质心偏心距大于底盘相应边长的 20%
7	复杂连接	各部分层数、刚度、布置不同的错层或连体两端塔楼显著不规则的结构
8	多重复杂	同时具有转换层、加强层、错层、连体和多塔类型中的 2 种以上

2.7.1　建筑平面和结构平面布置

高层建筑的外形分为板式和塔式两大类。板式建筑平面两个方向的尺寸相差较大，形成明确的长边、短边；塔式建筑平面的两个方向或几个方向尺寸相等或接近，可以是圆形、方形、长宽比较小的矩形、Y 形、切角三角形等。塔式建筑各个方向抗侧刚度接近，抗震性能较板式建筑好，应用广泛。

对抗风有利的建筑平面形状是简单规则的凸平面，如圆形、正多边形等，有较多凹凸的十字形、V 形、Y 形，对抗风不利。

对抗震有利的建筑平面形状是简单、规则、对称，长宽比不大的平面。

　　高层建筑结构平面布置的原则是：1）平面宜简单、规则、对称，减少偏心；2）高层建筑平面长度不宜过长，凸出部分不宜过大，宽度不宜过小；3）不宜采用角部重叠或细腰形平面形状，避免凹角处的应力集中造成震害。若采用，这些部位应采取加强措施。

　　建筑平面尺寸限值和凸出部分长度的限值见表 2-5 和图 2-20。

表 2-5　　　　　　　　　平面尺寸限值和凸出部分长度的限值

设防烈度	L/B	l/B_{max}	l/b
6 度、7 度	≤6	≤0.35	≤2.0
8 度、9 度	≤5	≤0.30	≤1.5

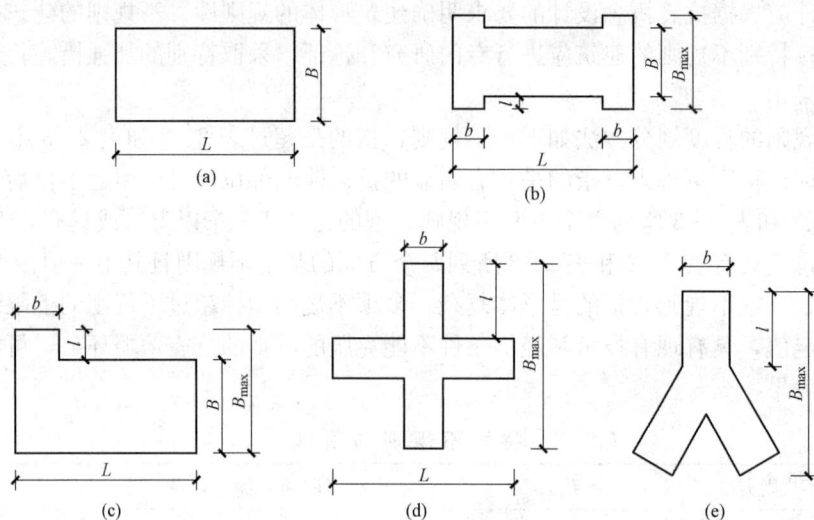

图 2-20　有凸出部分的建筑平面

　　当楼板平面比较狭长、有较大的凹入或开洞时，应在设计中考虑其对结构产生的不利影响。有效楼板宽度不宜小于该层楼面宽度的 50%；楼板开洞总面积不宜超过楼面面积的 30%；在扣除凹入或开洞后，楼板在任一方向的最小净宽度不宜小于 5m，且开洞后每一边的楼板净宽度不应小于 2m。

　　楼板开大洞削弱后，宜采取下列措施：

　　1）加厚洞口附近的楼板，提高楼板的配筋率，采用双层双向配筋；

　　2）洞口边缘设置边梁、暗梁；

　　3）在楼板洞口角部集中配置斜向钢筋。

2.7.2　建筑立面和结构沿高度布置

　　对抗震有利的建筑立面是规则、均匀，从上到下外形不变或变化不大，没有过大的外挑或内收。《高规》对抗震设计结构的外挑或内收规定如下：当结构上部楼层收进部位到室外地面的高度 H_1 与房屋高度 H 之比大于 0.2 时，上部楼层收进后的水平尺寸 B_1 不宜小于下部楼层水平尺寸的 B 的 75%，图 2-21（a）、（b）；当上部结构楼层相对于下部楼层外挑时，上部楼层水平尺寸 B_1 不宜大于下部楼层水平尺寸的 B 的 1.1 倍，且水平外挑尺寸 a 不宜大于 4m。图 2-21（c）、（d）。

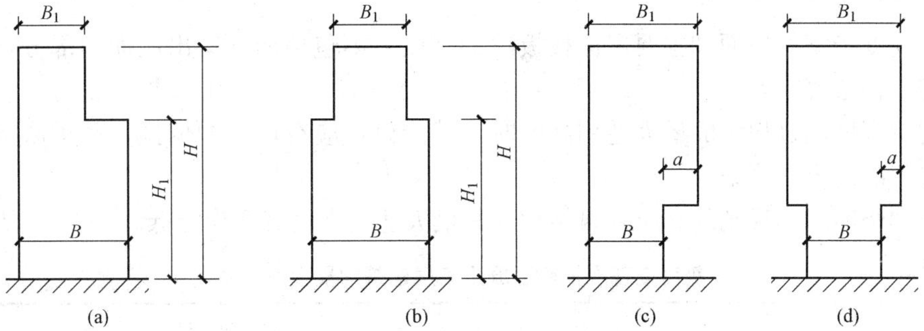

图 2-21 结构竖向收进和外挑示意图

结构的布置应连续、均匀，竖向抗侧力构件宜上、下连续贯通；结构的侧向刚度和承载力大小相同或下大上小，自下而上连续、逐渐减小，避免有刚度或承载力突然变小的楼层。

此外，《高规》还对结构竖向布置做出了一些定量的规定。抗震设计时，高层建筑相邻楼层的侧向刚度变化应符合下列规定：

1) 对框架结构，楼层与其相邻上层的侧向刚度比 γ_1 按式（2-1）计算，侧向刚度比应满足本层与相邻上层的比值不宜小于 0.7，且与相邻上部三层刚度平均值的比值不宜小于 0.8。

$$\gamma_1 = \frac{V_i \Delta_{i+1}}{V_{i+1} \Delta_i} \tag{2-1}$$

式中 γ_1——楼层的侧向刚度比；

V_i、V_{i+1}——第 i 层和第 $i+1$ 层的地震剪力标准值，kN；

Δ_i、Δ_{i+1}——第 i 层和第 $i+1$ 层在地震作用标准值作用下的层间位移，m。

2) 对框架-剪力墙结构、板柱-剪力墙结构、剪力墙结构、框架-核心筒结构、筒中筒结构，楼层与其相邻上层的侧向刚度比 γ_2 按式（2-2）计算，且本层与相邻上层的比值不宜小于 0.9；当本层层高大于相邻上层层高的 1.5 倍时，该比值小于 1.1；对结构底部嵌固层，该比值不宜小于 1.5。

$$\gamma_2 = \frac{V_i \Delta_{i+1}}{V_{i+1} \Delta_i} \frac{h_i}{h_{i+1}} \tag{2-2}$$

式中 γ_2——考虑层高修正的楼层侧向刚度比。

结构楼层层间抗侧力结构的受剪承载力（指在所考虑的水平地震作用方向上，该层全部柱、剪力墙、斜撑的受剪承载力之和）应符合下列规定：A 级高度高层建筑的楼层抗侧力结构的受剪承载力不宜小于相邻上一层受剪承载力的 80%，不应小于相邻上一层受剪承载力的 65%；B 级高度高层建筑的楼层抗侧力结构的受剪承载力不应小于相邻上一层受剪承载力的 75%。

2.7.3 房屋适用高度与高宽比限值

结构设计首先要根据房屋建筑的高度、是否抗震设防、设防烈度等因素，确定一个与其匹配的、合理的结构体系，使结构效能、建筑材料得到充分发挥。每一种结构体系，都有其最佳的适用高度范围。

《高规》（JGJ3）、《建筑结构抗震设计规范》（GB 50011）规定的各类建筑的最大适用高度见表 2-6～表 2-9。

　　房屋高度指室外地面到主要屋面板板顶的高度，不包括局部突出屋面的部分，如水箱、电梯机房、构架等。

　　当房屋高度超过规定的最大适用高度时，结构设计应有可靠的依据，并采取有效措施，或进行专门的研究或论证。

　　平面和竖向均不规则的高层建筑结构，其最大适用高度宜适当降低。

表 2-6　　　　　　A 级高度现浇钢筋混凝土高层建筑的最大适用高度　　　　　　m

结构体系		非抗震设计	设防烈度				
			6 度	7 度	8 度		9 度
					0.2g	0.3g	
框架		70	60	50	40	35	—
框架 - 剪力墙		150	130	120	100	80	50
剪力墙	全部落地剪力墙	150	140	120	100	80	60
	部分框支剪力墙	130	120	100	80	50	不应采用
简体	框架 - 核心简	160	150	130	100	90	70
	简中简	200	180	150	120	100	80
板柱 - 剪力墙		110	80	70	55	40	不应采用

表 2-7　　　　　　B 级高度现浇钢筋混凝土高层建筑的最大适用高度　　　　　　m

结构体系		非抗震设计	设防烈度			
			6 度	7 度	8 度	
					0.2g	0.3g
框架 - 剪力墙		170	160	140	120	100
剪力墙	全部落地剪力墙	180	170	150	130	110
	部分框支剪力墙	150	140	120	100	80
简体	框架 - 核心简	220	210	180	140	120
	简中简	300	280	230	170	150

　　表 2-6 和表 2-7 中最大适用高度适用于乙类和丙类建筑；甲类建筑的最大适用高度，6、7、8 度时的 A 级和 6、7 度时的 B 级宜按本地区设防烈度提高一度后符合表中的高度，9 度时的 A 级和 8 度时的 B 级须专门研究。

表 2-8　　　　　　　　　钢结构房屋建筑的最大适用高度　　　　　　　　　m

结构类型	非抗震设计	设防烈度				
		6 度、7 度 (0.1g)	7 度 (0.15g)	8 度		9 度
				0.2g	0.3g	
框架	110	110	90	90	70	50

续表

结构类型	非抗震设计	设防烈度				
		6 度、7 度 (0.1g)	7 度 (0.15g)	8 度		9 度
				0.2g	0.3g	
框架 - 中心支撑	240	220	200	180	150	120
框架 - 偏心支撑 框架 - 屈曲约束支撑 框架 - 延性墙板	260	240	220	200	180	160
筒体（框筒、筒中筒、桁架筒、束筒、巨型桁架）	360	300	280	260	240	180

表 2 - 9　　　　　　　　混合结构房屋建筑的最大适用高度　　　　　　　　m

结构类型		非抗震设计	设防烈度			
			6 度	7 度	8 度		9 度
框架 - 核心筒	钢框架 - 钢筋混凝土核心筒	210	200	160	120	100	70
	型钢（钢管）混凝土框架 - 钢筋混凝土核心筒	240	220	190	150	130	70
筒中筒	钢外筒 - 钢筋混凝土核心筒	280	260	210	160	140	80
	型钢（钢管）混凝土外筒 - 钢筋混凝土核心筒	300	280	230	170	150	90

　　房屋建筑适用的高宽比，是对结构刚度、整体稳定、承载能力和经济合理性的宏观控制。现浇钢筋混凝土房屋建筑、民用钢结构房屋建筑、混合结构房屋建筑适用的高宽比限值见表 2 - 10～表 2 - 12。

　　计算房屋建筑的高宽比时，房屋高度指室外地面到主要屋面板板顶的高度，宽度指房屋平面轮廓边缘的最小宽度尺寸。计算复杂体形房屋建筑的高宽比时，还需根据具体情况确定其高度和宽度。

表 2 - 10　　　　　　　　钢筋混凝土高层建筑的高宽比限值

结构类型	非抗震设计	设防烈度		
		6 度、7 度	8 度	9 度
框架	5	4	3	—
板柱 - 剪力墙	6	5	4	—
框架 - 剪力墙、剪力墙	7	6	5	4
框架 - 核心筒	8	7	6	4
筒中筒	8	8	7	5

表 2 - 11　　　　　　　　钢结构民用房屋建筑的高宽比限值

设防烈度	6 度、7 度	8 度	9 度
最大高宽比	6.5	6	5.5

表 2-12　　　　　　　　　　　混合结构房屋建筑的高宽比限值

结构类型	非抗震设计	设防烈度		
		6度、7度	8度	9度
框架-核心筒	8	7	6	4
筒中筒	8	8	7	5

2.7.4　缝的设置与构造

在一般房屋结构的总体布置中，考虑到沉降、温度收缩和体型复杂对房屋结构的不利影响，常常设置沉降缝、伸缩缝或防震缝将房屋分成若干独立的部分，从而消除沉降差、温度应力和体型复杂对结构的危害。对这三种缝的要求，有关规范都做了原则性的规定。但在高层建筑中，常常由于建筑使用要求和立面效果考虑，以及防水处理困难等，希望少设或不设缝；特别是在地震区，由于缝将房屋分成几个独立的部分，地震时会因为相互碰撞而造成震害。因此，高层建筑中，目前总的趋势是避免设缝，并从总体布置上、构造上采取一些相应的措施来减少沉降、温度收缩和体型复杂引起的问题。

需要设置防震缝时，防震缝应满足下列规定：

1）防震缝的最小宽度：框架结构房屋，高度不超过 15m 时，不应小于 100mm；超过 15m 时，6 度、7 度、8 度和 9 度分别每增加高度 5m、4m、3m 和 2m，宜加宽 20mm；框架-剪力墙结构房屋不应小于框架结构房屋规定数值的 70%；剪力墙结构房屋不应小于框架结构房屋规定数值的 50%，且均不宜小于 100mm；

2）防震缝结构两侧结构体系不同时，防震缝宽度应按不利结构类型确定；

3）防震缝两侧的房屋高度不同时，防震缝宽度可按较低房屋高度确定；

4）8、9 度抗震设计的框架结构房屋，防震缝两侧结构层高相差较大时，防震缝两侧框架柱的箍筋应沿房屋全高加密，并可根据需要沿房屋全高在缝两侧各设置不少于两道垂直于防震缝的抗撞墙；

5）当相邻结构的基础存在较大沉降差时，宜增大防震缝的宽度；

6）防震缝宜沿房屋全高设置，地下室、基础可不设防震缝，但在与上部防震缝对应处应加强构造和连接；

7）结构单元之间或主楼与裙房之间不宜采用牛腿托梁的做法设置防震缝，否则应采取可靠措施。

抗震设计时，伸缩缝、沉降缝的设置应满足上述防震缝宽度的要求。

高层建筑伸缩缝、沉降缝的具体设置要求在此不再赘述。

2.8　高层建筑结构概念设计

高层建筑设计应重视概念设计。特别是在地震区，由于地震的不确定性、短暂性、发生时破坏威力大、人们对地震认识的局限性等特点，高层建筑设计从选址、建筑平面、立面设计、结构布置、构件延性、节点连接、垂直交通、管道设备等方面综合考虑，才能保证结构的安全性和可靠性。

概念设计的定义是指工程结构设计人员运用所掌握的理论知识和工程经验，在方案阶段及初步设计阶段，从宏观上、总体上和原则上去决策和确定高层建筑结构设计中的一些最基本、最本质也是最关键的问题。概念设计是相对于计算设计而言的。做好结构概念设计要掌握以下诸多方面：结构方案要根据建筑使用功能、房屋高度、地理环境、施工技术条件和材料供应情况、有无抗震设防等选择合理的结构类型；竖向荷载、风荷载及地震作用对不同结构体系的作用特点；风荷载、地震作用及竖向荷载的传递路径；结构破坏的机制和过程，加强结构的关键部位和薄弱环节；建筑结构的整体性，即承载力和刚度在平面内及沿高度的均匀分布，避免突变和应力集中；预估和控制各类结构及构件塑性铰区可能出现的部位和范围；抗震房屋应设计成高延性的耗能结构，并具有多道抗震防线；地基变形对上部结构的影响，地基基础与上部结构协调工作的可能性；各类结构材料的特性及其温度变化的影响；非结构构件对主体结构抗震性能产生的有利和不利影响，要协调布置，并保证与主体结构的连接构造可靠等；建筑专业有关的基本空间尺寸；建筑装修与结构连接；机电专业与结构有关的要求等。

根据概念设计，高层建筑设计总的原则是不应采用严重不规则的结构体系，结构的竖向和水平布置宜具有合理的刚度和承载力分布，避免因局部突变和扭转效应而形成薄弱部位，在抗侧力体系的方案中应贯彻多道抗震防线的思想，在具体设计抗侧力体系时应符合以下四个方面的要求：一是应具有明确的计算简图和合理的地震作用传递途径；二是应避免因部分结构或构件破坏而导致整个结构丧失抗震能力或对重力荷载的承载能力；三是应具备必要的承载能力、刚度和延性；四是对可能出现的薄弱部位，应采取措施提高其抗震能力。

高层建筑结构体系宜符合下列要求：

1）宜有多道抗震防线；

2）宜具有合理的刚度和承载力分布，避免因局部削弱或突变形成薄弱部位，产生过大的应力集中或塑性变形集中；

3）结构在两个主轴方向的动力特性宜相近。

思 考 题

2.1 框架结构有哪些优缺点？

2.2 框架结构变形曲线有何特点？

2.3 剪力墙结构有哪些优缺点？

2.4 剪力墙结构变形曲线有何特点？

2.5 剪力墙结构中剪力墙的布置有哪些要求？

2.6 高层建筑平面不规则的类型包括哪些方面？

2.7 高层建筑竖向不规则的类型包括哪些方面？

2.8 常用各结构体系高层建筑的最大适用高度规定如何？

2.9 框架结构、剪力墙结构防震缝的设置有哪些要求？

2.10 概念设计的定义是什么？根据概念设计，抗侧力体系的设计有哪些要求？

第3章 荷 载

3.1 概 述

高层建筑结构上的作用通常有竖向作用和水平作用，竖向作用主要包括由永久荷载、活荷载、雪荷载、积灰荷载、施工荷载、竖向地震作用以及各种局部荷载，水平作用主要包括水平风荷载和水平地震作用。

本章荷载是指直接作用，对于除地震作用以外的其他间接荷载作用，如温度作用、地基变形等，在设计时应根据可能出现的实际情况加以考虑。

3.2 竖 向 荷 载

高层建筑结构设计的竖向荷载可按《建筑结构荷载规范》（GB 50009）的有关条文取值。并应注意：

（1）屋面活荷载不应与雪荷载同时组合；

（2）由设备、管道、运输工具及可能拆移的隔墙产生的局部荷载，应按实际情况考虑，并根据《建筑结构荷载规范》（GB 50009）的有关条文，采用等效均布活荷载代替。

（3）设计楼面梁、墙、柱及基础时，楼面活荷载标准值按《建筑结构荷载规范》（GB 50009）的规定进行折减。

（4）高层建筑中，活荷载值与永久荷载值相差不大，因此对楼层和屋面活荷载一般可不作最不利布置工况的选择，而采用满布活荷载的形式以简化计算。但当活荷载较大时，需将计算得到的框架梁的跨中弯矩扩大 10%～20% 进行设计，梁端弯矩扩大 5%～10% 进行设计。

（5）荷载与实际情况不符时，应按实际情况计算。

3.3 风 荷 载

风荷载是风的动压力，是空气流动对工程结构所产生的压力。当空气的流动受到建筑物的阻碍时，会在建筑物表面形成压力或者吸力，这些压力或者吸力即为建筑物所受到的风荷载。一般来说，建筑结构所受风荷载的大小与建筑地点的地貌、离地面或海平面高度、风的性质、风速以及高层建筑结构自振特性、体型、平面尺寸、表面状况等因素有关。

3.3.1 风荷载的标准值

作用在高层建筑任意高度处的风荷载标准值 $w_k(kN/m^2)$ 应按式（3-1）和式（3-2）计算，风荷载作用面积取垂直于风向的最大投影面积。

计算承重结构时

$$w_k = \beta_z \mu_s \mu_z w_0 \tag{3-1}$$

计算维护结构时

$$w_k = \beta_{gz} \mu_s \mu_z w_0 \tag{3-2}$$

式中　w_k——风荷载标准值（kN/m^2）；

　　　w_0——基本风压（kN/m^2），但不得小于 $0.3kN/m^2$；

　　　μ_z——风压高度变化系数；

　　　μ_s——风荷载体系系数；

　　　β_z——高度 z 处的风振系数；

　　　β_{gz}——高度 z 处的阵风系数。

式（3-1）和式（3-2）中各个系数的具体算法如下：

（1）基本风压 w_0：一般情况下，基本风压 w_0 按照《建筑结构荷载规范》（GB 50009）的规定采用。对于特别重要或对风荷载比较敏感的高层建筑，基本风压采用 100 年重现期的风压值；在没有 100 年一遇的风压资料时，可近似将 50 年一遇的基本风压乘以 1.1 的增大系数采用。

（2）风压高度变化系数 μ_z：风压高度变化系数 μ_z 可按照地面的粗糙度和建筑物离地面或海平面高度确定。

1）位于平坦或有起伏地形的高层建筑，其风压高度变化系数应根据地面粗糙度类别按附表 3-1 确定。地面粗糙度分为四类：A 类指近海海面和海岛、海岸、湖岸及沙漠地区；B 类指田野、乡村、丛林、丘陵以及房屋比较稀疏的乡镇和城市郊区；C 类指有密集建筑群的城市市区；D 类指有密集建筑群且房屋较高的城市市区。

2）位于山区的高层建筑，其风压高度变化系数除按照平坦地面的粗糙类别由附表 3-1 确定外，尚应按照现行国家标准《建筑结构荷载规范》（GB 50009）的有关规定，考虑地形条件加以修正。

（3）风荷载体型系数 μ_s：风荷载体型系数是指建筑物表面实际风压与基本风压的比值，表示了不同体型建筑物表面风力的大小。当风流经过建筑物时，通常在迎风面产生压力（风荷载体型系数⊕表示），在侧风面及背风面产生吸力（风荷载体型系数用⊖表示）。风压值沿建筑物表面的分布并不均匀，迎风面的风压力在建筑物的中部最大，侧风面和背风面的风吸力在建筑物的角区最大。风荷载体型系数与高层建筑的体形、平面尺寸、表面状况和房屋高宽比等因素有关。风荷载体型系数 μ_s 可按照《建筑结构荷载规范》（GB 50009）的规定采用。

在计算主体结构的风荷载效应时，常用风荷载体型系数 μ_s 可按下列规定采用：

1）一般设计时，可以采用：

① 圆型平面建筑取 0.8。

② 正多边形及截角三角形平面建筑，由下式计算：

$$\mu_s = 0.8 + \dfrac{1.2}{\sqrt{n}} \tag{3-3}$$

式中　n——多边形的边数。

③高宽比 H/B 不大于 4 的矩形、方形、十字形平面建筑取 1.3。

④下列建筑取 1.4：V 形、Y 形、弧形、方形、井字形平面建筑；L 形、槽形和高宽比 H/B 大于 4 的十字形平面建筑；高宽比 H/B 大于 4，长宽比 L/B 不大于 1.5 的矩形、鼓形平面建筑。

2）当计算重要且体型复杂的高层建筑及需要更细致进行风荷载计算的场合，风荷载体型系数可以参照《高规》（JGJ3）附录 A 采用，或由风洞试验确定。

3）当多栋或群集的高层建筑相互间距较近时，宜考虑风向相互干扰的群体效应。一般可将单体建筑的体型系数乘以相互干扰增大系数，该系数可参考类似条件的试验资料确定，必要时宜通过风洞试验确定。

4）檐口、雨篷、遮阳板、阳台等水平构件，计算局部上浮风荷载时，风荷载体型系数 μ_s 不宜小于 2.0。

5）验算表面围护结构及其连接的强度时，按照《建筑结构荷载规范》（GB 50009）规定采用局部风压体型系数计算。

（4）风振系数 β_z：高层建筑在风荷载作用下会产生较大的水平位移和振动振幅。通常把风荷载作用的平均值看成稳定风压，即平均风压，它使建筑物产生一定的水平侧移；实际风压是在平均风压上下波动着，波动风压会在建筑物上产生一定的动力效应，使建筑物在此水平侧移附近左右摇晃。因此在高层建筑结构设计中必须考虑风荷载产生的这些不可忽视的动力效应，为简化设计工作，采用风振系数 β_z 加大风荷载来计算风荷载的动力效应，将动力问题转化为静力问题进行计算。

高层建筑的风振系数 β_z 可按下式计算：

$$\beta_z = 1 + 2gI_{10}B_z\sqrt{1+R^2} \tag{3-4}$$

式中　g——峰值因子，可取 2.5；

I_{10}——10m 高度名义湍流强度，对应 A、B、C 和 D 类地面粗糙度，可分别取 0.12、0.14、0.23 和 0.39；

R——脉动风风荷载的共振分量因子；

B_z——脉动风荷载的背景分量因子。

脉动风荷载的共振分量因子 R 可按下列公式计算：

$$R = \sqrt{\frac{\pi}{6\zeta_1}\frac{\chi_1^2}{(1+\chi_1^2)^{\frac{4}{3}}}} \tag{3-5}$$

$$\chi_1 = \frac{30f_1}{\sqrt{k_w\omega_0}}, \chi_1 > 5 \tag{3-6}$$

式中　f_1——结构第 1 阶段自振频率，Hz；

k_w——地面粗糙程度修正系数，对 A 类、B 类、C 类和 D 类地面粗糙度分别取 1.28、1.0、0.54 和 0.26；

ζ_1——结构阻尼比。对钢结构可取 0.01；对有填充墙的钢结构房屋可取 0.02；对钢筋混凝土及砌体结构可取 0.05；对其他结构可根据工程经验确定。

脉动风荷载的背景分量因子 B_z 可按下列规定计算：

1）对体型和质量沿高度均匀分布的高层建筑和高耸结构，可按下式计算：

$$B_z = kH^{a_1}\rho_x\rho_z\frac{\varphi_1(z)}{\mu_z} \tag{3-7}$$

式中　$\varphi_1(z)$——结构第一阶振型系数；

H——结构总高度，m，对 A、B、C 和 D 类地面粗糙度，H 的取值分别不应大于 300m、350m、450m 和 550m；

ρ_x——脉动风荷载水平方向相关系数；

ρ_z——脉动风荷载竖直方向相关系数；

k、a_1——系数，按表 3-1 取值。

表 3-1 系 数 k 和 a_1

粗糙度类别		A	B	C	D
高层建筑	k	0.944	0.670	0.295	0.112
	a_1	0.155	0.187	0.261	0.346
高耸结构	k	1.276	0.910	0.404	0.155
	a_1	0.186	0.218	0.292	0.376

2）对迎风面和侧风面的宽度沿高度按直线或接近直线变化，而质量沿高度按连续规律变化的高耸结构，式（3-7）计算的背景分量因子 B_z 应乘以修正系数 θ_B 和 θ_v。θ_B 为建筑物在 z 高度处的迎风面宽度 $B(z)$ 与底部宽度 $B(0)$ 的比值；θ_v 可按表 3-2 确定。

表 3-2 修 正 系 数 θ_v

$B(z)/B(0)$	1	0.9	0.8	0.7	0.6	0.5	0.4	0.3	0.2	$\leqslant 0.1$
θ_v	1.00	1.10	1.20	1.32	1.50	1.75	2.08	2.53	3.30	5.60

脉动风荷载的空间相关系数可按下列规定计算：

1）竖直方向的相关系数 ρ_z 可按下式计算：

$$\rho_z = \frac{10\sqrt{H + 60e^{-H/60} - 60}}{H} \tag{3-8}$$

式中 H——结构总高度，m；对 A、B、C 和 D 类地面粗糙度，H 的取值分别不应大于 300m、350m、450m 和 550m。

2）水平方向相关系数 ρ_x 可按下式计算：

$$\rho_x = \frac{\sqrt{B + 50e^{-B/50} - 50}}{B} \tag{3-9}$$

式中 B——结构迎风面宽度，m，$B \leqslant 2H$。

3）对迎风面宽度较小的高耸结构，水平方向相关系数可取 $\rho_x = 1$。

振型系数应根据结构动力计算确定。对外形、质量、刚度沿高度按连续规律变化的竖向悬臂型高耸结构及沿高度比较均匀的高层建筑，振型系数 $\phi_1(z)$ 也可根据相对高度 z/H 按《建筑结构荷载规范》（GB 50009）附录 G 确定。

（5）阵风系数 β_{gz}：计算围护结构（包括门窗）风荷载时的阵风系数应按照附表 3-2 确定。

3.3.2 总风荷载

总风荷载是建筑物各个表面承受风力的合力，是沿高度变化的分布荷载。总风荷载的作用点是各个表面风荷载的合力作用点。

z 高度处总风荷载值大小为

$$W_z = W_i = \beta_z \mu_z w_0 \sum_{i=1}^{n} \mu_{si} B_i \cos\alpha_i$$
$$= \beta_z \mu_z w_0 (\mu_{s1} B_1 \cos\alpha_1 + \mu_{s2} B_2 \cos\alpha_2 + \cdots + \mu_{si} B_i \cos\alpha_i + \cdots + \mu_{sn} B_n \cos\alpha_n) \tag{3-10}$$

式中　μ_{si}——第 i 个表面的平均风荷载体型系数；

　　　B_i——第 i 个表面的宽度；

　　　α_i——第 i 个表面法线与风荷载作用方向的夹角；

　　　n——建筑物的外围总数。

3.3.3 局部风荷载

用于计算局部结构、局部构件或围护构件或围护构件与主体的连接，如水平悬挑构件、幕墙构件及其连接件等，计算公式同前，但风荷载体型系数采用局部风荷载体型系数。

3.4 地 震 作 用

3.4.1 基本概念

地震作用是指地震波从震源通过基岩传播引起的地面运动，使处于静止的建筑物受到动力作用而产生的强烈振动。地震作用的大小与地震波的特性有关，还与场地土性质及房屋本身的动力特征有很大关系。

通常用地震震级和地震烈度来表示地震作用对建筑物的影响。震级是地震的级别，说明某次地震本身产生的能量大小。地震烈度是指某一地区地面及建筑物受到一次地震影响的强烈程度。对应于一次地震，震级只有一个。然而各地区由于距震中的距离不同，地震对建筑物的影响也不同。中心区影响大，离震中越远，影响越小。

进行抗震设计时应考虑该地区的基本烈度和抗震设防烈度的要求，采用不同的处理方式。基本烈度是指某一地区今后一定时期内，在一般场地条件下可能遭受的最大烈度，由国家有关部门确定。设防烈度一般按基本烈度采用，对于重要的建筑物，应向国家规定的审批单位报批，其设防烈度可比基本烈度提高一度采用。

3.4.2 三水准抗震设计目标及一般计算原则

我国国家标准《建筑抗震设计规范》（GB 50011）中规定设防烈度为 6 度及 6 度以上的地区，建筑物必须进行防震设计。

高层建筑结构抗震设防的目标满足三个水准要求，小震不坏，中震可修，大震不倒，即：高层建筑结构在小震作用下应维持在弹性状态，建筑物一般不受损坏或不需修理仍可继续使用，为第一水准；在中等烈度的地震作用下，可以局部进入塑性状态，可能有一定的损坏，但结构不允许破坏，震后经一般修复可以继续使用，为第二水准；当遭受强烈地震作用时，建筑物不应倒塌或发生危及生命的严重破坏，为第三水准。

为达到三水准抗震设计目标，应采用两阶段抗震设计方法：

第一阶段：是针对所有进行抗震设计的高层建筑。除了在确定结构方法和进行结构布置时考虑抗震要求外，还应按照小震作用进行抗震计算和保证结构延性的抗震构造设计，以达到小震不坏，中震可修，大震不倒。

第二阶段：主要针对甲级建筑和特别不规则的结构。用大震作用进行结构易损部位（薄弱层）的塑性变形验算。

在高层建筑结构抗震设计时规定，对不同重要性的建筑物，采取不同的抗震设防标准。高层建筑应根据其功能的重要性分为甲类、乙类、丙类、丁类四个抗震设防类别。

（1）特殊设防类：指使用上有特殊设施，涉及国家公共安全的重大建筑工程和地震时可能发生严重次生灾害等特别重大灾害后果，需要进行特殊设防的建筑。简称甲类。

（2）重点设防类：指地震时使用功能不能中断或需尽快恢复的生命线相关建筑，以及地震时可能导致大量人员伤亡等重大灾害后果，需要提高设防标准的建筑。简称乙类。

（3）标准设防类：指大量的除1、2、4款以外按标准要求进行设防的建筑。简称丙类。

（4）适度设防类：指使用上人员稀少且震损不致产生次生灾害，允许在一定条件下适度降低要求的建筑。简称丁类。

在进行地震作用计算时，高层建筑结构应按以下原则考虑地震作用：

（1）一般情况下，应至少在结构两个主轴方向分别考虑水平地震作用计算；有斜交抗侧力构件的结构，当相交角度大于15°时，应分别计算各抗侧力构件方向的水平地震作用。

（2）质量与刚度分布明显不对称、不均匀的结构，应计算双向水平地震作用下的扭转影响。其他情况，应计算单向水平地震作用下的扭转影响。

（3）高层建筑中的大跨度和长悬臂结构7度（0.15g）、8度抗震设计时应考虑竖向地震作用。

（4）9度抗震设计时应计算竖向地震作用。

3.4.3　地震作用的计算方法

地震作用的计算方法主要有底部剪力法、振型分解反应谱法和时程分析法等。《高规》（JGJ3）建议，高层建筑结构应根据不同的情况，分别采用下列方法计算结构的地震作用：

（1）高层建筑结构宜采用振型分解反应谱法。对质量和刚度不对称、不均匀的结构以及高度超过100m的高层建筑结构应采用考虑扭转耦联振动影响的振型分解反应谱法。

（2）高度不超过40m，以剪切变形为主且质量和刚度沿高度分布比较均匀的高层建筑结构，可采用底部剪力法。

（3）7～9度抗震设防的高层建筑，下列情况下应采用弹性时程分析法进行多遇地震下的补充计算：

① 甲类高层建筑结构。

② 表3-3所列的乙、丙类高层建筑结构。

③ 结构竖向布置特别不规则的高层建筑结构。

④ 带转换层、带加强层、错层、连体、多塔楼等复杂高层建筑结构。

⑤ 质量沿竖向分布特别不均匀的高层建筑结构。

表 3-3　　　　　　　　　　采用时程分析法的高层建筑结构

设防烈度、场地类别	建筑高度范围
8度Ⅰ、Ⅱ类场地和7度	>100m
8度Ⅲ、Ⅳ类场地	>80m
9度	>60m

3.4.4　反应谱理论

反应谱理论是通过建立在地震作用下单质点结构体系的最大动力反应与结构体系自振周期的反应谱函数关系，计算结构的惯性力将其作为等效地震荷载并按静力方法进行结构计算和分析的方法。

　　我国《建筑抗震设计规范》（GB 50011）以地震影响系数 α 来考虑建筑物地震作用的反应影响，并给出设计反应谱 α-T 曲线，如图 3-1 所示。《建筑抗震设计规范》（GB 50011）规定：建筑结构的地震影响系数应根据设防烈度、场地类别、设计地震分组和结构自振周期及阻尼比确定。其水平地震影响系数最大值 α_{max} 按表 3-4 采用，特征周期应根据场地类别和设计地震分组按表 3-5 采用。

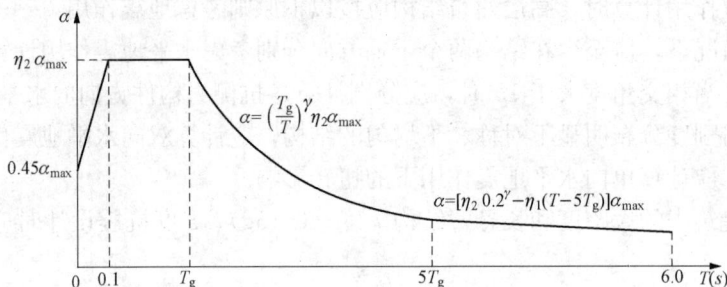

图 3-1　地震影响系数曲线

α—地震影响系数；α_{max}—地震影响系数最大值；T—结构自振周期；T_g—特征周期；
γ—衰减系数；η_1—直线下降段下降斜率调整系数；η_2—阻尼调整系数

　　高层建筑结构地震影响系数曲线的形状参数和阻尼比调整应符合下列要求：

　　（1）除有专门规定外，钢筋混凝土高层建筑结构的阻尼比应取 0.05，此时阻尼调整系数 η_2 应取 1.0，形状参数应符合下列规定：

　　① 直线上升段，周期小于 0.1s 的区段。

　　② 水平段，自 0.1s 至特征周期 T_g 的区段，地震影响系数应取最大值 α_{max}。

　　③ 曲线下降段，自特征周期 T_g 至 $5T_g$ 的区段，衰减指数 γ 应取 0.9。

　　④ 直线下降段，自 $5T_g$ 至 6.0s 的区段，下降斜率调整系数 η_1 应取 0.02。

　　（2）当建筑结构的阻尼比不等于 0.05 时，地震影响系数曲线的形状参数和阻尼比调整应符合下列要求：

　　① 曲线水平段地震影响系数应取 $\eta_2\alpha_{max}$。

　　② 曲线下降段的衰减指数应按下式确定：

$$\gamma = 0.9 + (0.05 - \zeta)/(0.3 + 6\zeta) \qquad (3-11)$$

式中　γ——曲线下降段的衰减指数；

　　　　ζ——阻尼比。

　　③ 直线下降段的下降斜率调整系数应按下式确定：

$$\eta_1 = 0.02 + (0.05 - \zeta)/(4 + 32\zeta) \qquad (3-12)$$

式中　η_1——直线下降段的下降斜率调整系数，小于 0 时应取 0。

　　④ 阻尼调整系数应按下式确定：

$$\eta_2 = 1 + (0.05 - \zeta)/(0.08 + 1.6\zeta) \qquad (3-13)$$

式中　η_2——阻尼调整系数，小于 0.55 时应取 0.55。

表 3 - 4　　　　　　　　　　　　水平地震影响系数最大值 α_{max}

地震影响	6 度	7 度	8 度	9 度
多遇地震	0.04	0.08 (0.12)	0.16 (0.24)	0.32
设防地震	0.12	0.23 (0.34)	0.45 (0.68)	0.90
罕遇地震	0.28	0.50 (0.72)	0.90 (1.20)	1.40

注　7、8 度时括号内数值分别用于设计基本地震加速度为 0.15g 和 0.30g 的地区。

表 3 - 5　　　　　　　　　　　　特　征　周　期 T_g　　　　　　　　　　　　　　　s

场地类别 地震分组	I_0	I_1	II	III	IV
第一组	0.20	0.25	0.35	0.45	0.65
第二组	0.25	0.30	0.40	0.55	0.75
第三组	0.30	0.35	0.45	0.65	0.90

3.4.5　水平地震作用的计算

水平等效地震作用的具体计算方法可分下面几种情况：

（1）底部剪力法计算水平地震作用（见图 3 - 2），结构的总水平地震作用标准值可用下式计算：

$$F_{Ek} = \alpha_1 G_{eq} \qquad (3 - 14)$$

$$G_{eq} = 0.85 G_E \qquad (3 - 15)$$

质点 i 的水平地震作用标准值 F_i 按下式计算：

$$F_i = \frac{G_i H_i}{\sum_{j=1}^{n} G_j H_j} F_{Ek} (1 - \delta_n) \qquad (3 - 16)$$

主体结构顶层附加水平地震作用标准值 ΔF_n 按式（3 - 17）计算。

$$\Delta F_n = \delta_n F_{Ek} \qquad (3 - 17)$$

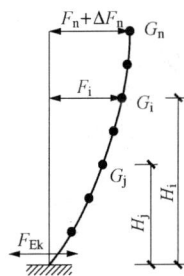

图 3 - 2　结构水平地震作用计算简图

式中　F_{Ek}——结构总水平地震作用标准值；

α_1——相应于结构基本周期 T_1 的水平地震影响系数，由地震影响系数曲线图（3 - 1）确定；

G_{eq}——结构等效总重力荷载代表值；

G_E——结构总重力荷载代表值，应取各质点重力荷载代表值之和；

F_i——质点 i 的水平地震作用标准值；

G_i、G_j——集中于质点 i、j 的重力荷载代表值，应取永久荷载标准值和可变荷载组合值之和，可变荷载的组合值系数应按下列规定采用：雪荷载取 0.5，楼面活荷载按实际情况计算时取 1.0，按等效均布活荷载计算时，藏书库、档案库、库房取 0.8，一般民用建筑取 0.5；

H_i、H_j——质点 i、j 的计算高度；

ΔF_n——主体结构顶层附加水平地震作用标准值；

δ_n——顶部附加地震作用系数（见表 3 - 6）。

表 3-6   **顶部附加地震作用系数**

T_g	$T_1 > 1.4 T_g$	$T_1 \leqslant 1.4 T_g$
$\leqslant 0.35$	$0.08 T_1 + 0.07$	
$< 0.35 \sim 0.55$	$0.08 T_1 + 0.01$	0.0
$\geqslant 0.55$	$0.08 T_1 - 0.02$	

采用底部剪力法计算高层建筑结构水平地震作用时，突出屋面的房屋（楼梯间、电梯间、水箱间等）宜作为一个质点参加计算，计算求得的水平地震作用标准值应增大，增大系数 β_n 可按附表 3-3 采用。增大后的地震作用仅用于突出屋面房屋自身以及与其直接相连的主体结构构件的设计。

（2）振型分解反应谱法计算水平地震作用。

对于高层建筑结构宜采用振型分解反应谱法。尤其是对质量和刚度不对称、不均匀的结构以及高度超过 100m 的高层建筑结构应采用考虑扭转耦联振动影响的振型分解反应谱法。采用振型分解反应谱法计算水平地震作用时，通常可以按振型分解的方法得到多个振型。通常，n 层结构可看成 n 个自由度，有 n 个振型，如图 3-3 所示，为简化计算，通常只考虑前 m 个振型参与组合，m 被称为参与组合结构计算振型数。

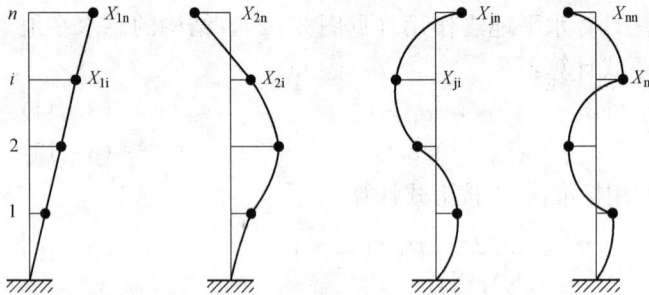

图 3-3 振型分解图

1）不考虑扭转耦联振动影响。

第 j 振型 i 质点的水平地震作用标准值按下式计算：

$$F_{ji} = \alpha_j \gamma_j X_{ji} G_i (i = 1, 2, \cdots, m) \tag{3-18}$$

$$\gamma_j = \sum_{i=1}^{n} X_{ji} G_i / \sum_{i=1}^{n} X_{ji}^2 G_i \tag{3-19}$$

式中 F_{ji}——第 j 振型 i 质点的水平地震作用标准值；

α_j——相应于 j 振型自振周期的地震影响系数，由反应谱曲线计算；

X_{ji}——j 振型 i 质点的水平相对位移；

γ_j——j 振型参与系数；

G_i——质点 i 的重力荷载代表值，与底部剪力法中 G_i 计算相同；

n——结构计算的总质点数，小塔楼宜每层作为一个质点参与计算；

m——参与组合结构计算振型数，规则结构可取 3，当建筑较高，结构沿竖向刚度不均匀时可取 5～6。

求出各个振型的等效地震作用以后，分别计算结构的水平地震作用效应（内力和位移），然后按下式求出振型组合的水平地震作用效应（内力和位移）：

$$S = \sqrt{\sum_{j=1}^{m} S_j^2} \tag{3-20}$$

式中　S——水平地震作用标准值的效应，为振型组合以后某截面的弯矩、剪力、轴力或某楼层的位移；

　　　S_j——j 振型的水平地震作用标准值效应，可以是某截面的弯矩、剪力、轴力或某个楼层的位移；

　　　m——参与组合结构计算振型数。

2）考虑扭转耦联振动影响。

对质量和刚度不对称、不均匀的结构以及高度超过 100m 的高层建筑结构应采用考虑扭转耦联振动的影响，各楼层可取两个正交的水平位移和一个转角位移共三个自由度。并应按下述公式计算地震作用和作用效应。当确有依据时，可采用简化计算方法确定地震作用效应。

第 j 振型 i 质点的水平地震荷载标准值按下式计算

$$F_{xji} = \alpha_j \gamma_{tj} X_{ji} G_i \tag{3-21}$$

$$F_{yji} = \alpha_j \gamma_{tj} Y_{ji} G_i \tag{3-22}$$

$$F_{tji} = \alpha_j \gamma_{tj} \gamma^2 \varphi_{ji} G_i \tag{3-23}$$

$$(i = 1, 2, \cdots, n; j = 1, 2, \cdots, m)$$

式中　F_{xji}、F_{yji}、F_{tji}——j 振型 i 质点的 x、y 方向和转角（t）方向的地震作用标准值；

　　　X_{ji}、Y_{ji}——j 振型 i 质点在 x、y 方向的水平相对位移；

　　　φ_{ji}——j 振型 i 层的相对扭转角；

　　　α_j——相应于 j 振型自振周期的地震影响系数，由反应谱曲线计算；

　　　n——结构计算的总质点数，小塔楼宜每层作为一个质点参与计算；

　　　m——参与组合结构计算振型数，一般情况下可取 9～15，多塔楼建筑每个塔楼的振型数不宜小于 9；

　　　γ_{tj}——考虑扭转的 j 振型参与系数，按下述情况计算。

当仅考虑 x 方向地震作用时

$$\gamma_{tj} = \sum_{i=1}^{n} X_{ji} G_i \Big/ \sum_{i=1}^{n} (X_{ji}^2 + Y_{ji}^2 + \varphi_{ji}^2 \gamma_i^2) G_i \tag{3-24}$$

当仅考虑 y 方向地震作用时

$$\gamma_{tj} = \sum_{i=1}^{n} Y_{ji} G_i \Big/ \sum_{i=1}^{n} (X_{ji}^2 + Y_{ji}^2 + \varphi_{ji}^2 \gamma_i^2) G_i \tag{3-25}$$

当考虑与 x 方向夹角为 θ 的地震作用时

$$\gamma_{tj} = \gamma_{xj} \cos\theta + \gamma_{yj} \sin\theta \tag{3-26}$$

式中　γ_{xj}、γ_{yj}——按仅考虑 x 方向、y 方向地震作用时求得的振型参与系数。

与不考虑扭转耦联振动影响类似，在分别计算各振型等效地震荷载下的内力和位移后，由下列振型组合公式得出组合后的内力和位移。

a. 单向水平地震作用下，考虑扭转耦联振动影响的地震作用效应，应按下列公式确定：

$$S = \sqrt{\sum_{j=1}^{m} \sum_{k=1}^{m} \rho_{jk} S_j S_k} \tag{3-27}$$

$$\rho_{jk} = \frac{8\sqrt{\zeta_j \zeta_k}(1+\lambda_T)\lambda_T^{1.5}}{(1-\lambda_T^2)^2 + 4\zeta_j \zeta_k(1+\lambda_T)^2 \lambda_T + 4(\zeta_j^2 + \zeta_k^2)\lambda_T^2} \tag{3-28}$$

式中　S——考虑扭转的地震作用标准值的效应；

S_j、S_k——j、k 振型地震作用标准值的效应；

ρ_{jk}——j 振型与 k 振型的耦联系数；

λ_T——k 振型与 j 振型的自振周期比；

ζ_j、ζ_k——j、k 振型的阻尼比。

b. 考虑双向水平地震作用下的扭转地震作用效应，应按下列公式的较大值确定：

$$S = \sqrt{S_x^2 + (0.85 S_y)^2} \tag{3-29}$$

$$S = \sqrt{S_y^2 + (0.85 S_x)^2} \tag{3-30}$$

式中　S_x——仅考虑 x 向水平地震作用时的地震作用效应；

S_y——仅考虑 y 向水平地震作用时的地震作用效应。

(3) 当房屋高度较高、地震烈度较高或房屋沿高度方向刚度和质量特别不均匀时，要采用弹性时程分析方法进行多遇地震下的补充分析计算。

(4) 水平地震层剪力最小值无论用哪种方法，多遇地震水平地震作用计算时，结构各楼层对应于地震作用标准值的剪力应符合下列要求：

$$V_{Eki} \geqslant \lambda \sum_{j=i}^{n} G_j \tag{3-31}$$

式中　V_{Eki}——第 i 层对应于水平地震作用标准值的剪力；

λ——水平地震剪力系数，不应小于表 3-7 的规定；对于竖向不规则结构的薄弱层，尚应乘以 1.15 的增大系数；

G_j——第 j 层的重力荷载代表值；

n——结构计算总层数。

表 3-7　　　　　　　　　　楼层最小地震剪力系数

类别	6 度	7 度	8 度	9 度
扭转效应明显或基本周期小于 3.5s 的结构	0.008	0.016（0.024）	0.032（0.048）	0.064
基本周期大于 5.0s 的结构	0.006	0.012（0.018）	0.024（0.036）	0.048

注　1. 基本周期介于 0.35s 和 5.0s 之间的结构，应允许线性插值取值；

　　2. 7、8 度时括号内数值分别用于设计基本地震加速度为 0.15g 和 0.30g 的地区。

3.4.6　竖向地震作用的计算

结构竖向地震作用标准值可采用时程分析方法或者振型分解反应谱方法计算，也可按照下列规定计算，竖向地震作用的计算见图 3-4。

结构总竖向地震作用标准值可按下式计算：

$$F_{Evk} = \alpha_{vmax} G_{eq} \tag{3-32}$$

$$G_{eq} = 0.75 G_E \tag{3-33}$$

$$\alpha_{vmax} = 0.65 \alpha_{max} \tag{3-34}$$

结构质点 i 的竖向地震作用标准值 F_{vi} 按下式计算

$$F_{vi} = \frac{G_i H_i}{\sum\limits_{j=1}^{n} G_j H_j} F_{Fvk} \qquad (3-35)$$

图 3-4　结构竖向
地震作用计算简图

式中　F_{Evk}——结构总竖向地震作用标准值；

　　　α_{vmax}——结构竖向地震影响系数的最大值；

　　　G_{eq}——结构等效总重力荷载代表值；

　　　G_E——计算竖向地震作用时，结构总重力荷载代表值，应取各
　　　　　　质点重力荷载代表值之和；

　　　F_{vi}——质点 i 的竖向地震作用标准值；

　　G_i、G_j——集中于质点 i、j 的重力荷载代表值；

　　H_i、H_j——质点 i、j 的计算高度。

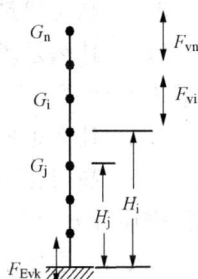

楼层各构件的竖向地震作用效应可按各构件承受的重力荷载代表值比例分配，并乘以增大系数 1.5。

跨度大于 24m 的楼盖结构、跨度大于 12m 的转换结构和连体结构、悬挑长度大于 5m 的悬挑结构，结构的竖向地震作用效应标准值宜采用时程分析方法或振型分解反应谱法进行计算。时程分析计算时输入地震加速度最大值可按规定的水平输入最大值的 65% 采用，反应谱分析时结构竖向地震影响系数最大值可按水平地震影响系数最大值的 65% 采用，但设计地震分组可按第一组采用。

高层建筑中，大跨度结构、悬挑结构、转换结构、连体结构的连接体，竖向地震作用标准值不宜小于结构或构件承受的重力荷载代表值与表 3-8 所规定的竖向地震作用系数的乘积。

表 3-8　　　　　　　　　　　　竖向地震作用系数

设防烈度	7 度	8 度		9 度
设计基本地震加速度	0.15g	0.20g	0.30g	0.40g
竖向地震作用系数	0.08	0.10	0.15	0.20

计算各振型地震影响系数所采用的结构自振周期应考虑非承重墙体的刚度影响予以折减。

当非承重墙体为砌体墙时，高层建筑结构的计算自振周期折减系数可按下列规定取值：

框架结构可取 0.6~0.7；

框架-剪力墙结构可取 0.7~0.8；

框架-核心筒结构可取 0.8~0.9；

剪力墙结构可取 0.8~1.0。

对于其他结构体系或采用其非承重墙体时，可根据工程情况确定周期折减系数。

思 考 题

3.1　高层建筑结构上的竖向荷载主要有哪些种类？

3.2　高层建筑结构所受的风荷载主要与哪些因素有关？总风荷载是怎样计算的？

3.3　什么是风荷载体型系数？风荷载体型系数在计算每个表面的风荷载时是否都垂直于该表面？

3.4　什么是地震作用？地震作用的大小与哪些因素有关？

3.5　高层建筑结构抗震设防的三水准要求是什么？为达到这些要求，应采取哪几个阶段抗震设计方法？

3.6　高层建筑结构地震作用的计算方法有哪些？它们的应用条件是什么？

3.7　采用底部剪力法计算水平地震作用的步骤是什么？在什么情况下需要考虑竖向地震作用？

3.8　高层建筑结构设计中，在什么情况下宜采用时程分析法？

习　　题

3.1　某小区住宅在风荷载作用下，该住宅离室外地面高度为 60m，纵向长度为 30m，建于地面粗糙度为 B 类的城市郊区，基本风压为 $w_0 = 0.5 \mathrm{kN/m^2}$，试确定室外地面处风荷载产生的总剪力值。

3.2　一高层钢筋混凝土结构，平面形状的正六边形，边长为 20m，房屋共 20 层，除底层层高 5m 外，其他层高为 3.6m。该房屋的第一自振周期为 $T_1 = 1.2 \mathrm{s}$，所在地的基本风压为 $w_0 = 0.7 \mathrm{kN/m^2}$。地面粗糙度为 C 类，试计算各楼层处与风向一致方向的风荷载标准值。

3.3　某一建于 8 度地震区的 10 层钢筋混凝土框架结构，抗震设防类别为丙类，设计地震分组为第一组，设计基本地震加速为 $0.2g$，场地类别为 Ⅱ 类结构自振周期 $T = 1.0 \mathrm{s}$，阻尼比取 0.05。试问，当计算罕遇地震作用时，该结构的水平地震影响系数 α 是多少？

3.4　某高层质量和刚度沿高度分布比较均匀的一般剪力墙结构，层数为 15 层，高度为 40.5m，经计算其顶点假想位移为 0.235m。试计算基本自振周期 T_1。

附表 3-1　　　　　　　　　　　　　风压高度变化系数 μ_z

离地面或海平面高度（m）	地面粗糙度类别			
	A	B	C	D
5	1.09	1.00	0.65	0.51
10	1.28	1.00	0.65	0.51
15	1.42	1.13	0.65	0.51
20	1.52	1.23	0.74	0.51
30	1.67	1.39	0.88	0.51
40	1.79	1.52	1.00	0.60
50	1.89	1.62	1.10	0.69
60	1.97	1.71	1.20	0.77
70	2.05	1.79	1.28	0.84
80	2.12	1.87	1.36	0.91

续表

离地面或海平面高度（m）	地面粗糙度类别			
	A	B	C	D
90	2.18	1.93	1.43	0.98
100	2.23	2.00	1.50	1.04
150	2.46	2.25	1.79	1.33
200	2.64	2.46	2.03	1.58
250	2.78	2.63	2.24	1.81
300	2.91	2.77	2.43	2.02
350	2.91	2.91	2.60	2.22
400	2.91	2.91	2.76	2.40
450	2.91	2.91	2.91	2.58
500	2.91	2.91	2.91	2.74
≥550	2.91	2.91	2.91	2.91

附表 3-2　　　　　　　　阵 风 系 数 β_{gz}

离地面高度（m）	地面粗糙度类别			
	A	B	C	D
5	1.65	1.70	2.05	2.40
10	1.60	1.70	2.05	2.40
15	1.57	1.66	2.05	2.40
20	1.55	1.63	1.99	2.40
30	1.53	1.59	1.90	2.40
40	1.51	1.57	1.85	2.29
50	1.49	1.55	1.81	2.20
60	1.48	1.54	1.78	2.14
70	1.48	1.52	1.75	2.09
80	1.47	1.51	1.73	2.04
90	1.46	1.50	1.71	2.01
100	1.46	1.50	1.69	1.98
150	1.43	1.47	1.63	1.87
200	1.42	1.45	1.59	1.79
250	1.41	1.43	1.57	1.74
300	1.40	1.42	1.54	1.70
350	1.40	1.41	1.53	1.67
400	1.40	1.41	1.51	1.64
450	1.40	1.41	1.50	1.62
500	1.40	1.41	1.50	1.60
550	1.40	1.41	1.50	1.59

附表 3 - 3 突出屋面房屋地震作用增大系数 β_n

结构基本自振周期 T_1/s	$G_n/GK_n/K_n$	0.001	0.010	0.050	0.100
	0.01	2.0	1.6	1.5	1.5
0.25	0.05	1.9	1.8	1.6	1.6
	0.10	1.9	1.8	1.6	1.5
	0.01	2.6	1.9	1.7	1.7
0.50	0.05	2.1	2.4	1.8	1.8
	0.10	2.2	2.4	2.0	1.8
	0.01	3.6	2.3	2.2	2.2
0.75	0.05	2.7	3.4	2.5	2.3
	0.10	2.2	3.3	2.5	2.3
	0.01	4.8	2.9	2.7	2.7
1.00	0.05	3.6	4.3	2.9	2.7
	0.10	2.4	4.1	3.2	3.0
	0.01	6.6	3.9	3.5	3.5
1.50	0.05	3.7	5.8	3.8	3.6
	0.10	2.4	5.6	4.2	3.7

第4章 高层建筑结构设计一般原则

4.1 基 本 假 定

高层建筑结构是复杂的空间受力体系，实际承受的荷载也很复杂，要想按照实际受力状况进行精确计算是十分困难的。因此，结构设计时进行一定的简化与假定是必要的。简化的程度视所采用的计算工具以及必要性和合理性的原则确定。常采用以下三个基本假定。

（1）弹性变形假定：高层建筑结构的内力与位移采用弹性方法计算。考虑到实际结构中，构件表现了较为明显的弹塑性性质，因此，在截面设计时需考虑材料的弹塑性性质。

（2）刚性楼板假定：高层建筑结构空间体能整体协同工作的原因是由于各抗侧力结构之间通过楼板联系，故进行高层建筑内力与位移计算时，假定联系各抗侧力构件之间的楼板在其自身平面内刚度无限大，在平面外刚度很小，忽略不计。

（3）平面抗侧力假定：任何一片抗侧力结构（一榀框架或一片剪力墙等）在其自身平面外的刚度可忽略不计，只承受其平面内的侧向力。

根据第2条假定，高层建筑结构的楼板在自身平面内刚度很大，不产生变形，故在不考虑扭转的情况下，同层各竖向构件的水平位移相等，剪力墙结构中各片墙的水平力大致按其等效刚度分配；框架结构的各片框架的水平力大致按其抗侧刚度分配；框架-剪力墙和筒体结构则受力比较复杂，需要进行专门的计算。

高层建筑结构按照空间整体工作计算时，应考虑下列变形：梁的弯曲、剪切、扭转变形，柱和墙的弯曲、剪切、轴向和扭转变形。

4.2 荷 载 效 应 组 合

结构设计时，需要考虑可能发生在建筑结构上的各种荷载或作用以及它们产生的效应，但并不是简单地把各种作用产生的效应叠加，一是因为叠加不符合实际受力状况，二是这样的叠加不一定产生最大的效应。因此我国现行的《建筑结构荷载规范》（GB 50009）规定采用荷载效应组合的方法。所谓荷载效应组合是指首先计算结构在不同荷载作用下的效应（内力、位移等），然后考虑分项系数和组合系数加以组合计算。分为非抗震设计（持久和短暂设计状况）和抗震设计（地震设计状况）组合两种。

4.2.1 非抗震设计效应组合

持久、短暂设计状况下，当作用与作用效应按线性关系考虑时，荷载基本组合的效应设计值按下式确定：

$$S_d = \gamma_G S_{GK} + \gamma_L \gamma_Q S_{QK} + \psi_w \gamma_w S_{WK} \tag{4-1}$$

式中　S_d——荷载组合的效应设计值；

　　　γ_G——永久荷载分项系数；

　　　γ_Q——楼面活荷载分项系数；

γ_W——风荷载分项系数；

γ_L——考虑结构设计使用年限的荷载调整系数，设计使用年限为 50 年时取 1.0，设计使用年限为 100 年时取 1.1；

S_{GK}——永久荷载效应标准值；

S_{QK}——楼面活荷载效应标准值；

S_{WK}——风荷载效应标准值；

ψ_W——分别为楼面活荷载组合值系数和风荷载组合值系数，当永久荷载效应起控制作用时应分别取 0.7 和 0.0；当可变荷载效应起控制作用时应分别取 1.0 和 0.6 或 0.7 和 1.0。对书库、档案室、储藏室、通风机房和电梯机房，楼面活荷载组合值系数取 0.7 的场合应取为 0.9。

根据《建筑结构荷载规范》（GB 50009）中对荷载分项系数的规定，高层建筑持久状况和短暂设计状况下组合效应的一般表达式为：

（1）恒载＋活载。

1.2×恒载效应＋1.4×活载效应

1.35×恒载效应＋1.4×0.7×活载效应

（2）恒载＋活载＋风荷载。

1.2×恒载效应＋1.4×活载效应＋1.4×0.6×风荷载效应

1.2×恒载效应＋1.4×0.7×活载效应＋1.4×风荷载效应

4.2.2　抗震设计效应组合

地震设计状况下，当作用与作用效应按线性关系考虑时，荷载和地震作用基本组合的效应设计值按下式确定：

$$S_d = \gamma_G S_{GE} + \gamma_{Eh} S_{EhK} + \gamma_{Ev} S_{EvK} + \psi_W \gamma_W S_{WK} \tag{4-2}$$

式中　S_d——荷载和地震作用组合的效应设计值；

S_{GE}——重力荷载代表值的效应（包括 100% 自重标准值，50% 雪荷载标准值，50%～80% 楼面活荷载标准值）；

S_{EhK}——水平地震作用标准值的效应，尚应乘以相应的增大系数、调整系数；

S_{EvK}——竖向地震作用标准值的效应，尚应乘以相应的增大系数、调整系数；

γ_G——重力荷载分项系数；

γ_W——风荷载分项系数；

γ_{Eh}——水平地震作用分项系数；

γ_{Ev}——竖向地震作用分项系数；

ψ_W——风荷载组合值系数，应取 0.2。

根据《建筑结构荷载规范》（GB 50009）的规定：60m 以上的高层建筑需考虑风荷载效应和地震作用效应组合；9 度时需考虑竖向地震作用的效应组合以及对荷载分项系数的规定，高层建筑地震设计状况下组合效应的一般表达式为：

（1）所有高层建筑：

1.2×重力荷载效应＋1.3×水平地震作用效应。

（2）9 度以及水平长悬臂和大跨度结构 7 度（0.15g）、8 度、9 度时高层建筑增加：

1.2×重力荷载效应＋1.3×竖向地震作用效应。

（3）9度时以及水平长悬臂和大跨度结构7度（0.15g）、8度、9度时增加：

1.2×重力荷载效应＋1.3×水平地震作用效应＋0.5×竖向地震作用效应。

（4）60m以上高层建筑增加（9度以外）：

1.2×重力荷载效应＋1.3×水平地震作用效应＋1.4×0.2×风荷载效应。

（5）9度时以及水平长悬臂和大跨度结构7度（0.15g）、8度、9度时且60m以上高层建筑增加：

1.2×重力荷载效应＋1.3×水平地震作用效应＋0.5×竖向地震作用效应＋1.4×0.2×风荷载效应以及

1.2×重力荷载效应＋0.5×水平地震作用效应＋1.3×竖向地震作用效应＋1.4×0.2×风荷载效应。

上述各计算式可以列表为4-1。

表4-1　　　　　　　　　　地震设计状况时荷载效应组合及分项系数

参与组合的荷载和作用	γ_G	γ_{Eh}	γ_{Ev}	γ_W	说　明
重力荷载及水平地震作用	1.2	1.3	—	—	抗震设计的高层建筑结构均应考虑
重力荷载及竖向地震作用	1.2	—	1.3	—	9度抗震设计时考虑；水平长悬臂和大跨度结构7度（0.15g）、8度、9度抗震设计时考虑
重力荷载、水平地震作用及竖向地震作用	1.2	1.3	0.5	—	9度抗震设计时考虑；水平长悬臂和大跨度结构7度（0.15g）、8度、9度抗震设计时考虑
重力荷载、水平地震作用及风荷载	1.2	1.3	—	1.4	60m以上的高层建筑考虑
重力荷载、水平地震作用、竖向地震作用及风荷载	1.2	1.3	0.5	1.4	60m以上的高层建筑，9度抗震设计时考虑；水平长悬臂和大跨度结构7度（0.15g）、8度、9度抗震设计时考虑
	1.2	0.5	1.3	1.4	水平长悬臂和大跨度结构7度（0.15g）、8度、9度抗震设计时考虑

上述荷载效应组合，当永久荷载、重力荷载代表值产生的效应对结构有利时，其分项系数取值不大于1.0；当计算位移或变形时，各分项系数均取1.0。

4.3　抗　震　等　级

我国大多数地区的高层建筑都需要考虑抗震设防。房屋建筑的抗震等级是衡量其抗震设防要求高低的尺度，是进行房屋抗震设计的重要参数。抗震等级根据抗震设防分类、烈度、结构类型和房屋高度确定。抗震等级的划分，体现了对结构抗震性能要求的严格程度。一般来说，抗震设防烈度高、建筑物高度大，抗震等级也高。同时，不同的结构体系、变形性能不同，建筑物的重要性不同，抗震要求也不同。因此根据其抗震等级，采取不同的抗震计算调整措施和抗震构造措施。

丙类建筑A级、B级高度现浇钢筋混凝土结构的抗震等级见表4-2和表4-3。

甲、乙类建筑应按设防烈度提高一度查表4-2和表4-3确定抗震等级。

建筑场地为Ⅰ类时，甲、乙类建筑仍按本地区抗震设防烈度的要求采取抗震构造措施，按提高一度的要求采取内力调整措施；丙类建筑按本地区抗震设防烈度降低一度的要求采取抗震构造措施，按本地区烈度的要求采取内力调整措施，但抗震设防烈度为6度时仍按本地区抗震设防烈度的要求采取抗震构造措施。

建筑场地为Ⅲ、Ⅳ类时，设计基本地震加速度为0.15g和0.3g的地区，分别按抗震设防烈度8度（0.2g）和9度（0.4g）时各抗震设防类别建筑的要求采取抗震构造措施，分别按7度和8度的要求采取内力调整措施。

表 4-2　　　　　　　　A级高度现浇钢筋混凝土房屋的抗震等级（丙类）

结构类型			设防烈度							
			6度		7度			8度		9度
框架结构	高度（m）		≤24	>24	≤24		>24	≤24	>24	≤24
	框架		四	三	三		二	二	一	一
	大跨度框架		三		二			一		一
框架-剪力墙结构	高度（m）		≤60	>60	≤24	25～60	>60	≤24	25～60	>60	≤24	25～50
	框架		四	三	四		三	三		二	二	一
	剪力墙		三	三	二		二	二		一	一
剪力墙结构	高度（m）		≤80	>80	≤24	25～80	>80	≤24	25～80	>80	≤24	25～60
	剪力墙		四	三	四		三	三		二	二	一
部分剪力墙结构	剪力墙	高度（m）	≤80	>80	≤24	25～80	>80	≤24	25～80	>80	
		一般部位	四	三	四		三	三		二		
		加强部位	三	二	三		二	二		一		
	框支层框架		二		二			一			
筒体结构	框架-核心筒	框架	三		二			一			一
		核心筒	二		二			一			一
	筒中筒	内筒	三		二			一			一
		外筒	三		二			一			一
板柱-剪力墙结构	高度（m）		≤35	>35	≤35		>35	≤35		>35	
	板柱及周边框架		三	二	二		二	二		一	
	剪力墙		二	二	二		二	二		一	

表 4-3　　　　　　　　B级高度现浇钢筋混凝土房屋的抗震等级（丙类）

结构类型		烈度		
		6度	7度	8度
框架-剪力墙结构	框架	二	一	一
	剪力墙	二	一	特一
剪力墙	剪力墙	二	一	一

续表

结构类型		烈度		
		6 度	7 度	8 度
部分框支剪力墙结构	非底部加强部位剪力墙	二	一	一
	底部加强部位剪力墙	一	一	特一
	框支框架	一	特一	特一
框架 - 核心筒	框架	二	二	一
	筒体	二	一	特一
筒中筒	外筒	二	二	特一
	内筒	二	二	特一

4.4　结 构 设 计 要 求

4.4.1　承载力验算

高层建筑结构设计应保证结构在各种可能出现的荷载作用下，构件及连接具有足够的承载能力。

按照极限状态设计的要求，各种构件承载力验算的一般表达式为：

持久、短暂设计状况：

$$\gamma_0 S_d \leqslant R_d \tag{4-3}$$

地震设计状况：

$$S_d \leqslant R_d / \gamma_{RE} \tag{4-4}$$

式中　γ_0——重要性系数，安全等级为一级的结构构件不应小于 1.1，安全等级为二级的结构构件不应小于 1.0；

S_d——结构构件内力组合的设计值，包括组合的弯矩、轴向力、剪力设计值，见 4.2 节；

R_d——结构构件承载力设计值；

γ_{RE}——结构构件承载力抗震调整系数，见表 4-4，当仅计算竖向地震作用时，各类结构构件的承载力抗震调整系数均取 1.0。

表 4-4　　　　　结构构件承载力抗震调整系数

材料	结构构件	受力状态	γ_{RE}
钢	柱、梁、支撑、节点板件、螺栓、焊缝	强度	0.75
	柱、支撑	稳定	0.80
混凝土	梁	受弯	0.75
	轴压比小于 0.15 的柱	偏压	0.75
	轴压比不小于 0.15 的柱	偏压	0.80
	剪力墙	偏压	0.85
	各类构件	受剪、偏拉	0.85

4.4.2 变形验算

(1) 弹性变形验算。

在正常使用条件下, 高层建筑处于弹性状态并应有足够的刚度, 避免产生过大的位移而影响结构稳定性和使用功能。

在风荷载和多遇地震标准值作用下, 楼层最大层间位移应符合下列要求:

$$\Delta\mu_e \leqslant [\theta_e]h \tag{4-5}$$

式中　$\Delta\mu_e$——风或多遇地震作用标准值产生的楼层内最大弹性层间位移, 以楼层竖向构件最大的水平位移差计算, 不扣除整体弯曲变形, 计入扭转变形, 各作用的分项系数均采用 1.0; 抗震设计时, 可不考虑偶然偏心的影响。

　　$[\theta_e]$——弹性层间位移角限值, 对于高度不大于 150m 的高层建筑, 按表 4-5 采用; 高度不小于 250m 的高层建筑, 其值可取 1/500; 高度在 150m～250m 之间的高层建筑, 其值按表 4-5 和 1/500 之间线性插入取用。

　　h——计算楼层层高。

表 4-5　　　　　　　　　　　楼层弹性层间位移角限值

结 构 体 系	$[\theta_e]$
框架	1/550
框架 - 剪力墙、框架 - 核心筒、板柱 - 剪力墙	1/800
筒中筒、剪力墙	1/1000
除框架结构以外的转换层	1/1000

(2) 弹塑性变形验算。

为避免高层建筑结构在罕遇地震作用下发生整体倒塌, 结构薄弱层 (部位) 的弹塑性位移应符合下式规定:

$$\Delta\mu_p \leqslant [\theta_p]h \tag{4-6}$$

式中　$\Delta\mu_p$——罕遇地震作用下层间弹塑性位移;

　　$[\theta_p]$——弹塑性层间位移角限值, 可按表 4-6 采用; 对于框架结构, 当轴压比小于 0.4 时, 可提高 10%; 当柱子全高的箍筋构造采用的比规程规定的最小配箍特征值大 30% 时, 可提高 20%, 但累计提高不宜超过 25%;

　　h——计算楼层层高。

表 4-6　　　　　　　　　　　楼层弹塑性层间位移角限值

结 构 体 系	$[\theta_p]$
框架	1/50
框架 - 剪力墙结构、框架 - 核心筒结构、板柱 - 剪力墙结构	1/100
剪力墙结构、筒中筒结构	1/120
除框架结构以外的转换层	1/120
多、高层钢结构	1/50

4.4.3　稳定验算

高层建筑结构在竖向荷载作用下一般不会发生整体失稳，在水平风荷载或地震作用下，出现较大的侧移后，会产生重力二阶效应引起结构失稳、倒塌。

钢筋混凝土框架结构、剪力墙结构、框架‐剪力墙结构、筒体结构的整体稳定应符合下列规定：

（1）剪力墙结构、框架‐剪力墙结构、筒体结构：

$$EI_d \geqslant 1.4H^2 \sum_{i=1}^{n} G_i \qquad (4-7)$$

（2）框架结构：

$$D_i \geqslant 10 \sum_{j=i}^{n} G_j / h_i \ (i=1,2,\cdots,n) \qquad (4-8)$$

当满足下列规定时，弹性分析时可不考虑重力二阶效应的不利影响。

（1）剪力墙结构、框架‐剪力墙结构、筒体结构：

$$EI_d \geqslant 2.7H^2 \sum_{i=1}^{n} G_i \qquad (4-9)$$

（2）框架结构：

$$D_i \geqslant 20 \sum_{j=i}^{n} G_j / h_i \ (i=1,2,\cdots,n) \qquad (4-10)$$

式中　EI_d——结构一个主轴方向的弹性等效侧向刚度，可按倒三角形分布荷载作用下结构顶点位移相等的原则，将结构的侧向刚度折算成竖向悬臂受弯构件的等效侧向刚度；

　　　　H——房屋高度；

　　G_i、G_j——分别为第 i、j 楼层重力荷载设计值，取 1.2 倍的永久荷载标准值与 1.4 倍的楼面可变荷载标准值的组合值；

　　　　h_i——第 i 楼层层高；

　　　　D_i——第 i 楼层的弹性等效侧向刚度，可取该楼层层间剪力与层间位移的比值；

　　　　n——结构计算总层数。

4.4.4　舒适度要求

高层建筑在风荷载作用下将产生振动，过大的振动加速度将使高楼内居住的人们感觉不舒适，甚至不能忍受，因此，高度超过 150m 的高层建筑，应满足风振舒适度要求。

《建筑结构荷载规范》（GB 50009）规定的 10 年一遇的风荷载标准值作用下，钢筋混凝土结构和混合结构顶点的顺风向和横风向振动最大加速度应不超过表 4‐7 的要求。

表 4‐7　　　　　　　　　　　　　结构顶点风振加速度限值

使用功能	a_{lim}（m/s²）
住宅、公寓	0.15
办公、旅馆	0.25

4.4.5　抗倾覆验算

高层建筑结构满足高宽比限值和基础埋深要求时，一般不可能出现倾覆问题，因此通常不需要进行特殊的抗倾覆验算。

思 考 题

4.1　高层建筑结构设计做了哪些基本假定?

4.2　60m 以下建筑考虑地震作用时需要考虑哪些效应组合方式?

4.3　抗震等级的划分依据有哪些?

4.4　框架结构、剪力墙结构可不进行整体稳定计算的条件是什么?

4.5　框架结构、剪力墙结构可不考虑重力二阶效应的条件是什么?

4.6　混凝土框架结构弹性层间位移角限值、弹塑性层间位移角限值分别是多少?

4.7　钢筋混凝土框架梁正截面、斜截面的抗震承载力调整系数分别是多少?

第5章 框架结构设计

框架不仅是框架结构体系的主体承重结构，还是框架－剪力墙结构体系及框筒结构中的基本抗侧力单元，其主要构件是梁、柱及梁柱的连接节点。本章着重介绍在高层钢筋混凝土框架中各构件的截面尺寸、构件的设计内力、截面设计及配筋构造，特别是在地震作用下抗震结构截面计算、构造设计方法及延性要求等。

5.1 延性框架结构抗震设计概念

为实现房屋建筑的抗震设防目标，钢筋混凝土框架必须具有足够大的承载力和刚度外，还应具有良好的延性和耗能能力。延性是指强度或承载力没有大幅度下降情况下的屈服后变形能力。耗能能力用往复荷载作用下构件或结构的力－变形滞回曲线包含的面积度量。在变形相同的情况下，滞回曲线包含的面积越大，则耗能能力越大，对抗震越有利。如图 5-1 所示的滞回曲线表明，梁（弯曲破坏）的耗能能力大于柱（压弯破坏）的耗能能力，构件弯曲破坏的耗能能力大于剪切破坏的耗能能力。

由地震震害、试验研究和理论分析，可以得到下述对钢筋混凝土框架抗震性能的认识。

1. 梁铰机制（整体机制）优于柱铰机制（局部机制）

梁铰机制［见图 5-2（a）］是指塑性铰出现在梁端，除底层柱嵌固端外，柱端不出现塑性铰；柱铰机制［见图 5-2（b）］是指在同一层所有柱的上下端形成塑性铰。梁铰机制之所以优于柱铰机制是因为：梁铰分散在各层，即塑性变形分散在各层，不至于形成倒塌机构，而柱铰集中在某一层，塑性变形集中在该层，该层成为软弱层，产生比其他层大的层间位移角，或成为薄弱层，影响结构承受竖向荷载的能力，形成倒塌机构；梁铰的数量多于柱铰的数量，在同样大小的塑性变形和耗能要求下，对梁铰的塑性变形能力要求低，对柱铰的塑性变形能力要求高；梁是受弯构件，容易实现大的延性和耗能能力，柱是压弯构件，尤其是轴压比大的柱，不容易实现大的延性和耗能能力。实际工程中，很难实现完全梁铰机制，往往是既有梁铰又有柱铰的混合铰机制［见图 5-2（c）］。设计中，需要通过"强柱弱梁"，使塑性铰出现在梁端，尽量减少柱铰，或推迟柱端出铰；同时，通过加大底层柱嵌固端截面的承载力，推迟柱脚出铰。

2. 弯曲（压弯）破坏优于剪切破坏

梁、柱弯曲破坏为延性破坏，滞回曲线呈"梭形"或捏拢不严重，构件的耗能能力大［见图 5-1（a）、（b）］；而剪切破坏是脆性破坏，延性小，力－变形滞回曲线"捏拢"严重，构件的耗能能力差［见图 5-1（c）］。因此，梁、柱构件应按"强剪弱弯"设计，即避免剪切破坏，实现弯曲（压弯）破坏。

3. 大偏心受压破坏优于小偏心受压破坏

小偏心受压破坏的钢筋混凝土柱的延性和耗能能力显著低于大偏心受压破坏的柱，主要是因为小偏心受压破坏柱的截面相对受压区高度大，延性和耗能能力降低。因此，要限制抗

图 5-1　不同破坏形态构件的滞回曲线比较

（a）弯曲破坏；（b）压弯破坏；（c）剪切破坏

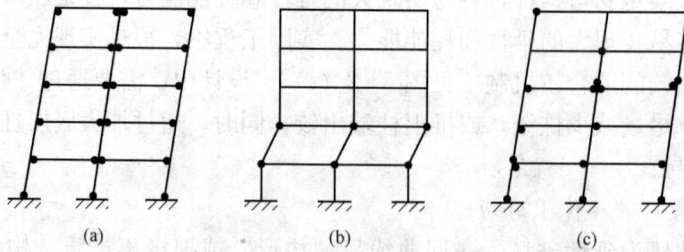

图 5-2　框架屈服机制

（a）梁铰机制；（b）柱铰机制；（c）混合铰机制

震设计的框架柱的轴压比（柱截面的平均压应力与混凝土轴心抗压强度的比值），并采取配置箍筋等措施，以获得足够大的延性和耗能能力。

4. 避免核心区破坏及梁纵筋在核心区黏结破坏

核心区是连接梁和柱、使其成为整体的关键部位，在地震往复作用下，核心区的破坏为剪切破坏，可能导致框架失效。在地震往复作用下，伸入核心区的梁纵筋与混凝土之间的黏结破坏，会导致梁端转角增大，从而增大层间位移。因此，框架设计的重要环节之一是避免梁—柱节点核心区破坏以及梁纵筋在核心区黏结破坏。

综上所述，为了使钢筋混凝土框架成为延性耗能框架，可以采用以下抗震设计概念。

1. 强柱弱梁

所谓强柱弱梁是指同一梁柱节点上下柱端截面在轴压力作用下顺时针或逆时针方向实际受弯承载力之和，大于左右梁端截面逆时针或顺时针方向实际受弯承载力之和。通过调整梁、柱之间受弯承载力的相对大小，使塑性铰出现在梁端，即梁端屈服，避免柱端出铰。

2. 强剪弱弯

强剪弱弯是指梁、柱的实际受剪承载力分别大于其实际受弯承载力对应的剪力。通过调整梁、柱截面受剪承载力与受弯承载力之间的相对大小，使框架梁、柱发生延性弯曲破坏、避免脆性剪切破坏。

3. 强核心区，强锚固

强核心区是指节点核心区的实际受剪承载力大于左右梁端截面顺时针或反时针方向实际受弯承载力之和对应核心区的剪力。在梁端塑性铰充分发展前，避免核心区破坏。伸入核心区的梁、柱纵向钢筋，在核心区内应有足够的锚固长度，避免因黏结破坏而增大层间位移。

4. 局部加强

提高和加强底层柱嵌固端以及角柱、框支柱等受力不利部位的承载力和抗震构造措施，推迟或避免其破坏。

5. 限制柱轴压比，加强柱箍筋对混凝土的约束

虽然框架按强柱弱梁设计，但框架柱还有出现塑性铰的可能。为了使框架柱有足够大的延性和耗能能力，有必要限制柱的轴压比，同时在柱两端配置足够多的箍筋，使可能出现塑性铰的柱两端成为约束混凝土。

上述钢筋混凝土框架的抗震设计概念，将在下面各节中给出具体实施的设计方法。

5.2 框架结构内力与侧移的近似计算

5.2.1 基本假定

框架结构作为由杆件构成的空间结构 [见图 5-3 (a)]，应取整个结构作为计算单元，按三维空间框架结构进行计算分析。但对于平面布置较规则、柱距及跨数相差不多的大多数框架结构，在使用荷载作用下，每榀框架结构的变形特点及控制值非常接近，为简化计算，可将三维框架简化为平面框架，按每榀框架结构的负荷面积或抗侧移刚度承担外荷载。

此外，平面框架结构在竖向荷载和水平荷载作用下，采用手算近似计算方法中也存在差异，为便于分解和叠加，还需引入线弹性的结构假定，因此框架结构的基本假定为：

(1) 每榀框架结构仅在其自身平面内提供抗侧移刚度，平面外的抗侧移刚度忽略不计；

(2) 平面楼盖在其自身平面内刚度无限大；

(3) 框架结构在使用荷载作用下材料均处于线弹性阶段。

5.2.2　框架结构的计算简图

1. 计算单元的确定

在此基本假定下，复杂的结构计算大为简化。以图 5-3 所示结构为例，将实际空间结构简化成若干个横向框架［见图 5-3（c）］和纵向平面框架［见图 5-3（d）］进行分析计算，计算单元取相邻两框架柱距的一半，如图 5-3（b）所示阴影区范围。

在计算竖向荷载作用下的内力时，框架结构在竖向荷载作用下侧移很小，可忽略各榀框架之间的相互影响，认为该榀框架与相邻框架各负担它们之间楼面面积一半。当采用横向框架承重方案时，截取横向框架作为计算单元，认为竖向荷载全部由横向框架承担；当采用纵向框架承重方案时，截取纵向框架作为计算单元，认为竖向荷载全部由纵向框架承担；当采用纵横向框架双向承重方案时，应根据竖向荷载实际传递路径，按纵横向框架共同承重进行计算。

在计算水平作用下的内力时，假定各方向的水平荷载全部由该方向平行的框架承担，与该方向垂直的框架不参与工作，即横向水平作用由横向框架承担，而纵向水平作用由纵向框架承担。

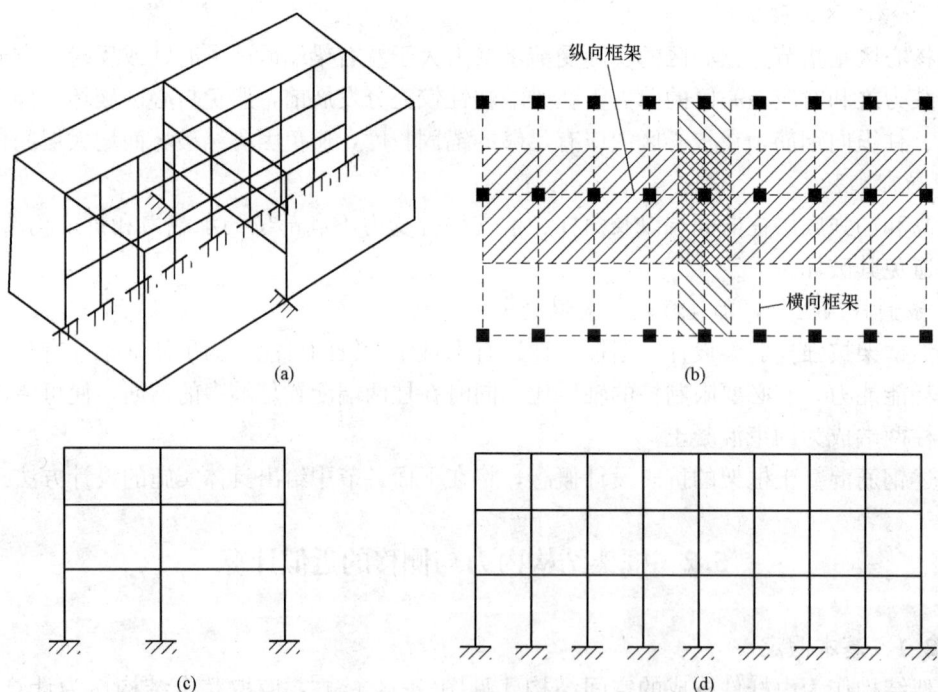

图 5-3　框架结构计算简图

2. 跨度与层高的确定

在平面框架结构计算简图中，杆件用其轴线来表示（见图 5-4）。框架梁的跨度一般取柱轴线之间的距离，当上下层柱截面尺寸变化时，一般柱外侧尺寸平齐，以截面最小的顶层柱形心线间距来确定跨度，方便计算且偏于安全。当柱截面变化时，上柱的轴力将对下柱的形心产生偏心弯矩。

框架的层高即框架柱的长度可取相应的建筑层高，即取本层楼面至上层楼面的高度，但底层的层高应取基础顶面到一层顶板之间的距离，即使一层地面有纵横拉结的基础梁，一般仍可偏于安全而忽略其影响。当设有侧向刚度很大的地下室时，可取至地下室顶部，此时，框架柱视为嵌固在地下室顶面。

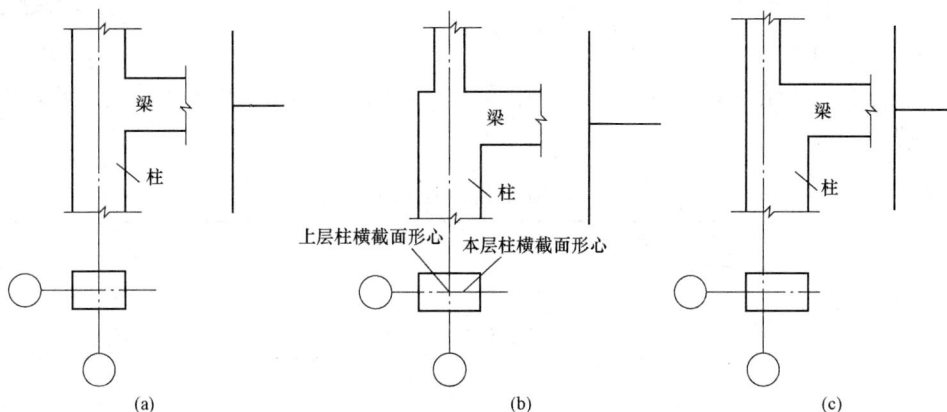

图 5-4 框架柱轴线位置

对于倾斜的或折线形横梁，当其坡度小于 1/8 时，可简化为水平直杆。对于不等跨框架，当各跨跨度相差不大于 10% 时，在手算时可简化为等跨框架，跨度取原框架各跨跨度的平均值，以减少计算工作量，但在电算时一般都可按实际情况考虑。

3. 梁、柱截面尺寸估算

（1）框架梁。

梁高一般依据挠度要求按高跨比确定，$h_b = (1/10 \sim 1/18) l_b$，$l_b$ 为梁的计算跨度；梁宽 $b = (1/2 \sim 1/3) h$。

（2）框架柱。

框架柱的截面尺寸要满足以下要求：

$$b_c、h_c \geq \left(\frac{1}{15} \sim \frac{1}{20} \right) H_c$$

同时其截面积一般根据轴压比限制 $[n]$ 估算：

$$A \geq \frac{N}{f_c [n]}$$

式中 H_c——柱高度；

     N——柱承受的轴力估算值；

    $[n]$——轴压比限制；

    f_c——柱混凝土轴心抗压强度。

4. 构件截面抗弯刚度的计算

在计算框架梁截面惯性距 I 时应考虑到楼板的影响。在框架梁两端节点附近，梁承受负弯矩，顶部的楼板受拉，楼板对梁的截面弯曲刚度影响较小；在框架梁的跨中，梁承受正弯矩，楼板处于受压区形成 T 形截面梁，楼板对梁的截面弯曲刚度影响较大。在设计计算中，一般仍假定梁的截面惯性距 I 沿轴线不变。

《混凝土结构设计规范》（GB 50010）规定，对现浇楼盖和装配整体式楼盖，宜考虑楼板作为翼缘对梁刚度和承载力的影响。梁受压区有效翼缘计算宽度 b_f' 取值与梁板楼盖相同；也可采用梁刚度增大系数法近似考虑，刚度增大系数应根据梁有效翼缘尺寸与梁截面尺寸的相对比例确定。大量的算例表明，近似计算的梁刚度增大值可按表 5-1 确定，表中 I_0 为矩形截面梁计算的截面惯性距。

5. 荷载的简化

（1）计算次梁传给主梁的荷载时，允许不考虑次梁的连续性，按各跨简支计算传至主梁的集中荷载。

表 5-1　　　　　　　　　　框架梁的截面惯性矩

楼盖形式		I
现浇楼盖	中框架梁	$2.0I_0$
	边框架梁	$1.5I_0$
装配整体式楼盖	中框架梁	$1.5I_0$
	边框架梁	$1.2I_0$
装配式楼盖		按梁的实际截面计算

（2）作用在框架上的次要荷载可以简化为与主要荷载相同的荷载形式，但应维持内力等效。也可将作用于框架梁上的三角形、梯形等荷载按支座弯矩等效的原则折算为等效均布荷载。

5.2.3　竖向荷载作用下的内力近似计算

在多数情况下，框架结构可以简化为平面结构进行内力分析，在纵向和横向都分别由若干榀框架承受竖向荷载和水平荷载。结构力学中已经比较详细地介绍了框架的内力和位移计算方法，例如全框架力矩分配法、无剪力分配法、迭代法等，这些方法在实用中已大多被更精确省力的计算机程序分析—杆件有限元方法所代替。但是，有一些用于近似计算的手算方法，由于计算简便、易于掌握，对于大多数工程仍然适用，目前在实际工程中应用还很多。

1. 分层法

（1）分层法的基本假定。

力法或位移法的精确计算结果表明，在竖向荷载作用下，框架结构的侧移对其内力的影响较小。另外，由影响线理论及精确计算结果可知，框架各层横梁上的竖向荷载只对本层横梁及与之相连的上、下层柱的弯矩影响较大，对其他各层梁、柱的弯矩影响较小。这也可从弯矩分配法的过程来理解，受荷载作用杆件的弯矩值通过弯矩的多次分配与传递，逐渐向左右上下衰减，在梁线刚度大于柱线刚度的情况下，柱中弯矩衰减得更快，因而对其他各层的杆端弯矩影响较小。

根据上述分析，计算竖向荷载作用下框架结构内力时，可采用以下两个简化假定：

1）不考虑框架侧移对内力的影响，即框架的侧移忽略不计。

2）作用在某一层框架梁上的竖向荷载只对本楼层的梁以及与本层梁相连的框架柱产生弯矩和剪力，而对其他楼层的框架梁和隔层的框架柱都不产生弯矩和剪力。

应当指出，上述假定中所指的内力不包括柱轴力，因为各层柱的轴力对下部均有较大影响，不能忽略。

（2）计算要点及步骤。

1）分层：根据框架结构基本假定 3 及分层法假定 1，高层框架可采用分层法分解成若干个单层刚架的组合，如图 5-5 所示。

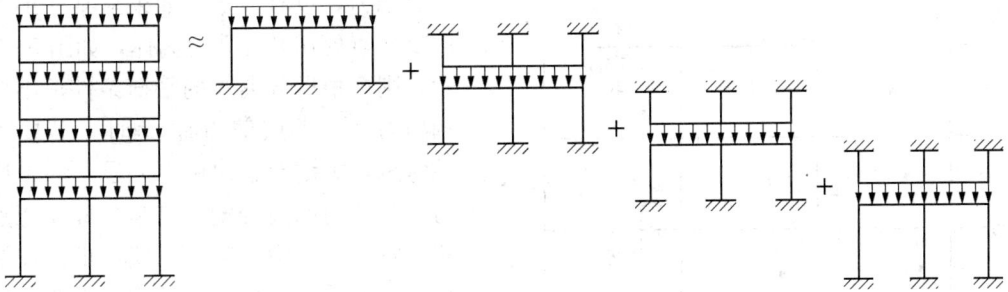

图 5-5 框架分层计算简图

2）计算杆端分配系数 μ_i：除底层外其他层柱线刚度取为原线刚度的 0.9 倍，其他杆件不变。

3）计算固端弯矩 M_p。

4）由节点不平衡力矩，求分配弯矩 M'_{ij}。

5）由传递系数 C 求传递弯矩 M_{ji}，除底层外其他层柱的传递系数取为 1/3，其他杆件的传递系数仍为 1/2。

6）循环、收敛后叠加，求杆端弯矩。

7）误差分析：分别对每个分层进行力矩分配计算，并叠加得到最终计算结果后，若节点出现的不平衡力矩较小（小于 10%），直接按叠加成果进行下一步计算，否则需再分配一次，修正原杆端弯矩，得到最终计算成果。

一般情况下，分层法用于计算强柱弱梁型的对称框架结构时，误差较小，精度较高。

2. 弯矩二次分配法

计算竖向荷载作用下多层多跨框架结构的杆端弯矩时，由于弯矩分配法要考虑任一节点的不平衡弯矩对框架结构所有杆件的影响，因而计算相当繁杂。根据在分层法中所做的分析可知，多层框架中某节点的不平衡弯矩对与其相邻的节点影响较大，对其他节点的影响较小，因而可假定某一节点的不平衡弯矩只对与该节点相交的各杆件的远端有影响，这样可将弯矩分配法的循环次数简化到弯矩二次分配和其间的一次传递，此即弯矩二次分配法。这种方法的具体计算步骤：

1）根据各杆件的线刚度计算各节点的杆端弯矩分配系数，并计算竖向荷载作用下各跨梁的固端弯矩。

2）计算框架各节点的不平衡弯矩，并对所有节点的反号后的不平衡弯矩同时进行第一次分配（其间不进行弯矩传递）。

3）将所有杆端的分配弯矩同时向其远端传递（对于刚接框架，传递系数均取 1/2）。

4）将各节点因传递弯矩而产生的新的不平衡弯矩反号后进行第二次分配，使各节点处于平衡状态。至此，整个弯矩分配和传递过程即告结束。

5）将各杆端的固端弯矩、分配弯矩和传递弯矩叠加，即得各杆端弯矩。

5.2.4　水平荷载作用下的内力近似计算

框架结构在风荷载或其他水平荷载作用下，一般都可归结为受节点水平力的作用，变形如图5-6所示。从图中可以看到，每层柱都存在一个反弯点，而在反弯点处，内力只有剪力、轴力，没有弯矩。如果从某一层各柱的反弯点处切开并取分离体，如图5-7所示，则可根据分离体的平衡条件求出各柱的剪力和（即层剪力）。因此，若要求柱端弯矩，关键要解决两个问题：一是层剪力在各柱间如何分配；二是各柱反弯点位置。解决了这两个问题，就可求出柱端弯矩，根据节点平衡条件及杆件平衡条件即可求出梁、柱的其他内力。

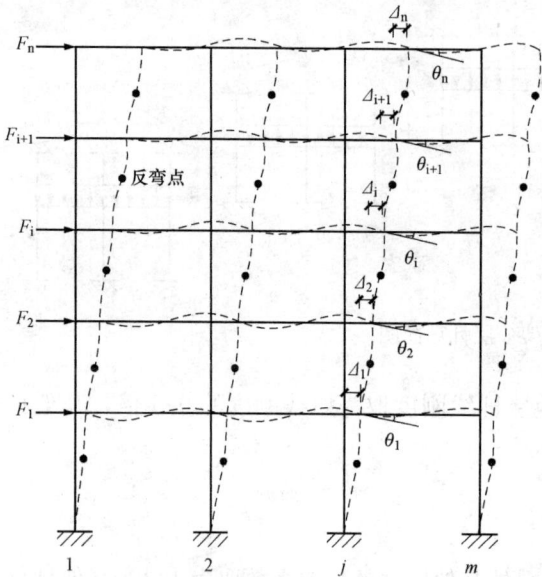

图5-6　框架的变形

根据求柱剪力和反弯点位置时所做的假定不同，框架结构在水平荷载作用下内力计算的近似方法又分为反弯点法和D值法。

1. 反弯点法

反弯点法用于结构比较均匀、层数不多的框架。当梁、柱线刚度比 $i_b/i_c > 3$ 时，采用反弯点法计算内力，可以获得良好的近似值。

（1）基本假定。

1）梁、柱线刚度比很大，在水平荷载作用下，柱上下端转角为零。

2）忽略梁的轴向变形，即同一层各节点水平位移相同。

3）底层柱的反弯点在距柱底2/3高度处，其余各层柱的反弯点在柱中点。

（2）层剪力分配。

由结构力学可知，两端无转角的柱，当其上下两端有相对侧移 δ 时，柱剪力 V 与侧移 δ 之间的关系如下：

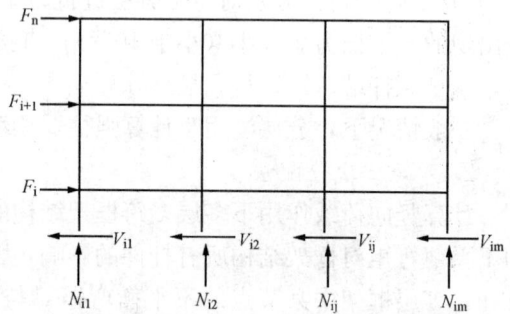

图5-7　从第i层各柱反弯点处截取的分离体图

$$V = \frac{12i_c}{h^2}\delta \tag{5-1}$$

令

$$d = \frac{V}{\delta} = \frac{12i_c}{h^2} \tag{5-2}$$

式中　d——柱的抗侧移刚度；

　　　i_c——柱的线刚度；

　　$i_c = \dfrac{EI_c}{h}$——柱的抗弯刚度；

　　　h——层高。

设第 i 层有 m 根柱，第 i 层第 j 根柱的剪力为 V_{ij}

$$V_{ij} = d_{ij}\delta_{ij} \tag{5-3}$$

则第 i 层各柱的剪力和 V_i 为，

$$V_i = \sum_{j=1}^{m} V_{ij} = \sum_{j=1}^{m} d_{ij}\delta_{ij} \tag{5-4}$$

由基本假定知，同层各节点水平位移相同，即 $\delta_{ij} = \delta_i$，故

$$V_i = \delta_i \sum_{j=1}^{m} d_{ij}$$

$$\delta_i = \frac{1}{\sum_{j=1}^{m} d_{ij}} V_i \tag{5-5}$$

将式（5-5）代入式（5-3）得：

$$V_{ij} = \frac{d_{ij}}{\sum_{j=1}^{m} d_{ij}} V_i \tag{5-6}$$

式（5-6）表明，层剪力是按柱的抗侧刚度大小进行分配的，即各层的剪力按各柱的抗侧刚度在该层总抗侧刚度中所占比例分配到各柱。

（3）计算步骤。

1）由图 5-5 的分离体平衡条件得层剪力 V_i：

$$V_i = \sum_{i}^{n} F_i \tag{5-7}$$

2）由式（5-6）求得各柱剪力 V_{ij}；

3）确定各层柱的反弯点高度 yh（y 为反弯点高度比，见图 5-8）：

底层柱

$$yh = \frac{2}{3}h \tag{5-8}$$

其他层柱

$$yh = \frac{1}{2}h \tag{5-9}$$

4）由下式求柱端弯矩 $M_{ij上}$ 及 $M_{ij下}$（见图 5-8）：

$$M_{ij上} = V_{ij}(h - yh)$$
$$M_{ij下} = V_{ij}yh \tag{5-10}$$

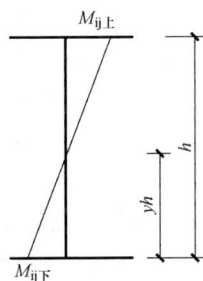

图 5-8 反弯点高度

5）根据节点平衡条件求梁端弯矩 M、$M_左$ 及 $M_右$（见图 5-9）：

边节点

$$M = M_上 + M_下 \tag{5-11}$$

中间节点

$$M_左 = \frac{i_左}{i_左 + i_右}(M_上 + M_下)$$

$$M_右 = \frac{i_右}{i_左 + i_右}(M_上 + M_下) \tag{5-12}$$

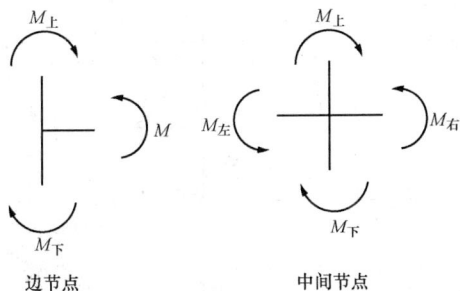

图 5-9 节点弯矩

式中 $M_上$、$M_下$——分别为节点上、下两端柱的弯矩;

M、$M_左$、$M_右$——分别为边节点梁端弯矩和中间节点左、右两端梁的弯矩;

$i_左$、$i_右$——分别为中间节点左、右两端梁的线刚度。

6) 根据平衡条件,由梁两端的弯矩求出梁的剪力和柱的轴力。

2. D 值法

反弯点法在考虑柱侧移刚度时,假设节点转角为零,亦即横梁的线刚度假设为无穷大。对于高层建筑,由于各种条件的限制,特别是在抗震设计时,由于强柱弱梁的原则,柱子截面往往较大,经常会有梁柱相对线刚度比较接近,甚至有时柱的线刚度反而比梁大。这样,上述假设将产生较大误差。另外,反弯点法计算反弯点高度 y 时,假设柱上下节点转角相等,这样误差也较大,特别在最上和最下数层。此外,当上、下层的层高变化大,或者上、下层梁的线刚度变化较大时,用反弯点法计算框架在水平荷载作用下的内力时,其计算结果误差也较大。

考虑到以上的影响因素和多层框架受力变形特点,可以对反弯点法进行修正,从而形成一种新的计算方法—D 值法。D 值法相对于反弯点法,主要从以下两个方面做了修正:修正了柱的侧移刚度和调整反弯点高度。修正后的柱侧移刚度用 D 表示,故该方法称为 D 值法。其计算步骤与反弯点法相同,计算简单、实用,精度比反弯点法高,因而在高层建筑结构设计中得到广泛应用。

(1) 基本假定:

1) 水平荷载作用下,框架结构同层各节点转角相等。

2) 框架梁、柱轴向变形均忽略不计。

(2) 计算要点:

D 值法主要解决两个问题:确定侧移刚度和反弯点高度。

1) 修正后柱的侧移刚度。

考虑柱端的约束条件的影响,修正后的柱侧移刚度 D 用下式计算:

$$D = \alpha \frac{12i_c}{h^2} \tag{5-13}$$

式中 α——与梁、柱线刚度有关的修正系数,表 5-2 给出了各种情况下 α 值的计算公式。

由表 5-2 中的公式可以看到,梁、柱线刚度的比值越大,α 值也越大。当梁、柱线刚度比值为∞时,$\alpha=1$,这时 D 值等于反弯点法中采用的侧移刚度 d。

表 5-2 柱的侧移刚度修正系数

楼层	简　图	K	α_c
一般层		$K = \dfrac{i_1 + i_2 + i_3 + i_4}{2i_c}$	$\alpha_c = \dfrac{K}{2+K}$
底层		$K = \dfrac{i_1 + i_2}{i_c}$	$\alpha_c = \dfrac{0.5+K}{2+K}$

若框架的同一层中某柱再有分层时（见图 5 - 10），则应按下式计算其等效侧移刚度 D'

$$D' = \frac{D_1 D_2}{D_1 + D_2} \tag{5 - 14}$$

式中　D_1——夹层底层柱侧移刚度，$D_1 = \alpha_1 \dfrac{12i_{c1}}{h_1^2}$；

D_2——夹层上层柱侧移刚度，$D_2 = \alpha_2 \dfrac{12i_{c2}}{h_2^2}$。

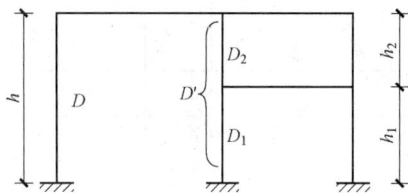

2）同一楼层各柱剪力的计算。

图 5 - 10　楼层中再分层柱的 D 值

求出了 D 值以后，与反弯点法类似，假定同一楼层各柱的侧移相等，则可求出各柱的剪力

$$V_{ij} = \frac{D_{ij}}{\sum\limits_{j=1}^{m} D_{ij}} V_i \tag{5 - 15}$$

式中　V_{ij}——第 i 层第 j 柱所受剪力；

D_{ij}——第 i 层第 j 柱的侧移刚度。

3）各层柱的反弯点位置。

反弯点到柱下端的距离与柱高度的比值，称为反弯点高度比，用 y 表示。反弯点到柱底的距离即为 yh。

柱反弯点的位置与柱两端的约束条件有关，当柱上下两端固定或转角相同时，反弯点在中点；两端约束刚度不同时，转角也不相同，反弯点移向转角较大的一端，也就是向约束刚度较小的一端移动。

影响柱两端约束刚度的主要因素有：

a. 荷载的形式；

b. 结构总层数与该层所在位置；

c. 柱上、下层横梁刚度比；

d. 柱上、下层层高变化。

在 D 值法中，通过力学分析求出标准情况下的标准反弯点高度比 y_0，再根据上、下层横梁线刚度比值及上、下层层高变化，对 y_0 进行调整。因此，可以把反弯点位置用下式表达

$$yh = (y_0 + y_1 + y_2 + y_3)h \tag{5 - 16}$$

式中　y_0——标准反弯点高度比；

y_1——上、下层横梁线刚度不相等时的修正值；

y_2、y_3——上、下层层高不相等时的修正值；

h——该柱的高度（层高）。

为了方便使用，系数 y_0、y_1、y_2 和 y_3 已制成表格（见表 5 - 3～表 5 - 6），可通过查表的方式确定其数值。

当反弯点高度比 $0 \leqslant y \leqslant 1$ 时，反弯点在本层；当 $y > 1$ 时，本层无反弯点，反弯点在本层之上，当 $y < 0$ 时，反弯点在本层之下。

表 5 - 3　　　　规则框架承受倒三角形分布水平力作用时标准反弯点的高度比 y_0 值

m	n \ $\overline{K}$	0.1	0.2	0.3	0.4	0.5	0.6	0.7	0.8	0.9	1.0	2.0	3.0	4.0	5.0
1	1	0.80	0.75	0.70	0.65	0.65	0.60	0.60	0.60	0.60	0.55	0.55	0.55	0.55	0.55
2	2	0.50	0.45	0.40	0.40	0.40	0.40	0.40	0.40	0.40	0.45	0.45	0.45	0.45	0.50
	1	1.00	0.85	0.25	0.70	0.65	0.65	0.65	0.65	0.60	0.60	0.55	0.55	0.55	0.55
3	3	0.25	0.25	0.25	0.30	0.30	0.35	0.35	0.35	0.40	0.40	0.45	0.45	0.45	0.50
	2	0.60	0.50	0.50	0.50	0.50	0.45	0.45	0.45	0.45	0.45	0.50	0.50	0.55	0.50
	1	1.15	0.90	0.80	0.75	0.75	0.70	0.70	0.65	0.65	0.65	0.55	0.55	0.55	0.55
4	4	0.10	0.15	0.20	0.25	0.30	0.35	0.35	0.35	0.35	0.40	0.45	0.45	0.45	0.45
	3	0.35	0.35	0.35	0.40	0.40	0.40	0.40	0.45	0.45	0.45	0.50	0.50	0.50	0.50
	2	0.70	0.60	0.55	0.50	0.50	0.50	0.50	0.50	0.50	0.50	0.50	0.50	0.50	0.50
	1	1.20	0.95	0.85	0.80	0.75	0.70	0.70	0.65	0.65	0.65	0.55	0.55	0.55	0.55
5	5	−0.05	0.10	0.20	0.25	0.30	0.30	0.35	0.35	0.35	0.35	0.40	0.45	0.45	0.45
	4	0.20	0.25	0.35	0.35	0.40	0.40	0.40	0.40	0.45	0.45	0.45	0.50	0.50	0.50
	3	0.45	0.40	0.45	0.45	0.45	0.45	0.45	0.45	0.45	0.50	0.50	0.50	0.50	0.50
	2	0.75	0.60	0.55	0.55	0.55	0.50	0.50	0.50	0.50	0.50	0.50	0.50	0.50	0.50
	1	1.30	1.00	0.85	0.80	0.75	0.70	0.70	0.65	0.65	0.65	0.60	0.55	0.55	0.55
6	6	−0.15	0.05	0.15	0.20	0.25	0.30	0.30	0.35	0.35	0.35	0.40	0.45	0.45	0.45
	5	0.10	0.25	0.30	0.35	0.35	0.40	0.40	0.40	0.45	0.45	0.45	0.50	0.50	0.50
	4	0.30	0.35	0.40	0.40	0.45	0.45	0.45	0.45	0.45	0.45	0.50	0.50	0.50	0.50
	3	0.50	0.45	0.45	0.45	0.45	0.45	0.45	0.45	0.50	0.50	0.50	0.50	0.50	0.50
	2	0.80	0.65	0.55	0.55	0.55	0.55	0.50	0.50	0.50	0.50	0.50	0.50	0.50	0.50
	1	1.30	1.00	0.85	0.80	0.75	0.70	0.70	0.65	0.65	0.65	0.60	0.55	0.55	0.55
7	7	−0.20	0.05	0.15	0.20	0.25	0.30	0.30	0.35	0.35	0.35	0.45	0.45	0.45	0.45
	6	0.05	0.20	0.30	0.35	0.35	0.40	0.40	0.40	0.40	0.45	0.45	0.50	0.50	0.50
	5	0.20	0.30	0.35	0.40	0.40	0.45	0.45	0.45	0.45	0.45	0.50	0.50	0.50	0.50
	4	0.35	0.40	0.40	0.45	0.45	0.45	0.45	0.45	0.45	0.45	0.50	0.50	0.50	0.50
	3	0.55	0.50	0.50	0.50	0.50	0.50	0.50	0.50	0.50	0.50	0.50	0.50	0.50	0.50
	2	0.80	0.65	0.60	0.55	0.55	0.55	0.50	0.50	0.50	0.50	0.50	0.50	0.50	0.50
	1	1.30	1.00	0.90	0.80	0.75	0.70	0.70	0.70	0.65	0.65	0.60	0.55	0.55	0.55
8	8	−0.20	0.05	0.15	0.20	0.25	0.30	0.30	0.35	0.35	0.35	0.45	0.45	0.45	0.45
	7	0.00	0.20	0.30	0.35	0.35	0.40	0.40	0.40	0.40	0.45	0.50	0.50	0.50	0.50
	6	0.15	0.30	0.35	0.40	0.40	0.45	0.45	0.45	0.45	0.45	0.50	0.50	0.50	0.50
	5	0.30	0.35	0.40	0.45	0.45	0.45	0.45	0.45	0.45	0.45	0.50	0.50	0.50	0.50
	4	0.40	0.45	0.45	0.45	0.45	0.45	0.45	0.50	0.50	0.50	0.50	0.50	0.50	0.50

续表

m	n \ $\overline{K}$	0.1	0.2	0.3	0.4	0.5	0.6	0.7	0.8	0.9	1.0	2.0	3.0	4.0	5.0
8	3	0.60	0.50	0.50	0.50	0.50	0.50	0.50	0.50	0.50	0.50	0.50	0.50	0.50	0.50
	2	0.85	0.65	0.60	0.55	0.55	0.55	0.50	0.50	0.50	0.50	0.50	0.50	0.50	0.50
	1	1.30	1.00	0.90	0.80	0.75	0.70	0.70	0.70	0.65	0.65	0.60	0.55	0.55	0.55
9	9	−0.25	0.00	0.15	0.20	0.25	0.30	0.30	0.35	0.35	0.40	0.45	0.45	0.45	0.45
	8	−0.00	0.20	0.30	0.35	0.35	0.40	0.40	0.40	0.40	0.45	0.45	0.50	0.50	0.50
	7	0.15	0.30	0.35	0.40	0.40	0.45	0.45	0.45	0.45	0.45	0.50	0.50	0.50	0.50
	6	0.25	0.35	0.40	0.40	0.45	0.45	0.45	0.45	0.45	0.50	0.50	0.50	0.50	0.50
	5	0.35	0.40	0.45	0.45	0.45	0.45	0.45	0.45	0.50	0.50	0.50	0.50	0.50	0.50
	4	0.45	0.45	0.45	0.45	0.45	0.50	0.50	0.50	0.50	0.50	0.50	0.50	0.50	0.50
	3	0.60	0.50	0.50	0.50	0.50	0.50	0.50	0.50	0.50	0.50	0.50	0.50	0.50	0.50
	2	0.85	0.65	0.60	0.55	0.55	0.55	0.55	0.50	0.50	0.50	0.50	0.50	0.50	0.50
	1	1.35	1.00	0.90	0.80	0.75	0.75	0.70	0.70	0.65	0.65	0.60	0.55	0.55	0.55
10	10	−0.25	0.00	0.15	0.20	0.25	0.30	0.30	0.35	0.35	0.40	0.45	0.45	0 45	0.45
	9	−0.05	0.20	0.30	0.35	0.35	0.40	0.40	0.40	0.40	0.45	0.45	0.50	0.50	0.50
	8	0.10	0.30	0.35	0.40	0.40	0.40	0.45	0.45	0.45	0.45	0.50	0.50	0.50	0.50
	7	0.20	0.35	0.40	0.40	0.45	0.45	0.45	0.45	0.45	0.50	0.50	0.50	0.50	0.50
	6	0.30	0.40	0.40	0.45	0.45	0.45	0.45	0.45	0.45	0.50	0.50	0.50	0.50	0.50
	5	0.40	0.45	0.45	0.45	0.45	0.45	0.45	0.50	0.50	0.50	0.50	0.50	0.50	0.50
	4	0.50	0.45	0.45	0.45	0.50	0.50	0.50	0.50	0.50	0.50	0.50	0.50	0.50	0.50
	3	0.60	0.55	0.50	0.50	0.50	0.50	0.50	0.50	0.50	0.50	0.50	0.50	0.50	0.50
	2	0.85	0.65	0.60	0.55	0.55	0.55	0.55	0.50	0.50	0.50	0.50	0.50	0.50	0.50
	1	1.35	1.00	0.90	0.80	0.75	0.75	0.70	0.70	0.65	0.65	0.60	0.55	0.55	0.55
11	11	−0.25	0.00	0.15	0.20	0.25	0.30	0.30	0.30	0.35	0.35	0.45	0.45	0.45	0.45
	10	0.05	0.20	0.25	0.30	0.35	0.40	0.40	0.40	0.40	0.45	0.45	0.50	0.50	0.50
	9	0.10	0.30	0.35	0.40	0.40	0.40	0.45	0.45	0.45	0.45	0.50	0.50	0.50	0.50
	8	0.20	0.35	0.40	0.40	0.45	0.45	0.45	0.45	0.45	0.45	0.50	0.50	0.50	0.50
	7	0.25	0.40	0.40	0.45	0.45	0.45	0.45	0.45	0.45	0.50	0.50	0.50	0.50	0.50
	6	0.35	0.40	0.45	0.45	0.45	0.45	0.45	0.45	0.45	0.50	0.50	0.50	0.50	0.50
	5	0.40	0.44	0.45	0.45	0.45	0.50	0.50	0.50	0.50	0.50	0.50	0.50	0.50	0.50
	4	0.50	0.50	0.50	0.50	0.50	0.50	0.50	0.50	0.50	0.50	0.50	0.50	0.50	0.50
	3	0.65	0.55	0.50	0.50	0.50	0.50	0.50	0.50	0.50	0.50	0.50	0.50	0.50	0.50
	2	0.85	0.65	0.60	0.55	0.50	0.55	0.50	0.50	0.50	0.50	0.50	0.50	0.50	0.50
	1	1.35	1.50	0.90	0.80	0.75	0.75	0.70	0.70	0.65	0.65	0.60	0.55	0.55	0.55

m	n / $\overline{K}$	0.1	0.2	0.3	0.4	0.5	0.6	0.7	0.8	0.9	1.0	2.0	3.0	4.0	5.0
12层以上	↓1	−0.30	0.00	0.15	0.20	0.25	0.30	0.30	0.30	0.35	0.35	0.40	0.45	0.45	0.45
	2	−0.10	0.20	0.25	0.30	0.35	0.40	0.40	0.40	0.40	0.40	0.45	0.45	0.45	0.50
	3	0.05	0.25	0.35	0.40	0.40	0.45	0.45	0.45	0.45	0.45	0.50	0.50	0.50	0.50
	4	0.15	0.30	0.40	0.40	0.45	0.45	0.45	0.45	0.45	0.45	0.45	0.50	0.50	0.50
	5	0.25	0.35	0.40	0.45	0.45	0.45	0.45	0.45	0.45	0.45	0.50	0.50	0.50	0.50
	6	0.30	0.40	0.40	0.45	0.45	0.45	0.45	0.45	0.45	0.45	0.50	0.50	0.50	0.50
	7	0.35	0.40	0.40	0.45	0.45	0.45	0.50	0.50	0.50	0.50	0..50	0.50	0.50	0.50
	8	0.35	0.45	0.45	0.45	0.50	0.50	0.50	0.50	0.50	0.50	0.50	0.50	0.50	0.50
	中间	0.45	0.45	0.45	0.45	0.45	0.50	0.50	0.50	0.50	0.50	0.50	0.50	0.50	0.50
	4	0.55	0.50	0.50	0.50	0.50	0.50	0.50	0.50	0.50	0.50	0f50	0.50	0.50	0.50
	3	0.65	0.55	0.50	0.50	0.50	0.50	0.50	0.50	0.50	0.50	0.50	0.50	0.50	0.50
	2	0.70	0.70	0.60	0.55	0.55	0.55	0.55	0.50	0.50	0.50	0.50	0.50	0.50	0.50
	↑1	1.35	1.05	0.90	0.80	0.75	0.75	0.70	0.70	0.65	0.65	0.60	0.55	0.55	0.55

表 5-4　　　　　规则框架承受均布水平力作用时标准反弯点的高度比 y_0 值

m	n / $\overline{K}$	0.1	0.2	0.3	0.4	0.5	0.6	0.7	0.8	0.9	1.0	2.0	3.0	4.0	5.0
1	1	0.80	0.75	0.70	0.65	0.65	0.60	0.60	0.60	0.60	0.55	0.55	0.55	0.55	0.55
2	2	0.45	0.40	0.35	0.35	0.35	0.35	0.40	0.40	0.40	0.40	0.45	0.45	0.45	0.45
	1	0.95	0.80	0.75	0.70	0.65	0.65	0.65	0.60	0.60	0.60	0.55	0.55	0.55	0.50
3	3	0.15	0.20	0.20	0.25	0.30	0.30	0.30	0.35	0.35	0.35	0.40	0.45	0.45	0.45
	2	0.55	0.50	0.45	0.45	0.45	0.45	0.45	0.45	0.45	0.45	0.50	0.50	0.50	0.50
	1	1.00	0.85	0.80	0.75	0.70	0.70	0.65	0.65	0.65	0.60	0.55	0.55	0.55	0.55
4	4	−0.05	0.05	0.15	0.20	0.25	0.30	0.30	0.35	0.35	0.35	0.40	0.45	0.45	0.45
	3	0.25	0.30	0.30	0.35	0.35	0.40	0.40	0.40	0.40	0.40	0.45	0.50	0.50	0.50
	2	0.65	0.55	0.50	0.50	0.45	0.45	0.45	0.45	0.45	0.45	0.50	0.50	0.50	0.50
	1	1.10	0.90	0.80	0.75	0.70	0.70	0.65	0.65	0.65	0.60	0.55	0.55	0.55	0.55
5	5	−0.20	0.00	0.15	0.20	0.25	0.30	0.30	0.30	0.35	0.35	0.40	0.45	0.45	0.45
	4	0.10	0.20	0.25	0.30	0.35	0.35	0.40	0.40	0.40	0.40	0.45	0.45	0.50	0.50
	3	0.40	0.40	0.40	0.40	0.40	0.45	0.45	0.45	0.45	0.45	0.50	0.50	0.50	0.50
	2	0.65	0.55	0.50	0.50	0.50	0.50	0.50	0.50	0.50	0.50	0.50	0.50	0.50	0.50
	1	1.20	0.95	0.80	0.75	0.75	0.70	0.70	0.65	0.65	0.65	0.55	0.55	0.55	0.55
6	6	−0.30	0.00	0.10	0.20	0.25	0.25	0.30	0.30	0.35	0.35	0.40	0.45	0.45	0.45
	5	0.00	0.20	0.25	0.30	0.35	0.35	0.40	0.40	0.40	0.40	0.45	0.45	0.50	0.50

m	n $\diagdown$ $\overline{K}$	0.1	0.2	0.3	0.4	0.5	0.6	0.7	0.8	0.9	1.0	2.0	3.0	4.0	5.0
6	4	0.20	0.30	0.35	0.35	0.40	0.40	0.40	0.45	0.45	0.45	0.45	0.50	0.50	0.50
	3	0.40	0.40	0.40	0.45	0.45	0.45	0.45	0.45	0.45	0.45	0.50	0.50	0.50	0.50
	2	0.70	0.60	0.55	0.50	0.50	0.50	0.50	0.50	0.50	0.50	0.50	0.50	0.50	0.50
	1	1.20	0.95	0.85	0.80	0.75	0.70	0.70	0.65	0.65	0.65	0.55	0.55	0.55	0.55
7	7	−0.35	−0.05	0.10	0.20	0.20	0.25	0.30	0.30	0.35	0.35	0.40	0.45	0.45	0.45
	6	−0.10	0.15	0.25	0.30	0.35	0.35	0.35	0.40	0.40	0.40	0.45	0.45	0.50	0.50
	5	0.10	0.25	0.30	0.35	0.40	0.40	0.40	0.45	0.45	0.45	0.45	0.50	0.50	0.50
	4	0.30	0.35	0.40	0.40	0.40	0.45	0.45	0.45	0.45	0.45	0.50	0.50	0.50	0.50
	3	0.50	0.45	0.45	0.45	0.45	0.45	0.45	0.45	0.45	0.45	0.50	0.50	0.50	0.50
	2	0.55	0.60	0.55	0.50	0.50	0.50	0.50	0.50	0.50	0.50	0.50	0.50	0.50	0.50
	1	1.20	0.95	0.85	0.80	0.75	0.70	0.70	0.65	0.65	0.65	0.55	0.55	0.55	0.55
8	8	−0.35	−0.15	0.10	0.15	0.25	0.25	0.30	0.30	0.35	0.35	0.40	0.45	0.45	0.45
	7	−0.10	0.15	0.25	0.30	0.35	0.35	0.40	0.40	0.40	0.40	0.45	0.50	0.50	0.50
	6	0.05	0.25	0.30	0.35	0.40	0.40	0.40	0.45	0.45	0.45	0.45	0.50	0.50	0.50
	5	0.20	0.30	0.35	0.40	0.40	0.45	0.45	0.45	0.45	0.45	0.50	0.50	0.50	0.50
	4	0.35	0.40	0.40	0.45	0.45	0.45	0.45	0.45	0.45	0.45	0.50	0.50	0.50	0.50
	3	0.50	0.45	0.45	0.45	0.45	0.45	0.45	0.45	0.50	0.50	0.50	0.50	0.50	0.50
	2	0.75	0.60	0.55	0.55	0.50	0.50	0.50	0.50	0.50	0.50	0.50	0.50	0.50	0.50
	1	1.20	1.00	0.85	0.80	0.75	0.70	0.70	0.65	0.65	0.65	0.55	0.55	0.55	0.55
9	9	−0.40	−0.05	0.10	0.20	0.25	0.25	0.30	0.30	0.35	0.35	0.45	0.45	0.45	0.45
	8	−0.15	0.15	0.25	0.30	0.35	0.35	0.35	0.40	0.40	0.40	0.45	0.45	0.50	0.50
	7	0.05	0.25	0.30	0.35	0.40	0.40	0.40	0.45	0.45	0.45	0.45	0.50	0.50	0.50
	6	0.15	0.30	0.35	0.40	0.40	0.45	0.45	0.45	0.45	0.45	0.50	0.50	0.50	0.50
	5	0.25	0.35	0.40	0.40	0.45	0.45	0.45	0.45	0.45	0.45	0.50	0.50	0.50	0.50
	4	0.40	0.40	0.40	0.45	0.45	0.45	0.45	0.45	0.45	0.45	0.50	0.50	0.50	0.50
	3	0.55	0.45	0.45	0.45	0.45	0.45	0.45	0.45	0.50	0.50	0.50	0.50	0.50	0.50
	2	0.80	0.65	0.55	0.55	0.50	0.50	0.50	0.50	0.50	0.50	0.50	0.50	0.50	0.50
	1	1.20	1.00	0.85	0.80	0.70	0.70	0.70	0.65	0.65	0.65	0.55	0.55	0.55	0.55
10	10	−0.40	−0.05	0.10	0.20	0.25	0.30	0.30	0.30	0.35	0.35	0.40	0.45	0.45	0.45
	9	−0.15	0.15	0.25	0.30	0.35	0.35	0.40	0.40	0.40	0.40	0.45	0.45	0.50	0.50
	8	0.00	0.25	0.30	0.35	0.40	0.40	0.40	0.45	0.45	0.45	0.45	0.50	0.50	0.50
	7	0.10	0.30	0.35	0.40	0.40	0.45	0.45	0.45	0.45	0.45	0.50	0.50	0.50	0.50
	6	0.20	0.35	0.40	0.40	0.45	0.45	0.45	0.45	0.45	0.45	0.50	0.50	0.50	0.50

续表

m	n \ $\overline{K}$	0.1	0.2	0.3	0.4	0.5	0.6	0.7	0.8	0.9	1.0	2.0	3.0	4.0	5.0
10	5	0.30	0.40	0.40	0.45	0.45	0.45	0.45	0.45	0.45	0.45	0.50	0.50	0.50	0.50
	4	0.40	0.40	0.45	0.45	0.45	0.45	0.45	0.45	0.45	0.45	0.50	0.50	0.50	0.50
	3	0.55	0.50	0.45	0.45	0.45	0.50	0.50	0.50	0.50	0.50	0.50	0.50	0.50	0.50
	2	0.80	0.65	0.55	0.55	0.55	0.50	0.50	0.50	0.50	0.50	0.50	0.50	0.50	0.50
	1	1.30	1.00	0.85	0.80	0.75	0.70	0.70	0.65	0.65	0.65	0.60	0.55	0.55	0.55
11	11	−0.40	0.05	0.10	0.20	0.25	0.30	0.30	0.30	0.35	0.35	0.40	0.45	0.45	0.45
	10	−0.15	0.15	0.25	0.30	0.35	0.35	0.40	0.40	0.40	0.40	0.45	0.45	0.50	0.50
	9	0.00	0.25	0.30	0.35	0.40	0.40	0.40	0.45	0.45	0.45	0.45	0.50	0.50	0.50
	8	0.10	0.30	0.35	0.40	0.40	0.45	0.45	0.45	0.45	0.45	0.50	0.50	0.50	0.50
	7	0.20	0.35	0.40	0.45	0.45	0.45	0.45	0.45	0.45	0.45	0.50	0.50	0.50	0.50
	6	0.25	0.35	0.40	0.45	0.45	0.45	0.45	0.46	0.45	0.45	0.50	0.50	0.50	0.50
	5	0.35	0.40	0.40	0.45	0.45	0.45	0.45	0.45	0.45	0.50	0.50	0.50	0.50	0.50
	4	0.40	0.45	0.45	0.45	0.45	0.45	0.45	0.50	0.50	0.50	0.50	0.50	0.50	0.50
	3	0.55	0.50	0.50	0.50	0.50	0.50	0.50	0.50	0.50	0.50	0.50	0.50	0.50	0.50
	2	0.80	0.65	0.60	0.55	0.55	0.50	0.50	0.50	0.50	0.50	0.50	0.50	0.50	0.50
	1	1.30	1.00	0.85	0.80	0.75	0.70	0.70	0.65	0.65	0.65	0.60	0.55	0.55	0.55
12层以上	↓1	−0.40	−0.02	0.10	0.20	0.25	0.30	0.30	0.30	0.35	0.35	0.40	0.45	0.45	0.45
	2	−0.15	0.15	0.25	0.30	0.35	0.35	0.40	0.40	0.40	0.40	0.45	0.45	0.50	0.50
	3	0.00	0.25	0.30	0.35	0.40	0.40	0.40	0.45	0.45	0.45	0.50	0.50	0.50	0.50
	4	0.10	0.30	0.35	0.40	0.40	0.45	0.45	0.45	0.45	0.45	0.50	0.50	0.50	0.50
	5	0.20	0.35	0.40	0.40	0.45	0.45	0.45	0.45	0.45	0.45	0.50	0.50	0.50	0.50
	6	0.25	0.35	0.40	0.45	0.45	0.45	0.45	0.45	0.45	0.50	0.50	0.50	0.50	0.50
	7	0.30	0.40	0.40	0.45	0.45	0.45	0.45	0.45	0.50	0.50	0.50	0.50	0.50	0.50
	8	0.35	0.40	0.45	0.45	0.45	0.45	0.45	0.50	0.50	0.50	0.50	0.50	0.50	0.50
	中间	0.40	0.40	0.45	0.45	0.45	0.50	0.50	0.50	0.50	0.50	0.50	0.50	0.50	0.50
	4	0.45	0.45	0.45	0.45	0.50	0.50	0.50	0.50	0.50	0.50	0.50	0.50	0.50	0.50
	3	0.60	0.50	0.50	0.50	0.50	0.50	0.50	0.50	0.50	0.50	0.50	0.50	0.50	0.50
	2	0.80	0.65	0.60	0.55	0.55	0.50	0.50	0.50	0.50	0.50	0.50	0.50	0.50	0.50
	↑1	1.30	1.00	0.85	0.80	0.75	0.70	0.70	0.65	0.65	0.65	0.55	0.55	0.55	0.55

表 5-5　　　　　　上下层横梁线刚度比对 y_0 的修正值 y_1

α_1 \ $\overline{K}$	0.1	0.2	0.3	0.4	0.5	0.6	0.7	0.8	0.9	1.0	2.0	3.0	4.0	5.0
0.4	0.55	0.40	0.30	0.25	0.20	0.20	0.20	0.10	0.15	0.15	0.05	0.05	0.05	0.05

续表

$\overline{K}$ 〳 α_1	0.1	0.2	0.3	0.4	0.5	0.6	0.7	0.8	0.9	1.0	2.0	3.0	4.0	5.0
0.5	0.45	0.30	0.20	0.20	0.15	0.15	0.15	0.10	0.10	0.10	0.05	0.05	0.05	0.05
0.6	0.30	0.20	0.15	0.15	0.10	0.10	0.10	0.10	0.05	0.05	0.05	0.05	0	0
0.7	0.20	0.15	0.10	0.10	0.10	0.10	0.05	0.05	0.05	0.05	0	0	0	0
0.8	0.15	0.10	0.05	0.05	0.05	0.05	0.05	0.05	0.05	0	0	0	0	0
0.9	0.05	0.05	0.05	0.05	0	0	0	0	0	0	0	0	0	0

注　$\alpha_1 = \dfrac{i_1 + i_2}{i_3 + i_4}$，当 $i_1 + i_2 > i_3 + i_4$ 时，取 $\alpha_1 = \dfrac{i_3 + i_4}{i_1 + i_2}$，同时在查得 y_1 值前加负号 "－"。$k = \dfrac{i_1 + i_2 + i_3 + i_4}{2i_c}$。$i_1$、$i_2$、$i_3$、$i_4$、$i_c$ 详见下图。

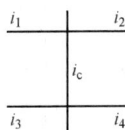

表 5 - 6　　　　　　　　　　上下层层高变化对 y_0 的修正值 y_2 和 y_3

α_2	α_3	$\overline{K}$ 0.1	0.2	0.3	0.4	0.5	0.6	0.7	0.8	0.9	1.0	2.0	3.0	4.0	5.0
2.0		0.25	0.15	0.15	0.10	0.10	0.10	0.10	0.10	0.05	0.05	0.05	0.05	0.0	0.0
1.8		0.20	0.15	0.10	0.10	0.10	0.05	0.05	0.05	0.05	0.05	0.05	0.0	0.0	0.0
1.6	0.4	0.15	0.10	0.10	0.05	0.05	0.05	0.05	0.05	0.05	0.0	0.0	0.0	0.0	0.0
1.4	0.6	0.10	0.05	0.05	0.05	0.05	0.05	0.05	0.05	0.0	0.0	0.0	0.0	0.0	0.0
1.2	0.8	0.05	0.05	0.05	0.0	0.0	0.0	0.0	0.0	0.0	0.0	0.0	0.0	0.0	0.0
1.0	1.0	0.0	0.0	0.0	0.0	0.0	0.0	0.0	0.0	0.0	0.0	0.0	0.0	0.0	0.0
0.8	1.2	−0.05	−0.05	−0.05	0.0	0.0	0.0	0.0	0.0	0.0	0.0	0.0	0.0	0.0	0.0
0.6	1.4	−0.10	−0.05	−0.05	−0.05	−0.05	−0.05	−0.05	−0.05	−0.05	0.0	0.0	0.0	0.0	0.0
0.4	1.6	−0.15	−0.10	−0.10	−0.05	−0.05	−0.05	−0.05	−0.05	−0.05	0.0	0.0	0.0	0.0	0.0
	1.8	−0.20	−0.15	−0.10	−0.10	−0.10	−0.05	−0.05	−0.05	−0.05	−0.05	0.0	0.0	0.0	0.0
	2.0	−0.25	−0.15	−0.15	−0.10	−0.10	−0.10	−0.10	−0.10	−0.05	−0.05	−0.05	0.0	0.0	0.0

注　α_2 为上层层高与本层层高的比值；α_3 为下层层高与本层层高的比值。α_2、α_3 详见下图。

5.2.5 水平荷载作用下的侧移近似计算

1. 侧移的组成

高层框架水平位移的近似计算中，可将总水平位移 Δ 分为两部分，即

$$\Delta = \Delta_{MQ} + \Delta_N \tag{5-17}$$

式中 Δ_{MQ}——由于框架梁、柱弯曲和剪切变形产生的水平位移，见图 5-11（a）；

Δ_N——由于框架柱轴向变形产生的水平位移，见图 5-11（b）。

当框架层数较多、高宽比 H/B 较大时，应考虑轴向变形产生的影响。在一些情况下，Δ_N 甚至比 Δ_{MQ} 大得多。

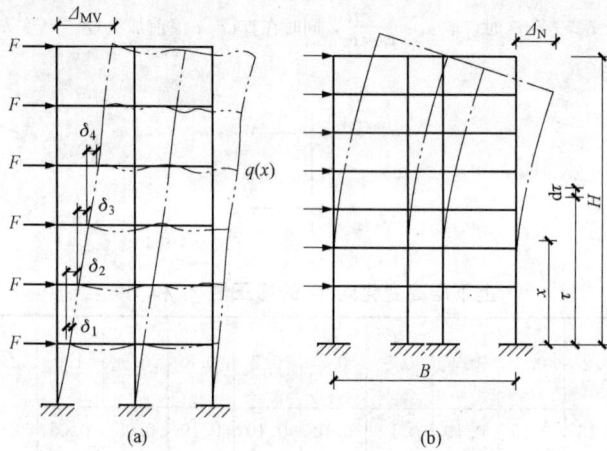

图 5-11 水平荷载作用下框架变形图

2. 梁柱弯曲变形产生的侧移 Δ_{MQ}

第 i 层的层间位移

$$\delta_i = \frac{V_i}{\sum D_{ij}} \tag{5-18}$$

式中 V_i——第 i 层的楼层剪力；

$\sum D_{ij}$——第 i 层各柱抗侧移刚度之和。

第 i 层的水平位移 Δ_i 为

$$\Delta_i = \sum_1^i \delta_i \tag{5-19}$$

顶点位移为

$$\Delta = \sum_1^n \delta_i \tag{5-20}$$

式中 n——建筑层数。

3. 框架柱轴向变形产生的水平位移 Δ_N

在水平荷载作用下，框架边柱轴力较大，中部各柱轴力一般较小。中部各柱轴向变形对水平位移的影响较小。在一般简化计算时，可只考虑边柱轴向变形对水平位移的影响。

在水平荷载作用下，框架由于边柱轴向变形产生的水平位移 Δ_N 为

$$\Delta_N = \frac{V_0 H^3}{E_{z1} A_{z1} B^2} F_N \tag{5-21}$$

式中 V_0——总水平力；

$E_{z1}A_{z1}$——底层边柱轴向刚度；

F_N——由边柱顶层与底层轴向刚度比 $S_N = \dfrac{E_{z2}A_{z2}}{E_{z1}A_{z1}}$ 决定的参数，见表 5-7。

表 5-7 　　　　　　　　　　　　　　**荷 载 系 数 F_N**

荷载特征	F_N
顶点集中荷载	$\dfrac{1 - 4S_N + 3S_N^2 - 2S_N^2 L_n S_N}{(1 - S_N)^4}$
均布荷载	$\dfrac{2 - 9S_N + 18S_N^2 - 2S_N^2 L_n S_N}{6(1 - S_N)^4}$
三角形荷载	$\dfrac{2}{3}\left[\dfrac{2L_n S_N}{S_N - 1} + \dfrac{5(1 - S_N + L_n S_N)}{(S_N - 1)^2} + \dfrac{(1 - 6S_N + 15S_N^2 + 3L_n S_N)}{(S_N - 1)^3} + \right.$ $\dfrac{\left(-\dfrac{11}{6} + 3S_N + 1.5S_N^2 + \dfrac{1}{3}S_N^3 - L_n S_N\right)}{(S_N - 1)^4} + \left.\dfrac{\left(-\dfrac{25}{12} + 4S_N + 3S_N^2 + \dfrac{4}{3}S_N^3 - \dfrac{S_N^4}{4} - L_n S_N\right)}{(S_N - 1)^5}\right]$

5.2.6　框架在竖向及水平荷载作用下的荷载效应组合

框架荷载效应组合分为无地震作用效应组合和有地震作用效应组合，可参照式（4-1）和式（4-2）取值。

1. 控制截面最不利内力类型

内力组合是针对控制截面的内力进行的。框架梁控制截面为梁端及跨中；框架柱控制截面为柱端。各控制截面最不利内力类型见表 5-8。

表 5-8 　　　　　　　　　　　　　　**最不利内力类型**

构件	梁		柱
控制截面	梁端	跨中	柱端
最不利内力	$-M_{max}$ $+M_{max}$ $\|V\|_{max}$	$+M_{max}$ $-M_{max}$	$+M_{max}$ 及相应的 N，V $-M_{max}$ 及相应的 N，V N_{max} 及相应的 M，V N_{min} 及相应的 M，V

表 5-8 中梁端指柱边，柱端指梁底及梁顶（见图 5-12）。按轴线计算简图得到的内力要换算到控制截面处的相应数值。有时为简化计算，也可采用轴线处的内力值。

2. 梁端内力调幅

在竖向荷载作用下可以考虑梁端塑性变形内力重分布，对梁端负弯矩进行调幅。现浇框架调幅系数为 0.8～0.9，装配式框架调幅系数为 0.7～0.8。梁端负弯矩减小后，应按平衡条件计算调幅后的跨中弯矩，且要求梁跨中正弯矩不应小于简支梁计算的跨中弯矩的 1/2。如图 5-13 所示。

竖向荷载产生的梁端弯矩应先行调幅，再与风荷载和水平地震作用产生的弯矩进行组合。

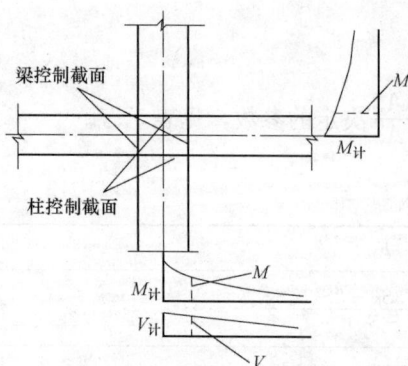

图 5-12　梁、柱端控制截面

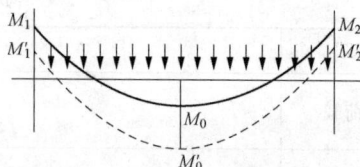

图 5-13　梁端弯矩调幅

$$M' = M - 0.5(M'_1 + M'_2) \text{ 且有 } M'_0 \geqslant 0.5M$$

M_0 为对应跨按简支梁计算的相应荷载作用下跨中弯矩

5.3　框架梁设计与构造

　　在非抗震框架中，框架梁应满足强度要求并注意钢筋切断位置、锚固等构造要求。

　　在抗震框架中，除了强度要求以外，还应具有良好的延性。在强柱弱梁的延性框架中，结构延性主要由梁的延性提供，梁是主要的延性耗能构件。影响梁的延性和耗能能力的主要因素有：破坏形态、截面混凝土相对受压区高度、塑性铰区混凝土约束程度等。

5.3.1　框架梁的破坏形态与延性

　　梁的破坏形态可以归纳为两类：弯曲破坏和剪切破坏。剪切破坏属延性小、耗能差的脆性破坏，通过强剪弱弯设计，可以避免剪切破坏，实现弯曲破坏。

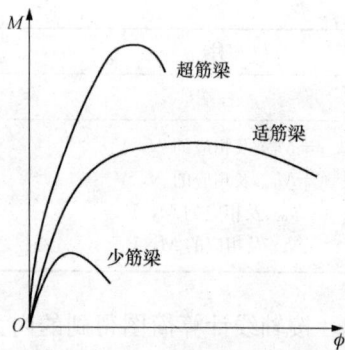

图 5-14　不同破坏形态的梁截面
弯矩-曲率关系曲线

　　梁的弯曲破坏有三种形态：少筋破坏、超筋破坏和适筋破坏。少筋梁的纵筋屈服后，很快被拉断而发生断裂破坏；超筋梁在受拉纵筋屈服前，受压区混凝土被压碎而发生破坏。少筋梁没有发挥混凝土的受压变形能力，超筋梁没有发挥钢筋的受拉变形能力，这两种破坏形态都是脆性破坏，延性小，耗能差。适筋梁的纵筋屈服后，塑性变形继续增大，同时，截面混凝土受压区高度减小，在梁端形成塑性铰，产生塑性转角，直到受压区混凝土压碎。适筋梁充分发挥钢筋的受拉变形能力和混凝土的受压变形能力，属于延性破坏。图 5-14 为三种弯曲破坏形态梁的截面弯矩-曲率关系曲线示意图。

5.3.2　框架梁的抗弯设计

1. 梁截面抗弯配筋与延性

　　钢筋混凝土梁应按适筋梁设计。在适筋梁的情况下，截面曲率延性大小还有差别。相对受压区高度大，截面曲率延性小；反之，相对受压区高度小，截面曲率延性大。图 5-15 所示的矩形截面钢筋混凝土适筋梁，由于纵向钢筋的配筋量不同，受压区边缘混凝土达到其极

限压应变 ε_{cu} 时的受压区高度不同。截面的极限曲率分别用 $\phi_{u1}=\varepsilon_{cu}/x_1$ 和 $\phi_{u2}=\varepsilon_{cu}/x_2$ 计算，显然，$\phi_{u1}>\phi_{u2}$，即相对受压区高度小，截面的极限曲率大。

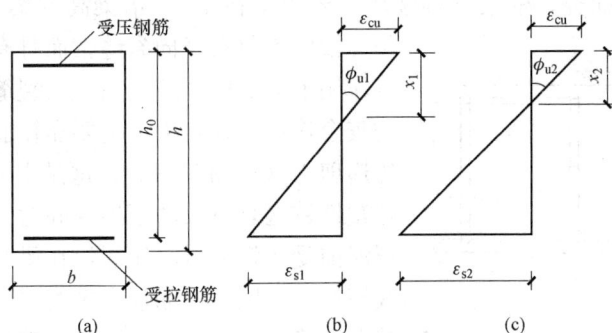

图 5-15 适筋梁截面极限变形时的应变分布

(a) 矩形截面双筋梁；(b) 应变分布 1；(c) 应变分布 2

由受弯极限状态平衡条件，双筋矩形截面适筋梁的相对受压区高度 $\xi(\xi=x/h_0)$ 可以用下式计算：

$$\xi=\frac{\rho_s f_y}{\alpha_1 f_c}-\frac{\rho_s' f_y'}{\alpha_1 f_c} \tag{5-22}$$

式中 h_0——截面有效高度；

α_1——与混凝土等级有关的等效矩形应力图形系数，当混凝土强度等级不超过 C50 时取 1.0，当混凝土强度等级为 C80 时取 0.94，当混凝土强度等级在 C50 和 C80 之间时，按线性内插值取；

ρ_s、ρ_s'——分别为受拉钢筋和受压钢筋的配筋率；

f_y、f_y'——分别为受拉钢筋和受压钢筋的抗拉强度设计值，一般情况下，$f_y=f_y'$；

f_c——混凝土轴心抗压强度设计值。

由式 (5-22) 可见，增大受拉钢筋的配筋率，相对受压区高度增大；增大受压钢筋的配筋率，相对受压区高度减小。因此，为实现延性钢筋混凝土梁，应限制梁端上部受压钢筋的配筋率，同时，必须在梁端底部配置一定量的受拉钢筋，以减小框架梁端塑性校区截面的相对受压区高度。

2. 梁截面抗弯验算

框架梁的受弯承载力用下式验算：

不考虑地震作用时

$$M_{bmax}\leqslant(A_s-A_s')f_y(h_{b0}-0.5x)+A_s'f_y(h_{b0}-a') \tag{5-23}$$

考虑地震作用时

$$M_{bmax}\leqslant\frac{1}{\gamma_{RE}}\big[(A_s-A_s')f_y(h_{b0}-0.5x)+A_s'f_y(h_{b0}-a')\big] \tag{5-24}$$

式中 M_{bmax}——梁端截面组合的最大弯矩设计值；

A_s、A_s'——分别为受拉钢筋截面面积和受压钢筋截面面积；

a'——受压钢筋合力点至截面受压边缘的距离；

γ_{RE}——承载力抗震调整系数，取 0.75。

5.3.3　框架梁的抗剪设计

1. 框架梁箍筋与延性

根据震害和试验研究，框架梁端破坏主要集中在 1~2 倍梁高的梁端塑性铰区范围内。

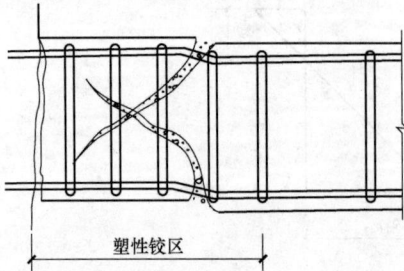

图 5-16　框架梁塑性绞区裂缝

塑性铰区不仅有竖向裂缝，而且有斜裂缝；在地震往复作用下，竖向裂缝贯通，斜裂缝交叉，混凝土骨料的咬合作用渐渐丧失，主要靠箍筋和纵筋的销键作用传递剪力（见图 5-16），这是十分不利的。为了使梁端塑性铰区具有大的延性，同时为了防止梁端混凝土压溃前受压钢筋过早压屈，在梁的两端箍筋加密，形成箍筋加密区。箍筋加密区配置的箍筋应不少于按强剪弱弯确定的抗剪所需要的箍筋量，还应不少于抗震构造措施要求配置的箍筋量。

2. 剪力设计值

根据强剪弱弯的抗震设计概念，框架梁端箍筋加密区应按图 5-17 所示的计算简图，以弯矩平衡计算得到的剪力作为剪力设计值，计算箍筋量。其中，梁端截面的受弯承载力应按梁实际配置的纵向钢筋计算。工程设计中，梁端实配钢筋不超过计算配筋的 10% 时，可以采用简化的方法，将承载力之间相对大小的关系，转换为内力设计值的关系，并通过采用梁端剪力增大系数，使不同抗震等级的梁端剪力设计值有不同程度的差异。但是，对于一级框架结构的梁及 9 度抗震设防一级框架的梁，需按梁端实配的抗震受弯承载力调整剪力设计值，即使按增大系数的方法得到的剪力设计值比实配方法计算的剪力设计值大，也可不采用增大系数的方法。

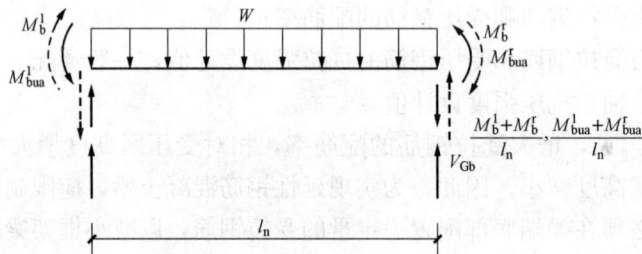

图 5-17　框架梁的受力平衡

一、二、三级框架的梁端截面组合的剪力设计值按下式计算：

$$V_b = \eta_{vb}(M_b^l + M_b^r)/l_n + V_{Gb} \tag{5-25}$$

一级框架结构的梁及 9 度一级框架的梁，可不按上式调整，但应符合下式要求：

$$V_b = 1.1(M_{bua}^l + M_{bua}^r)/l_n + V_{Gb} \tag{5-26}$$

式中　　V_b——梁端截面组合的剪力设计值；

　　　　l_n——梁的净跨；

　　　　V_{Gb}——梁在重力荷载代表值（9 度时高层建筑还包括竖向地震作用标准值）作用下，按简支梁分析的梁端截面剪力设计值；

M_b^l、M_b^r——分别为梁左、右端截面逆时针或顺时针方向组合的弯矩设计值，一级框架两端均为负弯矩时，绝对值较小的弯矩取零；

M_{bua}^l、M_{bua}^r——分别为梁左、右端截面逆时针或顺时针方向实配的正截面抗震受弯承载力所对应的弯矩值，$M_{bua}=\dfrac{M_{bu}}{\gamma_{RE}}$，$M_{bu}$ 为根据实配钢筋面积（计入受压钢筋和相关楼板钢筋）和材料强度标准值计算所得梁端截面的实际受弯承载力；

η_{vb}——梁端剪力增大系数，一级可取 1.3，二级可取 1.2，三级可取 1.1。

式（5-26）中的系数 1.1 是考虑了钢筋的实际强度可能大于规范给定的强度标准值。$M_b^l+M_b^r$ 和 $M_{bua}^l+M_{bua}^r$ 须取逆时针方向之和以及顺时针方向之和两者的较大者。

一、二、三级框架梁端箍筋加密区以外的区段以及四级和非抗震框架，梁端剪力设计值取最不利组合得到的剪力。

3. 受剪承载力验算

仅配置箍筋的一般框架梁的受剪承载力按下列公式验算：

无地震作用组合时

$$V_b \leqslant 0.7f_t bh_0 + f_{yv}\frac{A_{sv}}{s}h_0 \tag{5-27}$$

有地震作用组合时

$$V_b \leqslant \frac{1}{\gamma_{RE}}\left(0.42f_t bh_0 + f_{yv}\frac{A_{sv}}{s}h_0\right) \tag{5-28}$$

式中　V_b——梁端剪力设计值；

f_t——混凝土抗拉强度设计值；

b、h_0——分别为梁截面宽度和有效高度；

f_{yv}——箍筋抗拉强度设计值；

A_{sv}——配置在同一截面内箍筋各肢的全部截面面积；

s——沿构件长度方向的箍筋间距；

γ_{RE}——承载力抗震调整系数，取 0.85。

无地震作用组合时，梁内可以配置弯起抗剪钢筋，受剪承载力验算式（5-27）中，没有考虑弯起钢筋的作用。由于弯起钢筋只能抵抗单方向的剪力，而地震是往复作用，梁端部出现交叉斜裂缝，因此抗震设计的框架梁，不配置弯起抗剪钢筋。

5.3.4　框架梁的构造措施

1. 最小截面尺寸

框架梁的截面尺寸应满足三方面的要求：承载力要求、构造要求、剪压比限值。承载力要求通过承载力验算实现，后两者通过构造措施实现。

框架主梁的截面高度可按 (1/18~1/10) l_b 确定，l_b 为主梁计算跨度，满足此要求时，在一般荷载作用下，可不验算挠度。框架梁的截面宽度不小于 200mm，截面高宽比不大于 4，净跨与截面高度之比不小于 4。

若梁截面尺寸小，致使截面平均剪应力与混凝土轴心抗压强度之比值很大，这种情况下，增加箍筋不能有效地防止斜裂缝过早出现，也不能有效地提高截面的受剪承载力。因此，将限制梁的名义剪应力作为确定梁最小截面尺寸的条件之一。截面剪力设计值应符合下列要求，不符合时可加大截面尺寸或提高混凝土强度等级：

不考虑地震作用时

$$V \leqslant 0.25\beta_c f_c b h_0 \tag{5-29}$$

考虑地震作用时

跨高比大于 2.5 的梁　　　　　$V \leqslant \dfrac{1}{\gamma_{RE}}(0.2\beta_c f_c b h_0)$　　　　(5-30)

跨高比不大于 2.5 的梁　　　$V \leqslant \dfrac{1}{\gamma_{RE}}(0.15\beta_c f_c b h_0)$　　　(5-31)

式中　β_c——混凝土抗压强度影响系数，混凝土强度等级不大于 C50 时取 1.0，C80 时取 0.8，高于 C50、低于 C80 时按线性内插取用。

2. 相对受压区高度和纵向钢筋

为使梁端塑性铰区截面有比较大的曲率延性，具有良好的转动能力成为延性耗能梁，计入受压钢筋作用，梁端截面混凝土受压区高度应满足以下要求：

一级框架梁　　　　　　　　　$x \leqslant 0.25h_0$　　　　　　　(5-32)

二、三级框架梁　　　　　　　$x \leqslant 0.35h_0$　　　　　　　(5-33)

式中　x——等效应力矩形应力图的混凝土受压区高度，计入受压钢筋；

　　　h_0——梁截面有效高度。

一、二、三级框架梁塑性铰区以外的部位以及四级框架梁和非抗震框架梁，只要求不出现超筋破坏，即 $x \leqslant \xi_b h_0$ 即可，ξ_b 为界限相对受压区高度。

国内外研究表明，钢筋混凝土梁的延性随受拉钢筋配筋率的提高而降低。但当配置不少于受拉钢筋 50% 的受压钢筋时，其延性可以与低配筋率的梁相当。因此，抗震设计的框架梁，一方面要求梁端纵向受拉钢筋的配筋率不大于 2.5%，同时要求框架梁端底面配置受压钢筋。梁端底面受压钢筋的面积除按计算确定外，与顶面受拉钢筋面积的比值还应满足以下要求：

一级框架梁　　　　　　　　　$A'_s/A_s \geqslant 0.5$　　　　　　(5-34)

二、三级框架梁　　　　　　　$A'_s/A_s \geqslant 0.3$　　　　　　(5-35)

式中　A_s、A'_s——分别为梁端塑性铰区顶面受拉钢筋面积和底面受压钢筋面积。

框架梁纵向受拉钢筋的最小配筋百分率列于表 5-9。表 5-9 中，f_t 为混凝土抗拉强度设计数值。

表 5-9　　　　　　　　　　框架梁纵向受拉钢筋的最小配筋百分率　　　　　　　　　　%

截面	非抗震设计	抗震等级		
		一级	二级	三、四级
支座	0.2 和 $45f_t/f_y$ 中的较大值	0.4 和 $80f_t/f_y$ 中的较大值	0.3 和 $65f_t/f_y$ 中的较大值	0.25 和 $55f_t/f_y$ 中的较大值
跨中		0.3 和 $65f_t/f_y$ 中的较大值	0.25 和 $55f_t/f_y$ 中的较大值	0.2 和 $45f_t/f_y$ 中的较大值

梁的纵筋配置还有以下要求：沿梁全长顶面和底面的配筋，一、二级不少于 2 根直径 14mm 的钢筋，且分别不少于梁两端顶面和底面纵向钢筋中较大截面面积的 1/4；三、四级抗震设计和非抗震设计不少于 2 根直径 12mm 的钢筋。为防止在地震往复作用下梁的纵筋出现粘结破坏、滑移，一、二、三级框架梁内贯通中柱的每根纵向钢筋直径，对矩形截面柱，不大于柱在该方向截面尺寸的 1/20，对圆形截面柱，不大于纵向钢筋所在位置柱截面弦长的 1/20。

3. 梁端箍筋加密区

梁端箍筋加密区长度范围内箍筋的配置，除了要满足受剪承载力的要求外，还有最大间距和最小直径的要求。梁端箍筋加密区的长度、箍筋的最大间距和最小直径列于表 5 - 10。当梁端纵向受拉钢筋配筋率大于 2％时，表中箍筋最小直径还要增大 2mm。框架梁非加密区箍筋最大间距不大于加密区箍筋间距的 2 倍。

4. 箍筋构造

梁端加密区的箍筋肢距，一级不大于 200mm 和 20 倍箍筋直径的较大值，二、三级不大于 250mm 和 20 倍箍筋直径的较大值，四级不大于 300mm。

表 5 - 10　　　　　　　　**梁端箍筋加密区的长度、箍筋的最大间距和最小直径**

抗震等级	加密区长度（mm）（采用较大值）	箍筋最大间距（mm）（采用最小值）	箍筋最小直径（mm）
一	$2.0h_b$，500	$h_b/4$，$6d$，100	10
二	$1.5h_b$，500	$h_b/4$，$8d$，100	8
三	$1.5h_b$，500	$h_b/4$，$8d$，150	8
四	$1.5h_b$，500	$h_b/4$，$8d$，150	6

注　1. d 为纵向钢筋直径，h_b 为梁截面高度；
　　2. 箍筋直径大于 12mm、数量不少于 4 肢且肢距不大于 150mm 时，一、二级框架梁的最大间距可以适当放宽，最大可放宽到 150mm。

箍筋必须为封闭箍，端部为 135°弯钩，弯钩直段的长度不小于箍筋直径的 10 倍和 75 mm 的较大者见图 5 - 18。

在纵向钢筋搭接长度范围内的箍筋间距，钢筋受拉时不大于搭接钢筋较小直径的 5 倍，且不大于 100mm；钢筋受压时不大于搭接钢筋较小直径的 10 倍，且不大于 200mm。

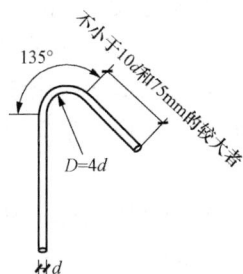

图 5 - 18　箍筋弯钩要求

沿框架梁全长箍筋的面积配筋率为：

一级　　　　　　　　$\rho_{sv} \geqslant 0.3 f_t / f_{yv}$ 　　　　　　　　　　　(5 - 36)

二级　　　　　　　　$\rho_{sv} \geqslant 0.28 f_t / f_{yv}$ 　　　　　　　　　(5 - 37)

三、四级　　　　　　$\rho_{sv} \geqslant 0.26 f_t / f_{yv}$ 　　　　　　　　　(5 - 38)

式中　ρ_{sv}——沿框架梁全长箍筋的面积配筋率。

非抗震框架梁的箍筋最大间距、最小直径等构造要求，按《混凝土结构设计规范》（GB 50010）的规定执行。

5.4　框架柱设计与构造

柱是框架的竖向构件，地震时柱破坏和丧失承载能力比梁破坏和丧失承载能力更容易引起框架倒塌。在国内外历次大地震中，钢筋混凝土框架柱的震害主要表现在：柱两端混凝土压碎、箍筋拉断、纵筋压屈呈灯笼状；沿柱全高混凝土破碎，纵筋压屈；短柱剪切破坏，出现 X 形斜裂缝；角柱比中柱破坏严重。考察地震破坏的柱可以发现，这些柱的箍筋直径小、间距大，且大都是单肢箍。箍筋对混凝土没有形成约束，也不能防止纵向钢筋压屈破坏。

在竖向荷载和往复水平荷载作用下钢筋混凝土框架柱的大量试验研究表明，柱的破坏形态大致可以分为以下几种形式：压弯破坏或弯曲破坏、剪切受压破坏、剪切受拉破坏、剪切斜拉破坏和粘结开裂破坏。后三种破坏形态的柱的延性小、耗能能力差，应避免；大偏压柱的压弯破坏延性较大、耗能能力强，柱的抗震设计应尽可能实现大偏压破坏。

虽然框架抗震设计采用了强柱弱梁的概念，但"强柱"的程度还不能保证柱一定不出现塑性铰。因此，抗震框架柱应具有足够大的延性和耗能能力。

5.4.1　影响框架柱延性和耗能的主要因素

混凝土强度等级、纵向钢筋配筋率等都是影响框架柱延性和耗能的因素，而主要影响因素为剪跨比、轴压比和箍筋配置。

1. 剪跨比

剪跨比反映了柱端截面承受的弯矩和剪力的相对大小。柱的剪跨比定义为：

$$\lambda = \frac{M_c}{V_c h_0} \qquad\qquad (5 - 39)$$

式中　λ——剪跨比；

M_c、V_c——分别为柱端截面组合的弯矩计算值和对应的截面组合剪力计算值；

h_0——计算方向柱截面的有效高度。

剪跨比大于 2 的柱称为长柱，其弯矩相对较大，一般容易实现压弯破坏；剪跨比不大于 2，但大于 1.5 的柱称为短柱，短柱一般发生剪切破坏，若配置足够多的箍筋，也可能实现延性较好的剪切受压破坏；剪跨比不大于 1.5 的柱称为极短柱，极短柱一般发生剪切斜拉破坏，工程中应尽量避免采用极短柱。

2. 轴压比

柱的轴压比定义为柱组合的轴压力设计值与柱的全截面面积和混凝土轴心抗压强度设计值乘积的比值，即：

$$n = \frac{N}{f_c b h} \qquad\qquad (5 - 40)$$

式中　n——轴压比；

N——轴压力设计值；

b、h——分别为柱截面的宽度和高度；

f_c——混凝土轴心抗压强度设计值。

柱的破坏形态与相对受压区高度密切相关，对称配筋柱截面的混凝土相对受压区高度与其轴压比有关，因此柱的破坏形态也与轴压比有关。增大轴压比，也就是增大相对受压区高度。相对受压区高度超过界限值（平衡破坏）时就成为小偏压破坏。对于短柱，增大相对受压区高度可能由剪切受压破坏变为更加脆性的剪切受拉破坏。相对受压区高度的界限值可以按照平衡破坏的条件计算。

为了实现大偏心受压破坏，使柱具有良好的延性和耗能能力，柱的相对受压区高度应小于界限值，在我国设计规范中，采取的措施之一就是限制柱的轴压比。

3. 箍筋

框架柱的箍筋有三个作用：抵抗剪力、对混凝土提供约束、防止纵筋压屈。箍筋对混凝土的约束程度是影响柱的延性和耗能能力的主要因素之一。约束程度与箍筋的抗拉强度和数量有关，与混凝土强度有关，可以用一个综合指标—配箍特征值度量；约束程度同时还与箍筋的形式有关。配箍特征值用下式计算：

$$\lambda_v = \rho_v \frac{f_{yv}}{f_c} \tag{5-41}$$

式中 λ_v——配箍特征值；

      f_{yv}——箍筋或拉筋的抗拉强度设计值；

      ρ_v——箍筋的体积配箍率。

箍筋的形式对核心混凝土的约束作用也有影响。图 5-19 所示为目前常用的箍筋形式，其中复合螺旋箍是指由螺旋箍与矩形、多边形、圆形箍或拉筋组成的箍筋，连续复合矩形螺旋箍是指用一根通长钢筋加工而成的箍筋。

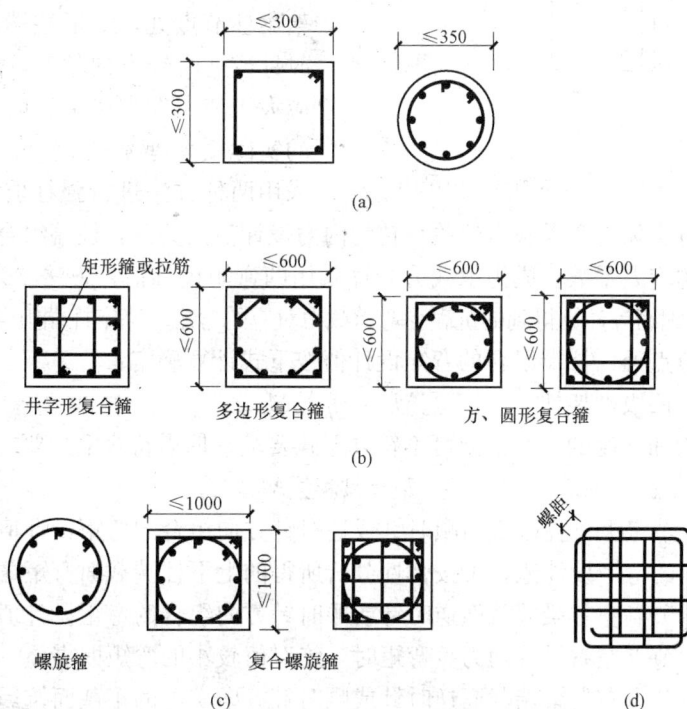

图 5-19 箍筋的形式

(a) 普通箍；(b) 复合箍；(c) 螺旋箍；(d) 连续复合螺旋箍

柱承受轴向压力时，普通矩形箍在四个转角区域对混凝土提供有效的约束，在直段上，混凝土膨胀可能使箍筋外鼓而不能提供约束；采用复合箍后，箍筋的肢距减小，在每一个箍筋相交点都有纵筋对箍筋提供支点，纵筋和箍筋构成网格式骨架，提高箍筋的约束效果；螺旋箍均匀受拉，对混凝土提供均匀的侧压力。井字形复合箍、螺旋箍和连续复合螺旋箍的约束效果好于普通箍。

箍筋的间距对约束的效果也有影响。箍筋间距大于柱的截面尺寸时，对混凝土几乎没有约束。箍筋间距越小，对混凝土的约束均匀，约束效果越显著。

5.4.2　框架柱正截面受弯承载力验算

1. 轴力、弯矩设计值

不考虑地震作用时以及四级框架柱，取最不利内力组合值作为轴力、弯矩设计值；考虑地震作用时，一、二、三级框架，柱的轴力取最不利内力组合值作为设计值，弯矩设计值要根据强柱弱梁及局部加强等要求调整增大。

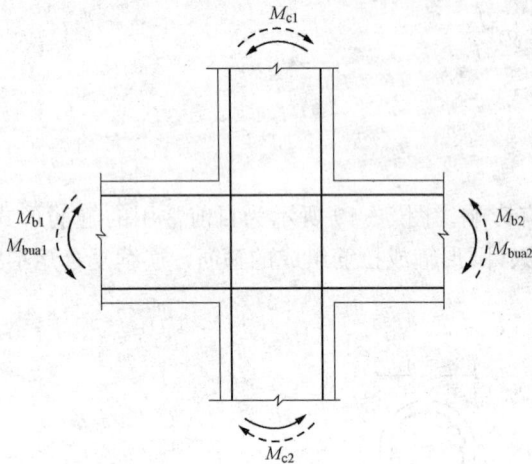

图 5-20　框架节点梁、柱端弯矩示意图

（1）按强柱弱梁要求确定柱端弯矩设计值。

图 5-20 为框架梁—柱节点梁、柱端弯矩示意图。根据强柱弱梁的要求，在框架梁柱节点处，上下柱端在轴力作用下顺时针或逆时针方向的实际受弯承载力之和应大于节点左右梁端反时针或顺时针方向的实际受弯承载力之和。在工程设计中，采用两种方法进行强柱弱梁设计，方法一为增大系数法，将实际受弯承载力的关系转为内力设计值的关系，柱端组合的弯矩计算值乘以一个大于 1.0 的增大系数，成为承载力验算采用的弯矩设计值；方法二为实配方法，采用梁端按实际配置的钢筋等计算得到的抗震受弯承载力对应的弯矩，确定柱端组合的弯矩设计值。

框架的梁柱节点处，柱端组合的弯矩设计值按下式计算确定：

一、二、三、四级框架柱　　　　　$\sum M_C = \eta_c \sum M_b$　　　　　　　　（5-42）

一级框架结构和 9 度的一级框架可不符合上式要求，但需符合下式要求：

$$\sum M_C = 1.2 \sum M_{bua}　　　　　　　　（5-43）$$

式中　　$\sum M_C$——节点上下柱端截面顺时针或逆时针方向组合的弯矩设计值之和，上下柱端的弯矩设计值，可按弹性分析所得的上下柱端截面弯矩之比分配；

　　　　$\sum M_b$——节点左右梁端截面逆时针或顺时针方向组合的弯矩设计值之和，一级框架节点左右梁端均为负弯矩时，绝对值较小的弯矩取零；

　　　　$\sum M_{bua}$——节点左右梁端截面逆时针或顺时针方向实配的正截面抗震受弯承载力对应的弯矩值之和，根据实配钢筋面积（计入梁受压钢筋和梁有效翼缘宽度范围内的楼板钢筋）和材料强度标准值并考虑承载力抗震调整系数确定；

　　　　η_c——柱端弯矩增大系数；对框架结构，一、二、三、四级分别取 1.7、1.5、1.3、1.2；其他结构类型中的框架，一级取 1.4，二级取 1.2，三、四级取 1.1。

当框架柱的反弯点不在层高范围内时，说明这些层框架梁的刚度相对较弱。为避免在竖向荷载和地震共同作用下变形集中，柱压曲失稳，柱端组合弯矩值也要乘以上述柱端弯矩增大系数。

框架顶层柱和轴压比小于 0.15 的柱，轴压比小，具有比较大的变形能力，可不按式（5-42）和式（5-43）确定弯矩设计值，而取最不利组合弯矩计算值作为设计值。

一级框架结构和 9 度的一级框架，按节点处梁端实配抗震受弯承载力确定柱端弯矩设计值，对于其他抗震等级的框架结构或框架，也可按实配方法确定柱端组合的弯矩设计值，但式（5 - 43）中的系数 1.2 可降低为 1.1，这样有可能比增大系数法经济、合理。计算梁端实配抗震受弯承载力时，除了计入梁的受压钢筋外，对于楼板与梁整体现浇的情况，由于楼板与梁共同工作，还要计入梁有效翼缘宽度范围内楼板的钢筋。梁有效翼缘宽度与地震作用下梁、楼板进入弹塑性的程度有关，一般可取梁两侧 6 倍板厚的范围。

（2）框架结构柱嵌固端弯矩增大。

强震作用下，框架结构底层柱的嵌固端难免出现塑性铰。为了推迟框架结构柱嵌固端截面屈服，提高框架结构抗震能力，一、二、三、四级框架结构的底层，柱下端截面组合的弯矩计算值，应分别乘以增大系数 1.7、1.5、1.3 和 1.2。框架结构底层是指结构计算嵌固端所在层。无地下室或有地下室但计算嵌固端是基础顶面时，柱嵌固端为与基础连接的一端；地下室顶板为计算嵌固端时，首层柱的下端为嵌固端。

框架结构以外的其他结构类型，由于主要抗震结构构件为剪力墙或围成筒的剪力墙，因此其框架柱嵌固端弯矩无需乘以增大系数。

无论是框架结构的底层柱，还是其他结构中框架的底层柱，其纵向钢筋应按上下端的不利情况配置。

（3）框支柱。

为了避免框支柱过早破坏，部分框支剪力墙结构的框支柱设计内力要调整。

当框支柱的数量不少于 10 根时，柱承受地震剪力之和不小于结构底部总剪力的 20%；当框支柱的数量少于 10 根时，每根柱承受的地震剪力不小于结构底部总地震剪力的 2%。框支柱的弯矩设计值按上述要求作相应调整。

一、二级框支柱由地震作用引起的附加轴力分别乘以增大系数 1.5、1.2。计算轴压比时，该附加轴力不乘增大系数。

一、二级框支柱的顶层柱的上端和底层柱的下端，其组合的弯矩计算值分别乘以增大系数 1.5 和 1.25，中间节点需满足式（5 - 42）的要求。

（4）角柱。

地震作用下角柱的受力最为不利。在结构两个主轴方向地震作用下，角柱除了双向受弯外，双向地震有可能都对角柱产生轴压力。因此，一、二、三、四级框架的角柱，按上述方法调整后的组合弯矩设计值，应再乘以不小于 1.10 的增大系数。

2. 柱正截面承载力验算

柱端截面的轴力、弯矩设计值确定后，按压弯构件验算其正截面承载力。抗震设计框架的角柱按双向偏心受压构件验算压弯承载力。

考虑地震作用与不考虑地震作用的柱正截面承载力验算公式相同，但是考虑地震作用时需计入构件承载力抗震调整系数 γ_{RE}。

5.4.3　框架柱受剪承载力验算

1. 剪力设计值

一、二、三、四级框架柱和框支柱，按强剪弱弯的要求，采用剪力增大系数确定剪力设计值，即：

$$V_c = \frac{\eta_{vc}(M_c^b + M_c^t)}{H_n} \tag{5 - 44}$$

一级框架结构和 9 度的一级框架可不按上式调整，但需符合下式要求：

$$V_c = \frac{1.2(M_{cua}^b + M_{cua}^t)}{H_n} \tag{5-45}$$

式中　　V_c——柱截面组合的剪力设计值，框支柱的剪力设计值还需符合上述框支柱承受最小地震剪力的要求；

　　　　H_n——柱的净高；

　M_c^t、M_c^b——分别为柱的上下端顺时针或逆时针方向截面的组合的弯矩设计值（取调整增大后的弯矩设计值，包括角柱的增大系数），且取顺时针方向之和及逆时针方向之和两者的较大值，框支柱的弯矩设计值还需符合上述框支柱弯矩设计值的要求；

M_{cua}^t、M_{cua}^b——分别为偏心受压柱的上下端顺时针或逆时针方向实配的抗震受压承载力所对应的弯矩值，根据实配钢筋面积、材料强度标准值和轴压力等确定；

　　　　η_{vc}——柱剪力增大系数，对框架结构，一、二、三、四级分别取 1.5、1.3、1.2、1.1，对其他结构类型的框架，一级取 1.4，二级取 1.2，三、四级取 1.1。

2. 截面受剪承载力验算

轴压力可以提高框架柱的受剪承载力。矩形截面偏心受压框架柱的受剪承载力按下列公式验算：

不考虑地震作用时

$$V_c \leqslant \frac{1.75}{\lambda + 1} f_t b_c h_{c0} + f_{yv} \frac{A_{sv}}{s} h_{c0} + 0.07N \tag{5-46}$$

考虑地震作用时

$$V_c \leqslant \frac{1}{\gamma_{RE}} \left(\frac{1.05}{\lambda + 1} f_t b_c h_{c0} + f_{yv} \frac{A_{sv}}{s} h_{c0} + 0.056N \right) \tag{5-47}$$

式中　　N——与剪力设计值相应的轴向压力设计值，当 $N > 0.3f_c b_c h_c$ 时，取 $N = 0.3f_c b_c h_c$；

　　　　λ——验算截面的剪跨比，当 $\lambda < 1$ 时取 $\lambda = 1$，当 $\lambda > 3$ 时取 $\lambda = 3$；

　　　　γ_{RE}——承载力抗震调整系数，取 0.85。

当轴力为拉力时，受剪承载力降低，可将式（5-46）和式（5-47）最后一项改为 $-0.2N$；当式（5-46）右边的计算值或式（5-47）右边括号内的计算值小于 $f_{yv} \frac{A_{sv}}{s} h_{c0}$ 时，取等于 $f_{yv} \frac{A_{sv}}{s} h_{c0}$，且不应小于 $0.36f_t bh_0$。

5.4.4　框架柱的构造措施

1. 最小截面尺寸

框架柱的截面尺寸宜符合下列各项要求：截面的宽度和高度，非抗震设计、四级或不超过 2 层时不小于 300mm，一、二、三级且超过 2 层时不小于 400mm；圆柱直径，非抗震设计、四级或不超过 2 层时不小于 350mm，一、二、三级且超过 2 层时不小于 450mm；剪跨比宜大于 2；截面长边与短边的边长比不宜大于 3。

为了防止由于柱截面过小、配箍过多而产生斜压破坏，柱截面组合的剪力设计值应符合下列限制条件（限制名义剪应力）：

不考虑地震作用时

$$V_c \leqslant 0.25\beta_c f_c bh_0 \tag{5-48}$$

考虑地震作用时

剪跨比大于 2 的柱 $\qquad V_c \leqslant \dfrac{1}{\gamma_{RE}}(0.2\beta_c f_c bh_0) \tag{5-49}$

剪跨比不大于 2 的柱、框支柱 $\quad V_c \leqslant \dfrac{1}{\gamma_{RE}}(0.15\beta_c f_c bh_0) \tag{5-50}$

式中　β_c——混凝土强度影响系数，取值见式（5-29）。

2. 纵向钢筋

柱纵向钢筋的配筋量，除满足承载力要求外，还要满足最小配筋率的要求。表 5-11 列出了柱纵筋屈服强度标准值为 500MPa 时，柱截面纵向钢筋的最小总配筋率；同时，柱截面每一侧配筋率不应小于 0.2%；建造于 Ⅳ 类场地且较高的抗震设防的高层建筑，表中数值需增加 0.1。抗震框架柱纵向钢筋屈服强度标准值小于 400MPa 时，表中数值增加 0.1，纵向钢筋屈服强度标准值为 400MPa 时，表中数值增加 0.05；混凝土强度等级高于 C60 时，表中数值增加 0.1。

抗震框架柱的纵向配筋还需符合下列各项要求：对称配置；截面边长大于 400mm 的柱，纵筋间距不大于 200mm；总配筋率不大于 5%；剪跨比不大于 2 的一级框架的柱，每侧纵向钢筋配筋率不大于 1.2%；边柱、角柱及剪力墙端柱在地震作用组合产生小偏心受拉时，柱内纵筋总截面面积比计算值增加 25%；柱纵向钢筋的绑扎接头避开柱端的箍筋加密区。

表 5-11　　　　　　　　　　柱截面纵向钢筋的最小总配筋率　　　　　　　　　　　%

类别	抗震等级				非抗震
	一级	二级	三级	四级	
中柱、边柱	0.9 (1.0)	0.7 (0.8)	0.6 (0.7)	0.5 (0.6)	0.5
角柱	1.1	0.9	0.8	0.7	0.5
框支柱	1.1	0.9	—	—	0.7

3. 轴压比限值

柱轴压比的计算公式见式（5-40），式中轴力取考虑地震作用时的轴压力设计值；对于可不进行地震作用计算的结构，如 6 度设防的乙、丙、丁类建筑，取不考虑地震作用时的轴力设计值。

表 5-12 给出了剪跨比大于 2、混凝土强度等级不高于 C60 的柱的轴压比限值。剪跨比不大于 2 的柱，轴压比限值应降低 0.05；剪跨比小于 1.5 的柱，轴压比限值应专门研究并采取特殊的构造措施。

表 5-12　　　　　　　　　　　　柱 轴 压 比 限 值

结构类型	抗震等级			
	一	二	三	四
框架结构	0.65	0.75	0.85	0.90
框架-剪力墙、板柱-剪力墙、框架-核心筒及筒中筒	0.75	0.85	0.90	0.95
部分框支剪力墙	0.6	0.7	—	—

框架-剪力墙、板柱-剪力墙、框架-核心筒及筒中筒结构中，剪力墙或筒体是主要抗震结构单元，框架是次要抗震结构单元，可适当放宽柱轴压比限值，比框架结构的柱轴压比限值大 0.05 或 0.10；部分框支剪力墙结构中框支柱破坏将极大削弱框支层的抗震能力，柱轴压比限值比框架结构柱严一些。

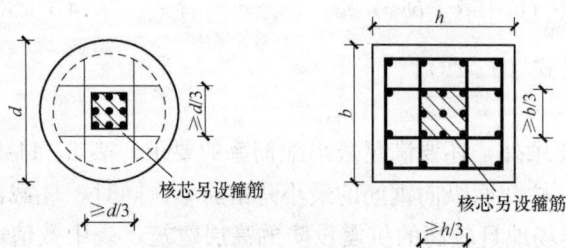

图 5-21　柱截面中部的芯柱

如前所述，箍筋形式影响对混凝土的约束效果；试验研究还表明，在柱的截面中部附加纵筋并用箍筋约束形式芯柱时（见图 5-21），附加纵筋可以承担一部分轴压力。因此，采用不同形式的箍筋或采用箍筋约束形式芯柱时，轴压比限值可适当增加，但不应大于 1.05，详见《建筑抗震设计规范》（GB 50011）的规定。

4. 箍筋加密区范围

在地震作用下框架柱可能屈服、形成塑性铰的区段，应设置箍筋加密区，使混凝土成为延性好的约束混凝土。

剪跨比大于 2 的柱，箍筋加密区的范围（见图 5-22）为：①柱的两端取矩形截面高度（或圆形截面直径）、柱净高的 1/6 和 500mm 三者的最大者；②底层柱的下端不小于柱净高的 1/3；③当为刚性地面时，取刚性地面上下各 500mm。

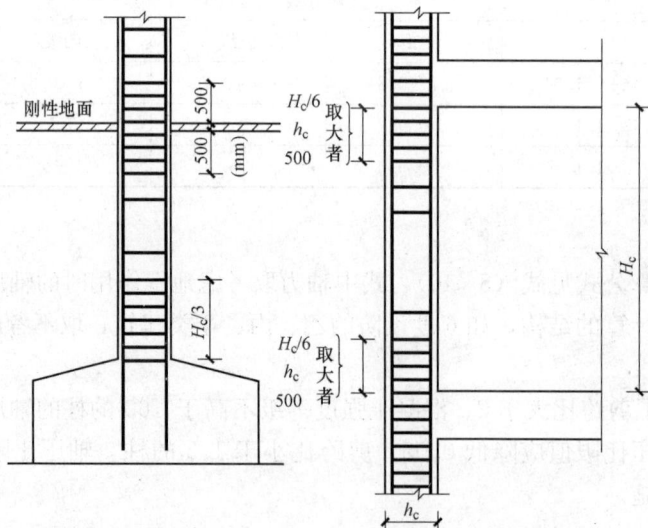

图 5-22　剪跨比大于 2 的柱的箍筋加密区

剪跨比不大于 2 的柱、因设置填充墙等形成的柱净高与柱截面高度之比不大于 4 的柱、框支柱、一级和二级框架的角柱，箍筋加密区的范围为柱的全高。需要提高变形能力的柱，也应取柱的全高作为箍筋加密区。

5. 箍筋加密区的配箍量

柱箍筋加密区的配箍量除应符合受剪承载力要求外，还应符合箍筋肢距、配箍特征值、箍筋间距和箍筋直径的要求。

柱箍筋加密区的箍筋肢距，一级不大于 200mm，二、三级不大于 250mm，四级不大于 300mm。至少每隔一根纵向钢筋宜在两个方向有箍筋或拉筋约束；采用拉筋复合箍时，拉筋紧靠纵向钢筋并钩住箍筋，也可紧靠箍筋并钩住纵筋。

柱箍筋加密区的最小配箍特征值与框架的抗震等级、柱的轴压比以及箍筋形式有关，列于表 5-13。工程设计中，根据框架的抗震等级等由表 5-13 查得需要的最小配箍特征值，即可计算得到需要的体积配箍率：

$$\rho_v \geqslant \frac{\lambda_v f_c}{f_{yv}} \tag{5-51}$$

式中　ρ_v——柱箍筋加密区的体积配输率；

　　　λ_v——柱箍筋加密区的最小配箍特征值；

　　　f_c——混凝土轴心抗压强度设计值，强度等级低于 C35 时按 C35 计算；

　　　f_{yv}——箍筋或拉筋抗拉强度设计值。

表 5-13　　　　　　　　　　　　　　柱箍筋加密区的箍筋最小配箍特征值

抗震等级	箍筋形式	柱轴压比								
		≤0.3	0.4	0.5	0.6	0.7	0.8	0.9	1.0	1.05
一	普通箍、复合箍	0.10	0.11	0.13	0.15	0.17		0.23	—	—
	螺旋箍、复合或连续复合矩形螺旋箍	0.08	0.09	0.11	0.13	0.15	0.18	0.21	—	—
二	普通箍、复合箍	0.08	0.09	0.11	0.13	0.15	0.17	0.19	0.22	0.24
	螺旋箍、复合或连续复合矩形螺旋箍	0.06	0.07	0.09	0.11	0.13	0.15	0.17	0.20	0.22
三、四	普通箍、复合箍	0.06	0.07	0.09	0.11	0.13	0.15	0.17	0.20	0.22
	螺旋箍、复合或连续复合矩形螺旋箍	0.05	0.06	0.07	0.09	0.11	0.13	0.15	0.18	0.20

普通箍指单个矩形箍或单个圆形箍，复合箍指由矩形、多边形、圆形箍或拉筋组成的箍筋；复合螺旋箍指由螺旋箍与矩形、多边形、圆形箍或拉筋组成的箍筋；连续复合矩形螺旋箍指用一根通长钢筋加工而成的箍筋。

箍筋的体积配箍率用下式计算：

$$\rho_v = \frac{a_{sk} l_{sk}}{l_1 l_2 s} \tag{5-52}$$

式中　a_{sk}——箍筋单肢截面面积；

　　　l_{sk}——一个截面内箍筋的总长，扣除重叠部分的箍筋长度；

　　l_1、l_2——外围箍筋包围的混凝土核心的两条边长，可取箍筋的中心线计算；

　　　s——箍筋间距。

为了避免柱箍筋加密区配置的箍筋量过少，体积配箍率还要符合下述要求：

（1）一级、二级、三级和四级框架柱的体积配箍率分别不小于 0.8%、0.6%、0.4% 和 0.4%。

（2）框支柱宜采用约束效果好的复合螺旋箍或井字复合箍，其最小配箍特征值比表 5-13 内数值增加 0.02，体积配箍率不小于 1.5%。

（3）剪跨比不大于 2 的柱宜采用复合螺旋箍或井字复合箍，其体积配箍率不小于

1.2%，9 度一级时不小于 1.5%。

（4）计算复合箍筋的体积配箍率时，可不扣除箍筋重叠部分的体积；计算复合螺旋箍筋的体积配箍率时，其非螺旋箍筋的体积应乘以折减系数 0.80。

柱箍筋加密区箍筋的最大间距和最小直径，一般情况下按表 5-14 采用。

表 5-14   柱箍筋加密区箍筋的最大间距和最小直径

抗震等级	箍筋最大间距（取较小值，mm）	箍筋最小直径（mm）
一	$6d$，100	10
二	$8d$，100	8
三	$8d$，150（柱根 100）	8
四	$8d$，150（柱根 100）	6（柱根 8）

注　d 为柱纵向钢筋直径，柱根指底层柱下端箍筋加密区。

箍筋必须为封闭箍，并有 135°弯钩，弯钩要求与梁箍筋相同，见图 5-18。

柱箍筋非加密区的箍筋配置，除应符合受剪承载力要求外，其体积配箍率不小于加密区的 50%；箍筋间距，一、二级框架柱不大于 10 倍纵向钢筋直径，三、四级框架柱不大于 15 倍纵筋直径。

5.5　框 架 节 点 设 计

在设计延性框架时，除了保证梁、柱构件具有足够的承载力和延性以外，保证节点区的承载力，使之不过早破坏也是十分重要的。如果节点区提前破坏或者变形过大，梁、柱构件就不再能形成抗侧力的框架结构。

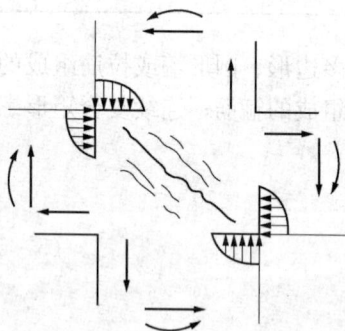

由震害调查可见，节点区的破坏大都是由于节点区无箍筋或少箍筋，在剪压作用下混凝土出现斜裂缝（见图 5-23），然后挤压破碎，纵向钢筋压屈成灯笼状所致。保证节点区不发生剪切破坏的主要措施是，通过抗剪验算，在节点区配置足够的箍筋，并保证混凝土的强度及密实性，实现强节点。

在节点试验中注意到的另一个重要现象是，梁内纵向钢筋在节点区内的滑移。在地震作用下，通过节点区的梁纵向钢筋在节点区两边应力变号。无论是正筋还是负筋，都是一侧受拉，另一侧受压，造成节点区内钢筋

图 5-23　梁柱节点核心区斜裂缝图

与混凝土的黏结应力较一般情况下为大，很容易出现黏结破坏。主筋在节点区内滑移不仅造成传递剪力的能力减弱，也会使梁端塑性铰区裂缝加大。为此，设计中应处理好纵向钢筋在节点区的锚固构造，做到强锚固。

5.5.1　节点核心区的剪力设计值

根据强节点的抗震设计概念，在梁端钢筋屈服时，核心区不应剪切屈服。因此，取梁端截面达到受弯承载力时的核心区剪力作为其剪力设计值。图 5-24 为中柱节点受力简图，取上半部分为隔离体，由平衡条件可得核心区剪力 V_j，并由梁柱平衡求出 V_c 代入如下：

$$V_j = (f_{yk}A_s^b + f_{yk}A_s^t) - V_c$$

$$= \frac{M_b^l + M_b^r}{h_{b0} - a_s'} - \frac{M_c^b + M_c^t}{H_c - h_b} - \frac{M_b^l + M_b^r}{h_{b0} - a_s'}\left(1 - \frac{h_{b0} - a_s'}{H_c - h_b}\right) \tag{5 - 53}$$

式中　f_{yk}——钢筋抗拉强度标准值。

其余符号见图 5-24。

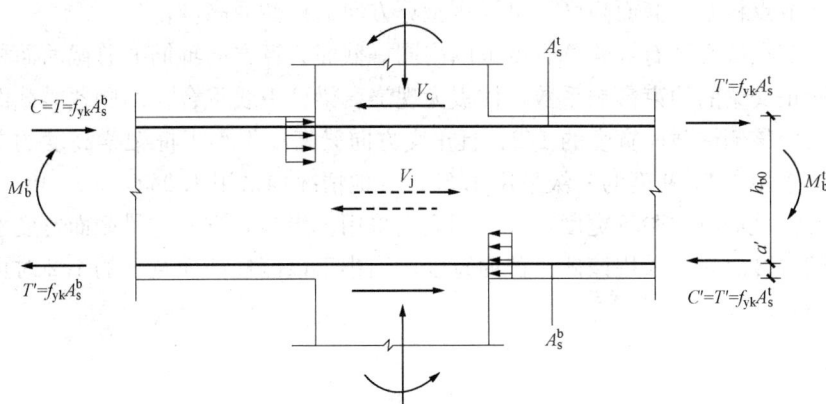

图 5 - 25　梁柱节点受力简图

工程设计中，仍然采用弯矩设计值代替受弯承载力，以简化计算。一、二、三级框架的梁柱核心区组合的剪力设计值用下式计算：

$$V_j = \frac{\eta_{jb} \sum M_b}{h_{b0} - a_s'}\left(1 - \frac{h_{b0} - a_s'}{H_c - h_b}\right) \tag{5 - 54}$$

一级框架结构和 9 度的一级框架可不按上式确定，但应符合下式：

$$V_j = \frac{1.15 \sum M_{bua}}{h_{b0} - a_s'}\left(1 - \frac{h_{b0} - a_s'}{H_c - h_b}\right) \tag{5 - 55}$$

式中　V_j——梁柱节点核心区组合的剪力设计值；

h_{b0}——梁截面的有效高度，节点两侧梁截面有效高度不等时可采用平均值；

h_b——梁的截面高度，节点两侧梁截面高度不等时可采用平均值；

a_s'——梁受压钢筋合力点至受压边缘的距离；

H_c——柱的计算高度，可采用节点上、下柱反弯点之间的距离；

η_{jb}——强节点系数，对于框架结构，一级取 1.5，二级取 1.35，三级取 1.2，对于其他结构中的框架，一级取 1.35，二级取 1.2，三级取 1.1；

$\sum M_b$——节点左右梁端逆时针或顺时针方向组合弯矩设计值之和，一级框架节点左右梁端均为负弯矩时，绝对值较小的弯矩取零；

$\sum M_{bua}$——节点左右梁端逆时针或顺时针方向实配的抗震受弯承载力所对应的弯矩值之和，可根据实配钢筋面积（计入受压筋）和材料强度标准值确定。

5.5.2　节点核心区的受剪承载力验算

框架梁柱节点核心区截面的抗震受剪承载力按下式验算：

$$V_j \leqslant \frac{1}{\gamma_{RE}}\left(1.1\eta_j f_t b_j h_j + 0.05\eta_j N \frac{b_j}{b_c} + f_{yv} A_{svj} \frac{h_{b0} - a_s'}{s}\right) \tag{5 - 56}$$

9 度的一级框架

$$V_j \leqslant \frac{1}{\gamma_{RE}} \left(0.9\eta_j f_t b_j h_j + f_{yv} A_{svj} \frac{h_{b0} - a'_s}{s} \right) \qquad (5-57)$$

式中　　N——对应于组合剪力设计值的上柱组合轴向压力较小值，当 $N > 0.5f_c b_c h_c$ 时取
　　　　　　　　$N = 0.5f_c b_c h_c$，当 N 为拉力时，取 $N=0$；

　　　　b_j——节点核心区截面有效验算宽度，可按式（5-57）确定；

　　　　h_j——节点核心区截面高度，可采用验算方向的柱截面高度；

　　　　A_{svj}——节点核心区有效验算宽度范围内同一截面验算方向箍筋的总截面面积；

　　　　η_j——正交梁的约束影响系数，楼板为现浇、梁柱中线重合、四侧各梁截面宽度不小
　　　　　　　　于该侧柱截面宽度的 1/2，且正交方向梁高度不小于框架梁高度的 3/4 时，可
　　　　　　　　采用 1.5，9 度的一级采用 1.25，其他情况均采用 1.0。

　　节点核心区截面有效验算宽度，按下列规定采用。当验算方向的梁截面宽度不小于该侧
柱截面宽度的 1/2 时，可采用该侧柱截面宽度，当小于该侧柱截面宽度的 1/2 时可采用下列
二者的较小值：

$$b_j = b_b + 0.5h_c$$
$$b_j = b_c \qquad (5-58)$$

　　当梁、柱的中线不重合且偏心距不大于柱宽的 1/4 时，可采用上述两式和下式计算结果
的较小值：

$$b_j = 0.5(b_b + b_c) + 0.25h_c - e \qquad (5-59)$$

式中　　b_c、h_c——分别为验算方向柱截面宽度和高度；

　　　　e——梁与柱中线偏心距。

　　为了避免核心区过早出现斜裂缝、混凝土碎裂，核心区的平均剪应力不应过高。核心区
组合的剪力设计值应符合下式要求：

$$V_j \leqslant \frac{1}{\gamma_{RE}} (0.30\eta_j \beta_c f_c b_j h_j) \qquad (5-60)$$

5.5.3　节点核心区的构造措施

　　抗震设计时，框架节点核心区箍筋的最大间距和最小直径宜符合柱端箍筋加密区的要求
（见表 5-14）。一、二、三级框架节点核心区配箍特征值分别不宜小于 0.12，0.10 和 0.08，
且体积配箍率分别不宜小于 0.6％、0.5％和 0.4％。柱剪跨比不大于 2 的框架节点核心区的
体积配箍率不宜小于核心区上、下柱端体积配箍率的较大者。

　　四级框架和非抗震框架的节点核心区可不进行抗剪验算，但也要配置箍筋，可与柱端配
置的箍筋相同，箍筋间距不宜大于 250mm。

5.6　框架结构钢筋连接与锚固

　　由于钢筋长度不够或施工时构件内纵向钢筋连接需要，纵向钢筋的连接以及纵向钢筋在
核心区的锚固都需要仔细设计，并保证施工质量。

5.6.1　钢筋的连接

　　受力钢筋的连接应能保证两根钢筋之间力的传递。建筑工程施工中常用的钢筋连接方法
主要为下列三种：绑扎搭接、焊接连接与机械连接。绑扎搭接不但多消耗钢筋，而且对于直

径较大的粗钢筋，传力性能不好。焊接连接应用虽然较多，但几次大地震中都发现焊接连接破坏的实例，由于依靠人工焊接，质量较难完全保证。机械连接接头以性能好、连接方便、质量可靠、综合经济效益高的特点得到了广泛应用，常用的机械连接方法主要有：辊轧直螺纹连接、镦粗直螺纹连接、冷挤压连接及锥螺纹连接。

受力钢筋的连接接头宜设置在构件受力较小的部位。抗震设计时，尽量不要在梁端、柱端箍筋加密区连接，若无法避开时，应采用机械连接，且同一截面钢筋接头面积百分率不宜超过 50%。

一些重要构件宜采用机械连接，如框支梁、框支柱、一级框架的梁。有些构件宜采用机械连接，也可采用绑扎搭接或焊接接头，例如抗震等级为一、二级的框架柱、三级框架的底层柱；三级框架底层以上各层柱和四级框架柱，二、三、四级框架梁可以采用绑扎搭接或焊接接头。抗震设计受拉钢筋直径大于 25mm、受压钢筋直径大于 28mm 时，尽可能不采用绑扎搭接的连接方法。

同一连接区段内受拉钢筋搭接接头面积百分率（该区段内有搭接接头的纵向受力钢筋与全部纵向受力钢筋截面面积的比值），对梁、板及墙等构件不宜大于 25%，对柱不宜大于 50%。对板、墙、柱及预制构件的拼接处，可根据实际情况放宽。

纵向受力钢筋采用搭接连接时，在钢筋搭接长度范围内应配置箍筋，其直径不应小于搭接钢筋较大直径的 1/4。

不考虑地震作用时，纵向受拉钢筋绑扎搭接接头的搭接长度，不应小于下式的计算值，且不应小于 300mm：

$$l_1 = \zeta_1 l_a \tag{5-61}$$

式中 l_1——不考虑地震作用时受拉钢筋的搭接长度；

l_a——不考虑地震作用时受拉钢筋的锚固长度，按现行《混凝土结构设计规范》（GB 50010）的规定采用；

ζ_1——纵向受拉钢筋搭接长度修正系数，按表 5-15 取用。当纵向搭接钢筋接头面积百分率为表的中间值时，修正系数可按内插取值。

表 5-15   纵向受拉钢筋搭接长度修正系数

纵向搭接钢筋接头面积百分率（%）	≤25	50	100
ζ_1	1.2	1.4	1.6

考虑地震作用时，纵向受力钢筋的锚固和连接应符合下列要求：

最小锚固长度按下列规定采用：

一、二级 $l_{aE} = 1.15 l_a$ (5-62)

三级 $l_{aE} = 1.05 l_a$ (5-63)

四级 $l_{aE} = 1.00 l_a$ (5-64)

当采用搭接接头时，其搭接长度不应小于下式的计算值：

$$l_{lE} = \zeta_1 l_{aE} \tag{5-65}$$

式中 l_{aE}——考虑地震作用时受拉钢筋的最小锚固长度。

5.6.2 核心区钢筋锚固

不考虑地震作用和考虑地震作用的框架，梁、柱纵向钢筋在核心区的锚固要求分别见图

5-25 和图 5-26。梁的上部钢筋应贯穿中间节点，梁的下部钢筋可以切断并锚固于节点核心区内。

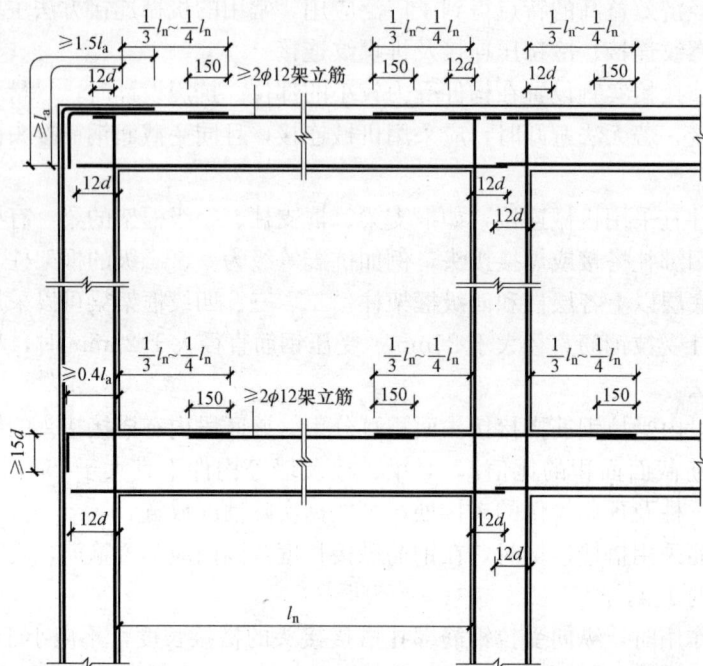

图 5-25 不考虑地震作用时的框架梁柱纵向钢筋在节点核心区的锚固要求

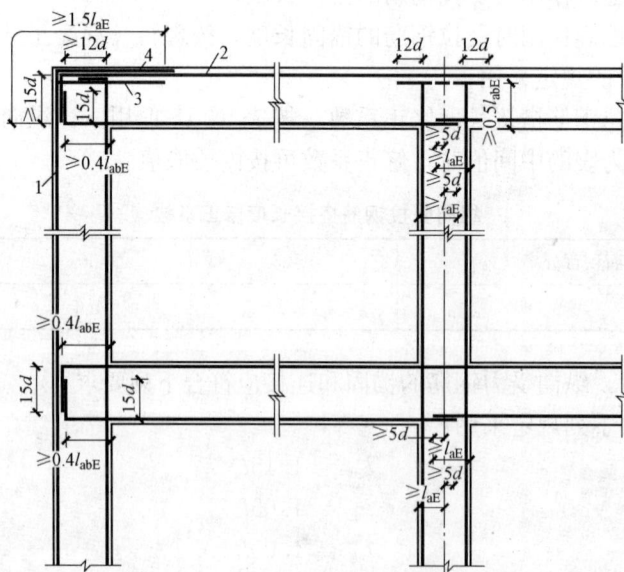

图 5-26 不考虑地震作用时的框架梁柱纵向钢筋在节点核心区的锚固要求

思 考 题

5.1 为了使钢筋混凝土框架成为延性耗能框架，应采用哪些抗震设计概念？

5.2 为什么梁铰机制比柱铰机制对抗震有利？

5.3 为什么减小梁端相对受压区高度可以增大梁的延性？设计中采取什么措施减小梁端相对受压区高度？梁端相对受压区高度的限值是多少？

5.4 简述分层法的计算假定及计算步骤。

5.5 反弯点法和 D 值法的异同点是什么？两种计算方法的适用条件如何？

5.6 影响水平荷载下柱反弯点位置的主要因素是什么？反弯点高度比大于 1 的物理意义是什么？

5.7 简述 D 值法的计算步骤。

5.8 水平荷载作用下框架的侧移由哪两部分组成？框架为什么具有剪切型的侧移曲线？

5.9 影响框架柱延性和耗能的主要因素有哪些？这些因素是如何影响框架柱的延性和耗能能力的？

5.10 什么是强柱弱梁？如何实现强柱弱梁？

5.11 什么是强剪弱弯，框架梁柱如何实现强剪弱弯？

5.12 实现强柱弱梁柱的调整弯措施有哪些？

5.13 框架柱的箍筋有哪些作用？为什么轴压比大的柱配箍特征值也大？如何计算体积配箍率？

5.14 为什么要限制框架梁、柱和核心区的剪压比？为什么跨高比不大于 2.5 的梁、剪跨比不大于 2 的柱的剪压比限制要严一些？

5.15 为什么延性框架的节点核心区必须配置一定数量的箍筋？

第6章 剪力墙结构设计

6.1 延性剪力墙结构抗震设计概念

剪力墙是剪力墙结构房屋中的主要抗侧力结构单元，其特点是承载力高，抗侧刚度大，容易满足风或小震作用下层间位移角的限值及风作用下的舒适度要求；合理设计的剪力墙可以具有良好的延性和耗能能力。为了实现延性剪力墙，剪力墙的抗震设计应符合下列原则：

（1）强墙弱梁。

连梁屈服应先于墙肢屈服，使塑性变形和耗能分散于连梁中，避免因墙肢过早屈服使塑性变形集中于在某一层而形成软弱层或薄弱层。

（2）强剪弱弯。

剪力墙在侧向力作用下的变形曲线为弯曲型和弯剪型，一般会在墙肢底部一定高度内屈服形成塑性铰，通过适当提高塑性铰区范围内及其以上相邻范围的抗剪承载力，实现墙肢强剪弱弯，避免墙肢剪切破坏。

对于连梁，与框架梁相同，通过剪力增大系数调整剪力设计值，实现强剪弱弯。

（3）限制墙肢的轴压比和墙肢设置边缘构件。

与钢筋混凝土柱相同，轴压比是影响墙肢抗震性能的主要因素之一，限制底部加强部位墙肢的轴压比、设置边缘构件是提高剪力墙抗震性能的重要措施。

（4）加强重点部位。

对剪力墙底部可能出现塑性铰区的部位加强抗震措施，以提高剪力墙的延性。该加强部位称为"底部加强部位"。剪力墙底部加强部位的高度可取墙肢总高度的 1/10 和底部两层高度二者中的较大值；部分框支剪力墙结构的剪力墙，其底部加强部位的高度可取框支层加框支层以上两层的高度，且不小于房屋总高的 1/10。提高底部加强部位延性的措施包括提高其抗剪承载力，限制轴压比，设置约束边缘构件等抗震构造措施，对于一级剪力墙还要提高其抗弯承载力。这些措施对于改善整个结构的抗震性能都非常有用。

（5）连梁特殊措施。

对于跨高比小的连梁，采用普通配筋很难形成延性构件，对于抗震等级高的，跨高比小的连梁可以采用特殊措施，比如配置交叉斜筋或交叉暗撑等，使其成为延性构件。

开洞剪力墙由墙肢和连梁两种构件组成，在竖向力和水平力作用下，墙肢的内力有轴力、弯矩和剪力，连梁的内力主要有弯矩和剪力，轴力很小，可以忽略不计。墙肢的轴力可能是压力，也可能是拉力，墙肢应进行平面内的偏心受压或偏心受拉承载力验算和斜截面受剪承载力验算。连梁应进行受弯和受剪承载力验算。墙肢和连梁截面尺寸和配筋还应符合相应的构造要求。

6.2 剪力墙结构内力与侧移的近似计算

6.2.1 剪力墙的受力特点和分类

(1) 受力特点。

任何结构都是空间结构，但对剪力墙而言，由于其平面内的刚度比平面外的刚度大很多，一般都把剪力墙简化为平面构件，即假定剪力墙只能抵抗其自身平面内的侧向力。在水平荷载作用下，剪力墙处于二维应力状态，严格来说，应该采用平面有限元方法进行计算，但是实用上，大都将剪力墙简化为杆系，采用结构力学的方法近似计算。本节将介绍这种近似计算方法。

(2) 剪力墙类型。

按照洞口大小和分布的不同，剪力墙可划分为下列几类。

1) 整体墙。

当墙上洞口面积不超过墙面面积的 16%，且洞口间净距及洞口至墙边净距大于洞口长边，可以忽略洞口的影响，假设截面上应力为线性分布，按整体悬臂墙（静定结构）计算其内力和位移，如图 6-1 (a) 所示。

2) 联肢墙。

当洞口较大，且排列整齐，可划分为墙肢和连梁，称为联肢墙，如图 6-1 (b) 所示。联肢墙为超静定结构，有多种近似计算方法，本节将介绍连续化法。

3) 错洞墙。

当剪力墙上洞口较大，而且排列不规则，如图 6-1 (c) 所示。这种墙不能简化成杆件体系进行计算，可以采用平面有限元法计算。

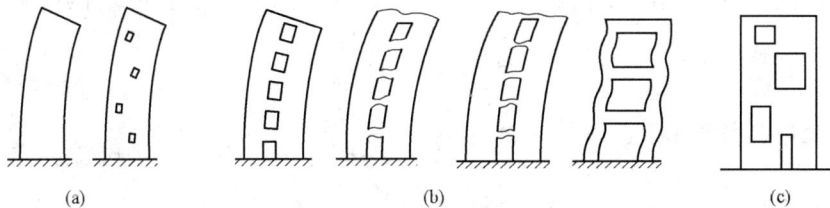

图 6-1 剪力墙分类
(a) 整体墙；(b) 联肢墙；(c) 不规则错洞墙

(3) 计算假定。

为了简化计算，对剪力墙结构作如下假定：

1) 忽略剪力墙平面外刚度，近似认为剪力墙只在其自身平面内有刚度和承载力。因此剪力墙结构可以按纵、横两个方向分别计算。每一个方向由若干个平面剪力墙组成，协同抵抗外荷载。对每一片墙，墙端可考虑带翼墙工作，即纵墙的一部分可作为横墙的翼缘，横墙的一部分可作为纵墙的翼缘。

2) 楼板在其平面内刚度无限大，各片剪力墙通过刚性楼盖连接，在水平荷载作用下，各片剪力墙在同一楼板标高侧移相等，因此，总水平荷载将按各片剪力墙刚度分配到每片墙。

3）竖向荷载作用下，按每片墙的承载负荷面积计算，直接计算为该墙面的轴力。

6.2.2　剪力墙的内力和水平位移计算

（1）整体墙近似计算方法。

无洞口或开洞较小的剪力墙，可按整体墙计算。整体墙可视为悬臂构件，为静定结构，其内力和位移按材料力学方法计算得到。如果有小洞口，如图 6-2 所示。整体墙的刚度取 $E_c I_q$，其中折算惯性矩 I_q 取有洞口截面与无洞口截面惯性矩的加权平均值。折算惯性矩 I_q 和折算面积 A_q 按下式计算：

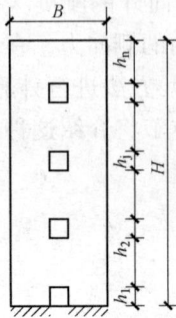

$$I_{eq} = \frac{\sum I_i h_i}{\sum h_i} \tag{6-1}$$

$$A_q = (1 - 1.25\sqrt{A_d / A_0})A \tag{6-2}$$

式中　I_i——剪力墙有洞口或无洞口部分截面的惯性矩；

　　　h_i——各截面相应的墙高；

　　　A——无洞口的剪力墙截面面积；

　　　A_d——剪力墙洞口立面面积；

　　　A_0——剪力墙立面总面积。

图 6-2　整体墙

1）剪力分配。剪力墙属于悬臂构件，以弯曲变形为主，由于存在一定的剪切变形，所以采用等效抗弯刚度将层间剪力向各片剪力墙分配，第 i 层第 j 片剪力墙分配到的剪力按下式计算：

$$V_{ij} = \frac{E_c I_{eqj}}{\sum E_c I_{eqk}} V_{pi} \tag{6-3}$$

式中　　　V_{pi}——第 i 层总剪力；

$E_c I_{eqj}$、$E_c I_{eqk}$——第 j、k 片剪力墙的等效抗弯刚度。

2）位移计算。在常用水平荷载作用下，剪力墙顶点水平位移按下式计算：

在均布荷载作用下：　　　　$\Delta = \frac{1}{8} \times \frac{V_0 H^3}{E_c I_{eq}}$ 　　　　　（6-4a）

在倒三角形荷载作用下：　　$\Delta = \frac{11}{60} \times \frac{V_0 H^3}{E_c I_{eq}}$ 　　　（6-4b）

在顶部集中荷载作用下：　　$\Delta = \frac{1}{3} \times \frac{V_0 H^3}{E_c I_{eq}}$ 　　　　（6-4c）

式中　V_0——底部截面总剪力；

　　　H——结构总高度；

$E_c I_{eq}$——整体墙的等效抗弯刚度，按下式计算：

$$E_c I_{eq} = \frac{E_c I_q}{1 + \frac{4\mu E_c I_q}{H^2 G A_q}} \quad （均布荷载作用下） \tag{6-5a}$$

$$E_c I_{eq} = \frac{E_c I_q}{1 + \frac{3.64\mu E_c I_q}{H^2 G A_q}} \quad （三角形荷载作用下） \tag{6-5b}$$

$$E_c I_{eq} = \frac{E_c I_q}{1 + \frac{3\mu E_c I_q}{H^2 G A_q}} \quad （顶部集中力作用下） \tag{6-5c}$$

式中 μ——剪力不均匀系数，矩形截面取 1.2，I 形截面取全面积除以腹板面积。

（2）连续化方法计算联肢墙。

1）基本假定及计算思路。

连续化法是把连梁看作分散在整个高度上的平行排列的连续连杆，连杆之间没有相互作用，如图 6-3 所示，该方法的基本假定为：

①忽略连梁轴向变形，即假定两墙肢水平位移相同；

②连梁两端转角相等，连梁反弯点在跨中；

③各墙肢截面、各连梁截面及层高等几何尺寸沿全高相同。

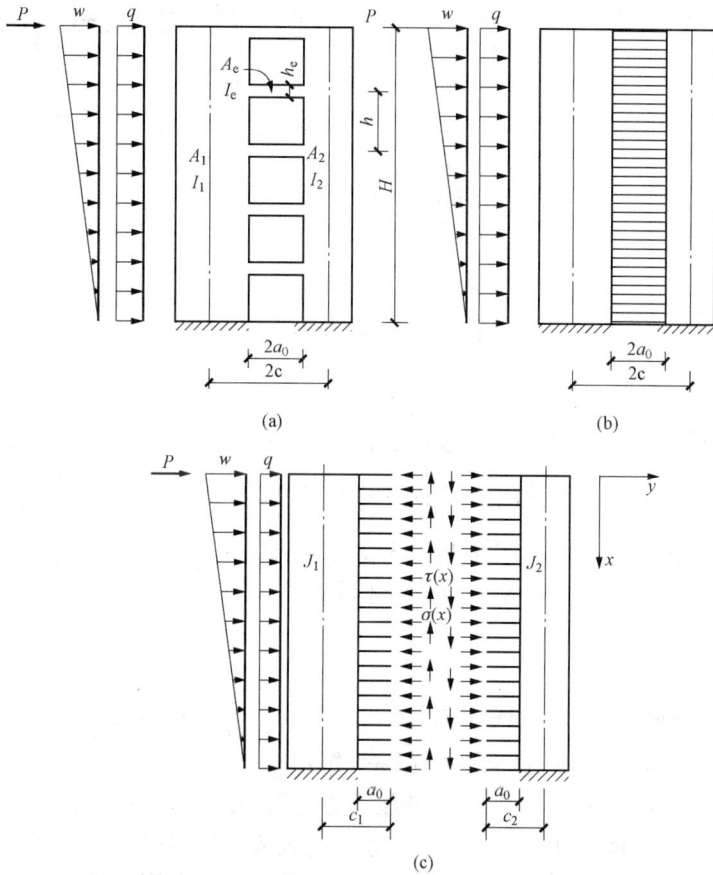

图 6-3 连续化法计算简图及基本体系

（a）结构尺寸；（b）计算简图；（c）基本体系

该方法以连杆中点的剪力 $\tau(x)$ 为未知数，沿连杆中点切开，切开点连杆弯矩为 0，剪力 $\tau(x)$ 是一个连续函数，通过在切开点处变形协调（相对位移为零），建立 $\tau(x)$ 的微分方程，求解微分方程后得出，积分后得连杆剪力 V_1，再通过平衡条件求出连梁的梁端弯矩、墙肢轴力及弯矩。这就是连续化法的基本思路。

切开点处沿 $\tau(x)$ 方向的变形连续条件可用下式表达：

$$\delta_1(x) + \delta_2(x) + \delta_3(x) = 0 \tag{6-6}$$

式中 $\delta_1(x)$——墙肢弯曲变形产生的相对位移，如图 6-4（a）所示；

$\delta_2(x)$ ——墙肢轴向变形产生的相对位移，如图 6-4（b）所示；

$\delta_3(x)$ ——连梁弯曲和剪切变形产生的相，如图 6-4（c）所示。

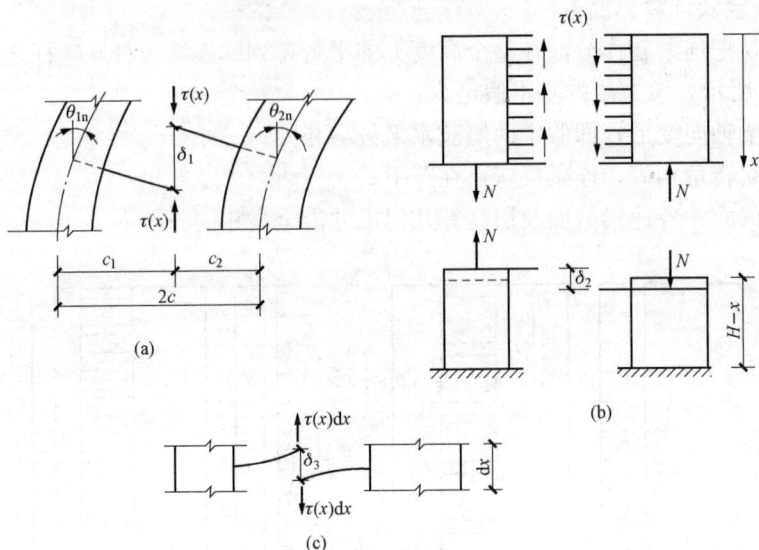

图 6-4　连梁切开处的变形
（a）墙肢弯曲变形；（b）墙肢轴向变形；（c）连梁弯曲及剪切变形

求解微分方程，即可得到以函数形式表达的未知力 $\tau(x)$，令截面位置相对坐标为 $\xi=\dfrac{x}{H}$，则结果可以表达为更一般化的形式 $\tau(\xi)$，求解过程从略。

由连续化方法推导过程中，归纳出联肢墙的一个重要参数 α，也称整体系数，它表示连梁与墙肢相对刚度的一个几何特征参数，按下式计算：

$$\alpha = H\sqrt{\frac{6}{Th(I_1+I_2)} \cdot \widetilde{I}_l \frac{c^2}{a_0^3}} \tag{6-7}$$

式中　H、h——分别为剪力墙的总高和层高；

　I_1、I_2、$\widetilde{I}_l$——分别为两个墙肢和连梁的惯性矩；

　a_0、c——分别为洞口净宽 $2a_0$ 和墙肢重心到重心距离 $2c$ 的一半。

整体系数只与联肢墙的几何参数有关，系数越大表示连梁刚度与墙肢刚度的相对比值越大，连梁刚度与墙肢刚度的相对比值对联肢墙内力分布和位移影响很大。

在连续化方法计算时，计算简图中连梁应采用带刚域连杆，如图 6-5 所示，墙肢轴线间距离为 $2c$，连梁刚域长度为墙肢宽度一半减去连梁高度 h_l 的 $1/4$，即图 6-5 中阴影部分，刚域为不变形部分，除刚域外的变形段为连梁的计算跨度，取为 $2a_l$，即按下式计算：

$$2a_l = 2a + 2 \times \frac{h_l}{4} \tag{6-8}$$

一般连梁宽高比较小，在计算跨度内要考虑连梁的弯曲变形和剪切变形，连梁的折算抗弯刚度按下式计算：

$$\widetilde{I}_l = \frac{I_l}{1 + \dfrac{3\mu E I_l}{A_l G a_l^2}} \tag{6-9a}$$

令 $G=0.4E$，矩形连梁截面剪应力不均匀系数 $\mu=1.2$，$I_l=\frac{1}{12}b_1h_1^3$，代入式（6-9a）得简化后的连梁折算惯性矩为：

$$\widetilde{I}_l = \frac{I_l}{1+0.7\dfrac{h_l^2}{a_l^2}} \tag{6-9b}$$

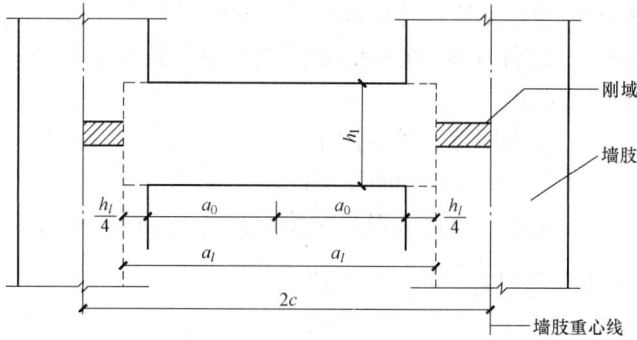

图 6-5　连梁计算跨度

2）联肢墙的内力。由连梁的连续剪力 $\tau(\xi)$ 可以计算连梁内力和墙肢内力，如图 6-6 所示。

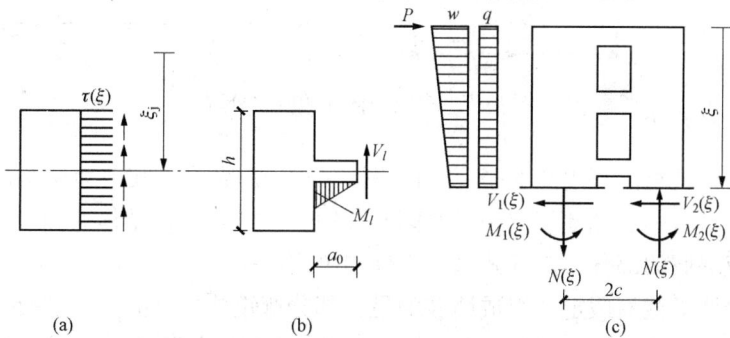

图 6-6　连梁、墙肢的内力计算
（a）连杆内力；（b）连梁剪力、弯矩；（c）墙肢轴力及弯矩

计算 j 层剪力时，用该层连梁中点处的剪应力乘以层高就可得到；连梁的弯矩为连梁剪力乘以连梁跨度的 $1/2$，即：

$$V_{lj} = \tau(\xi_j)h \tag{6-10}$$

$$M_{lj} = V_{bj}a_0 \tag{6-11}$$

已知连梁内力后，可由隔离体平衡求出墙肢轴力及弯矩。由连续化法分析得到的墙肢内力可以表达成下列公式：

$$M_i(\xi) = kM_p(\xi)\frac{I_i}{I} + (1-k)M_p(\xi)\frac{I_i}{\sum I_i} \tag{6-12}$$

$$N_i(\xi) = kM_p(\xi)\frac{A_iy_i}{I} \tag{6-13}$$

$$I = \sum I_i^2 + \sum A_i y_i^2 \tag{6-14}$$

$$k = \frac{3}{\xi^2(3-\xi)}\left[\frac{2}{\alpha^2}(1-\xi)+\xi^2(1-\frac{\xi}{3})-\frac{2}{\alpha^2}ch\alpha\xi+(\frac{2sh\alpha}{\alpha}+\frac{2}{\alpha^2}-1)\frac{sh\alpha\xi}{\alpha ch\alpha}\right] \tag{6-15}$$

式中　　$M_i(\xi)$、$N_i(\xi)$——分别为第 i 墙肢的弯矩和轴力；

$\xi = \dfrac{x}{H}$——截面相对坐标；

$M_p(\xi)$——坐标 ξ 处，外荷载作用下的倾覆力矩；

I_i、y_i——分别为第 i 墙肢的截面惯性矩、截面重心到剪力墙总截面重心的距离；

I——剪力墙截面总惯性矩；

A_i——第 i 墙肢的截面面积；

k——系数，与荷载形式有关，在倒三角形分布荷载下。

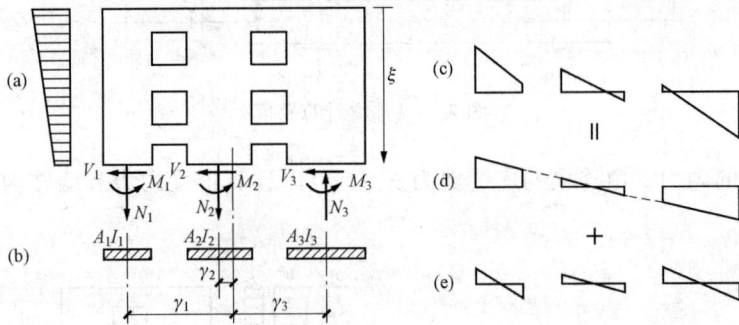

图 6-7　多肢墙截面的应力分解

墙肢公式的物理意义可用图 6-7 说明，图 6-7（c）表示多肢剪力墙截面应力分布，它可以分解为图 6-7（d）、图 6-7（e）两部分，图 6-7（d）表示整体弯曲应力，符合整体平截面假定，组成墙肢的部分弯矩［式（6-12）中的第一项］及轴力；图 6-7（e）表示局部弯曲应力符合墙肢平截面假定，组成墙肢的另一部分弯矩［式（6-12）中的第二项］。

系数 k 物理意义为两部分弯矩的百分比，k 值越大，则整体弯矩及轴力较大，局部弯矩较小，此时截面上总应力分布更接近直线，可能一个墙肢完全受拉，另一个墙肢完全受压；反之，k 较小时，截面上应力锯齿形分布更明显，每个墙肢都有拉力、压力。

墙肢剪力仍可以用式（6-3）近似计算，式中的等效抗弯刚度取考虑剪切变形的墙肢弯曲刚度，仍由式（6-1）计算。

3）联肢墙位移计算。

通过连续化方法还可求出联肢墙在水平荷载下的位移，位移与水平荷载形式有关，在三种常用荷载作用下，其顶点位移公式仍可用悬臂墙公式（6-4）计算。但联肢墙的等效抗弯刚度 EI_{eq}，按下式计算：

$$EI_{eq} = \frac{E\sum I_i}{1+4\gamma^2-T+\psi_a T}（均布荷载作用下） \tag{6-16a}$$

$$EI_{eq} = \frac{E\sum I_i}{1+3\gamma^2-T+\psi_a T}（到三角形荷载作用下） \tag{6-16b}$$

$$EI_{eq} = \frac{E\sum I_i}{1 + 3.64\gamma^2 - T + \psi_\alpha T}（顶部集中力作用下） \tag{6-16c}$$

式中　γ^2——墙肢剪切变形影响系数：

$$\gamma^2 = \frac{E\sum I_i}{H^2 G\sum A_i/\mu_i} \tag{6-17}$$

ψ_α——系数，是整体系数 α 的函数，与荷载形式有关：

$$\psi_\alpha = \frac{8}{\alpha^2}\left(\frac{1}{2} + \frac{1}{\alpha^2} - \frac{1}{\alpha^2 ch\alpha} - \frac{sh\alpha}{\alpha ch\alpha}\right)（均布荷载作用下） \tag{6-18a}$$

$$\psi_\alpha = \frac{60}{11}\frac{1}{\alpha^2}\left(\frac{2}{3} + \frac{2sh\alpha}{\alpha^2 ch\alpha} - \frac{2}{\alpha^2 ch\alpha} - \frac{sh\alpha}{\alpha ch\alpha}\right)（到三角形荷载作用下） \tag{6-18b}$$

$$\psi_\alpha = \frac{3}{\alpha^3}\left(1 - \frac{sh\alpha}{\alpha ch\alpha}\right)（顶部集中力作用下） \tag{6-18c}$$

T——轴向变形影响系数，表示墙肢与洞口相对关系，T 值大表示墙肢窄，按下式计算：

$$T = \frac{I - \sum\limits_{i=1}^{s+1} I_i}{I} = \frac{\sum\limits_{i=1}^{s+1} A_i y_i^2}{I} \tag{6-19}$$

$$I = \sum I_i + \sum_{i=1}^{s+1} A_i y_i^2 \tag{6-20}$$

4）联肢墙的位移和内力分布规律。

图 6-8 给出了按连续化方法计算得到联肢墙的侧移、连梁剪力、墙肢轴力、墙肢弯矩沿高度分布曲线，他们受整体系数 α 的影响，其特点是：

①联肢墙的侧移曲线呈弯曲型，α 值越大，墙的侧移刚度越大，侧移越小。

②连梁内力沿高度分布特点是：连梁最大剪力在中部某个截面高度处，向上、向下都逐渐减小，最大值 $\tau_{max}(x)$ 的位置与参数 α 有关，α 越大，$\tau_{max}(x)$ 的位置越接近底截面。此外，α 越大，连梁剪力增大。

③墙肢轴力和 α 有关，因为墙肢轴力即为该截面以上所有连梁剪力之和，当 α 增大时，连梁剪力加大，墙肢轴力也加大。

④墙肢的弯矩也与 α 有关，α 值越大，墙肢弯矩越小。

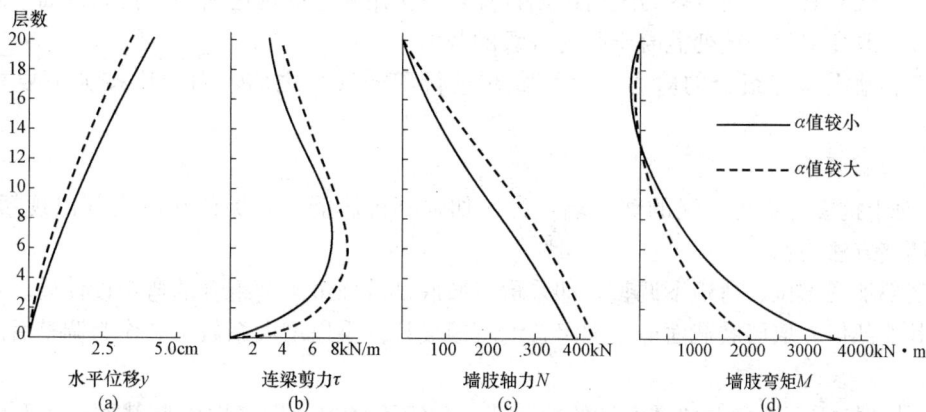

图 6-8　联肢墙侧移及内力分布图

剪力墙墙肢内力分布、位移曲线形状与有无洞口、α 值大小有关。如图 6-9 所示。

①实体墙：弯矩沿高度是一个方向，没有反向弯矩，截面应力分布为直线，弯曲型位移曲线。

②开洞墙：内力分布与 α 值大小有关，分三种情况：

整体系数 $\alpha < 1$，连梁刚度很小，连梁与墙肢铰接，墙肢为单肢实体墙；

整体系数 $\alpha \geqslant 10$，连梁刚度很大，大部分层墙肢没有反弯点，截面应力接近直线分布，侧移曲线主要为弯曲型，接近实体墙。

整体系数 $1 \leqslant \alpha \leqslant 10$，连梁刚度介于上述两者之间，为典型的联肢墙，弯矩为较大的锯齿形，截面应力不再为线形，侧移曲线主要为弯曲型。

③开洞很大墙：整体系数 $\alpha \gg 10$，梁相对于墙的刚度较大，墙肢相对较弱，极端情况就是框架，各墙肢都有反弯点，截面应力（拉压）较大，侧移曲线主要为剪切型。

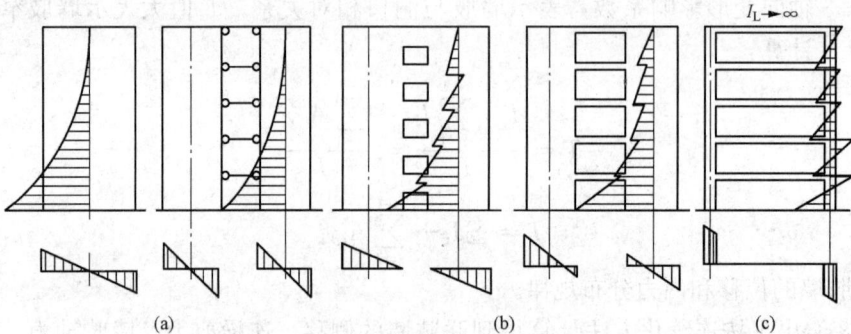

图 6-9　剪力墙弯矩及截面应力分布
(a) 整体墙；(b) 联肢墙；(c) 框架

6.3　剪力墙墙肢设计与构造

6.3.1　剪力墙墙肢内力设计值

剪力墙墙肢应分别按照无地震作用和有地震作用进行荷载效应组合，取控制截面的最不利组合内力或对其调整后的内力进行配筋计算，并满足相应的构造措施。控制截面一般取墙底截面以及改变墙厚、改变混凝土强度等级的截面。

对于有地震参与组合的剪力墙墙肢，在进行配筋计算之前，内力应按如下要求进行调整：

（1）弯矩调整。

1）对于抗震等级为一级的剪力墙，为了加强其抗震能力，保证在墙底部出现塑性铰，弯矩的调整方法为：

①底部加强部位，弯矩不调整，即采取墙肢底部截面最不利组合的弯矩设计值。

②其他部位，取墙肢截面最不利组合的弯矩设计值乘以增大系数 1.2 作为调整后的弯矩设计值。

2）其他抗震等级和非抗震设计的剪力墙，弯矩不调整，即采取墙肢截面最不利组合的弯矩设计值。

（2）剪力调整。

1）底部加强部位。

为了加强一、二、三级剪力墙底部加强部位的抗剪能力，避免过早出现剪切破坏，实现强剪弱弯，墙肢截面的剪力设计值按下式调整：

$$V = \eta_{\text{VW}} V_{\text{W}} \tag{6-21}$$

9度一级剪力墙尚应符合下式：

$$V = 1.1 \frac{M_{\text{wua}}}{M_{\text{W}}} V_{\text{W}} \tag{6-22}$$

式中　V——底部加强部位剪力墙截面剪力设计值；

　　　V_{W}——底部加强部位墙肢截面最不利组合的剪力设计值；

　　　M_{wua}——剪力墙正截面抗震受弯承载力，应考虑承载力抗震调整系数 γ_{RE}，采用实配纵向钢筋面积、材料强度标准值和组合的轴力设计值等计算，有翼墙时应计入墙两侧各一倍翼墙厚度范围内的纵向钢筋；

　　　M_{W}——底部加强部位剪力墙底截面弯矩的组合设计值；

　　　η_{VW}——剪力增大系数，一级取1.6，二级取1.4，三级取1.2。

2）其他部位。

一级剪力墙的其他部位，取墙肢截面最不利组合的剪力设计值应乘以1.3的增大系数作为调整后的剪力设计值；二、三级的其他部位及四级时可不调整。

（3）双肢墙内力调整。

抗震设计的双肢墙，其墙肢不宜出现小偏心受拉，当任一墙肢出现为偏心受拉时，另一墙肢的弯矩设计值和剪力设计值应乘以增大系数1.25。原因是：当一个墙肢出现水平裂缝时，刚度降低，由于内力重新分布而剪力向无裂缝的另一个墙肢转移，使另一个墙肢内力加大。

6.3.2　剪力墙墙肢截面设计

剪力墙墙肢在竖向荷载和水平荷载作用下，产生弯矩、轴力和剪力，其中轴向力可能受压，可能受拉，属于偏心受力构件，应分别进行正截面和斜截面承载力计算。

（1）正截面承载力计算。

剪力墙正截面承载力计算与一般偏心受力构件基本相同，但由于剪力墙截面高宽比较大，所以配筋方法有所不同。墙肢配筋方法是：两端集中配竖向钢筋，腹板配竖向和水平分布钢筋。墙肢端部集中配置的竖向钢筋参与抵抗弯矩，墙肢端部以外的受拉竖向分布钢筋参与抵抗弯矩，不考虑受压竖向分布钢筋的抗弯作用。竖向分布钢筋一般按最小配筋率配置。

根据轴向力的方向不同，剪力墙墙肢可分为偏心受压和偏心受拉两类。

1）偏心受压墙肢截面计算。

和偏心受压柱类似，根据受压破坏时端部受拉钢筋是否能达到受拉屈服，剪力墙也分为大偏心和小偏心受压两种形式。

①大偏心受压承载力计算。

为简化计算，当剪力墙达到承载能力极限状态时，作如下基本假定：

Ⅰ 符合平截面假定；

Ⅱ 不考虑受拉混凝土的作用；

Ⅲ 受压区混凝土采用等效矩形应力图，应力达到混凝土轴心抗压强度；

Ⅳ 墙肢端部集中配置的纵向受拉、受压钢筋均能到到屈服强度；

Ⅴ 从受压区边缘算起 $1.5x$ 范围以外的受拉竖向分布钢筋全部屈服并参与受力计算；$1.5x$ 范围以内的竖向分布钢筋不参与受力计算。

根据上述基本假定，给出如图 6-10 所示的剪力墙在极限状态下应力图形，对照应力图建立剪力墙的基本公式：

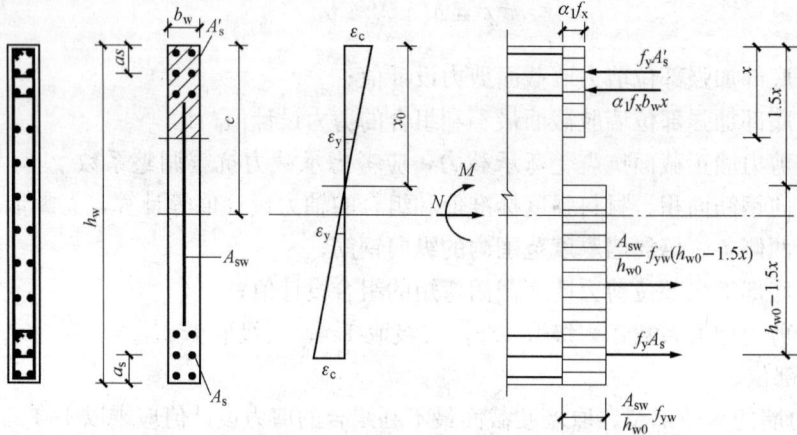

图 6-10　墙肢大偏心受压截面应变和应力分布

$$N = \alpha_1 f_c b_w x + A'_s f'_y - A_s f_y - f_{yw} \frac{A_{sw}}{h_{w0}}(h_{w0} - 1.5x) \tag{6-23}$$

$$N\left(e_0 + h_{w0} - \frac{h_w}{2}\right) = \alpha_1 f_c b_w x \left(h_{w0} - \frac{x}{2}\right) + A'_s f'_y (h_{w0} - a'_s) - \frac{1}{2}(h_{w0} - 1.5x)^2 f_{yw} \frac{A_{sw}}{h_0} \tag{6-24}$$

式中　f_y、f'_y——分别为剪力墙端部受拉、受压钢筋强度设计值；

　　　　f_{yw}——剪力墙竖向分布钢筋强度设计值；

　　　　f_c——混凝土轴心抗压强度设计值；

　　　　h_{w0}——剪力墙截面有效高度，$h_{w0} = h_w - a_s$；

　　　　e_0——偏心距，$e_0 = \dfrac{M}{N}$；

　A_s、A'_s——剪力墙端部受拉、受压钢筋截面面积；

　　　　A_{sw}——剪力墙竖向分布钢筋截面面积；

　　　　a'_s——剪力墙受压区端部钢筋合力点到受压混凝土边缘的距离。

在大偏压计算过程中，混凝土受压区高度 x 应满足下列使用条件：

$$x \leqslant \xi_b h_{w0} \tag{6-25}$$

在截面设计时，通常先按构造要求设置竖向分布钢筋用量 A_{sw}，但采用对称配筋时，由式（6-23）求出 x，再代入式（6-24）即可求出 $A_s = A'_s$。

②小偏心受压承载力计算。

剪力墙小偏心受压时，截面大部分或全部受压；靠近受压较大边的端部钢筋及竖向分布钢筋屈服；计算中不考虑竖向分布压筋的作用；受拉区的竖向分布钢筋未屈服，计算中不考虑其作用。墙肢截面极限状态的应力分布与小偏心受压柱相同,承载力计算方法也相同。
基本方程为:

$$N = \alpha_1 f_c b_w x + f'_y A'_s - \sigma_s A_s \qquad (6-26)$$

$$N\left(e_0 + h_{w0} - \frac{h_w}{2}\right) = \alpha_1 f_c b_w x\left(h_{w0} - \frac{x}{2}\right) + f_y A'_s(h_{w0} - a'_s) \qquad (6-27)$$

$$\sigma_s = \frac{\xi - 0.8}{\xi_b - 0.8} f_y \qquad (6-28)$$

公式的适用条件为:

$$h \geqslant x > \xi_b h_{w0} \qquad (6-29)$$

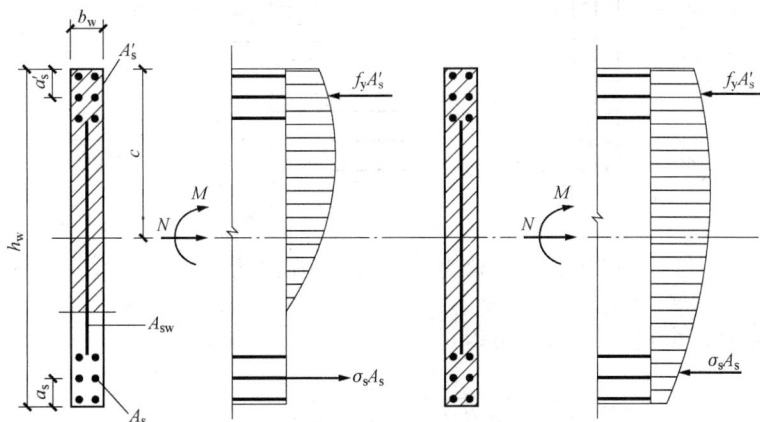

图 6-11　墙肢小偏心受压截面应力分布

在截面设计时,通常采用对称配筋,ξ 可按下式近似计算:

$$\xi = \frac{N - \alpha_1 \xi_b f_c b_w h_{w0}}{\dfrac{Ne - 0.43\alpha_1 f_c b_w h_{w0}^2}{(0.8 - \xi_b)(h_{w0} - a')} + \alpha_1 f_c b_w h_{w0}} + \xi_b \qquad (6-30)$$

将 ξ 代入式(6-27)即可确定钢筋面积 $A_s = A'_s$。

竖向分布钢筋用量按构造要求设置。

2)偏心受拉墙肢截面计算。

偏心受拉墙肢根据偏心距的大小分为大偏心受拉和小偏心受拉。当 $e_0 \geqslant \dfrac{h_w}{2} - a_s$ 时,为大偏心受拉,当 $e_0 < \dfrac{h_w}{2} - a_s$,为小偏心受拉。但剪力墙一般不允许出现小偏心受拉,下面仅介绍大偏心受拉情况。

在大偏心受拉情况下,截面大部分处于受拉状态,仅有小部分处于受压状态。破坏时的应力图如图 6-12 所示,假定距受压区边缘 $1.5x$ 范围以外的受拉分布钢筋屈服并参与工作,承载计算公式与大偏心受压相同,只需将轴向力 N 变号。基本公式为:

$$N = A_s f_y + f_{yw} \frac{A_{sw}}{h_{w0}}(h_{w0} - 1.5x) - \alpha_1 f_c b_w x - A'_s f'_y \qquad (6-31)$$

$$N\left(e_0 + h_{w0} - \frac{h_w}{2}\right) = \frac{1}{2}(h_{w0} - 1.5x)^2 f_{yw} \frac{A_{sw}}{h_0} - \alpha_1 f_c b_w x\left(h_{w0} - \frac{x}{2}\right) - A'_s f'_y(h_{w0} - a'_s)$$

$$(6-32)$$

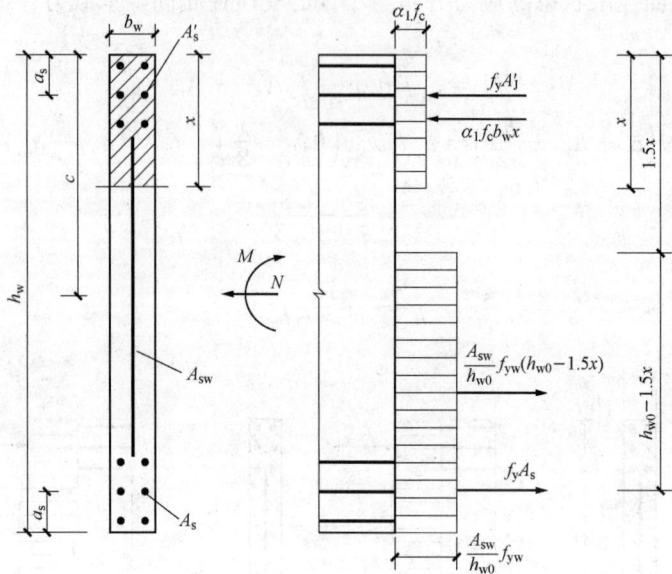

图 6-12 墙肢大偏心受拉截面应力分布

当采用对称配筋时，由式（6-31）可得：

$$x = \frac{f_{yw}A_{sw} - N}{\alpha_1 f_c b_w + 1.5 f_{yw}A_{sw}/h_{w0}} \tag{6-33}$$

将求得的 x 代入式（6-32）即可确定受拉、受压钢筋面积。

抗震和非抗震设计的剪力墙的墙肢抗弯承载力计算公式相同，抗震设计时，承载力计算公式应除以承载力抗震调整系数 γ_{RE}，偏心受压，受拉时，γ_{RE} 都取 0.85。注意，在计算受压区高度 x 和计算分布钢筋抵抗矩时，N 要乘以 γ_{RE}。

（2）斜截面承载力计算。

剪力墙斜截面剪切破坏有三种类型：斜压破坏、斜拉破坏和剪压破坏。斜压破坏通过控制截面尺寸防止其发生，斜拉破坏通过限制水平分布钢筋最小配筋率防止其破坏发生。剪压破坏时是一种比较理想的破坏模式，是剪力墙斜截面承载力的设计依据，通过计算满足。

截面上存在轴向力对斜截面承载力有影响，轴向压力会抑制斜裂缝的开展，对斜截面承载力有贡献，轴向拉力则会减小斜截面受剪承载力。

1）偏心受压斜截面受剪承载力计算。

斜截面承担的剪力由混凝土和水平分布钢筋共同承担，考虑轴向压力的有利影响，按下式计算：

无地震组合时：

$$V \leqslant \frac{1}{\lambda - 0.5}\left(0.5 f_t b_w h_{w0} + 0.13 N \frac{A_w}{A}\right) + f_{yh}\frac{A_{sh}}{s}h_{w0} \tag{6-34}$$

有地震组合时：

$$V \leqslant \frac{1}{\gamma_{RE}}\left[\frac{1}{\lambda - 0.5}\left(0.4 f_t b_w h_{w0} + 0.1 N \frac{A_w}{A}\right) + 0.8 f_{yh}\frac{A_W}{s}h_{w0}\right] \tag{6-35}$$

式中　N——剪力墙轴向压力设计值，当 $N > 0.2 f_c b_w h_w$ 时，取 $N = 0.2 f_c b_w h_w$；

  A——剪力墙全截面面积；

  A_w——T 形或 I 字形截面腹板的面积，当为矩形截面时取 A；

  A_{sh}——水平分布钢筋截面面积；

  s——水平分布钢筋间距；

  λ——计算截面处的剪跨比，$\lambda = M/Vh_{w0}$，M、V 为计算截面的弯矩、剪力设计值。当 $\lambda < 1.5$ 时，取 1.5，当 $\lambda < 2.2$ 时，取 2.2，当计算截面与墙底之间的距离小于 $0.5h_{w0}$ 时，λ 应按距墙底 $0.5h_{w0}$ 处的弯矩与剪力计算。

2）偏心受拉斜截面受剪承载力计算。

偏心受拉斜截面受剪承载力按下式计算：

无地震组合时：

$$V \leqslant \frac{1}{\lambda - 0.5}\left(0.5f_t b_w h_{w0} - 0.13N\frac{A_w}{A}\right) + f_{yh}\frac{A_{sh}}{s}h_{w0} \tag{6-36}$$

有地震组合时：

$$V \leqslant \frac{1}{\gamma_{RE}}\left[\frac{1}{\lambda - 0.5}\left(0.4f_t b_w h_{w0} - 0.1N\frac{A_w}{A}\right) + 0.8f_{yh}\frac{A_w}{s}h_{w0}\right] \tag{6-37}$$

式中 N——剪力墙轴向拉力设计值。

  注意，式（6-36）右端计算结果小于 $f_{yh}\dfrac{A_{sh}}{s}h_{w0}$ 时，取 $f_{yh}\dfrac{A_{sh}}{s}h_{w0}$。

  式（6-37）右端计算结果小于 $0.8f_{yh}\dfrac{A_{sh}}{s}h_{w0}$ 时，取 $0.8f_{yh}\dfrac{A_{sh}}{s}h_{w0}$。

6.3.3 剪力墙的构造要求

（1）截面尺寸限值。

为了防止斜压破坏的发生，剪力墙截面尺寸应满足下列要求：

无地震组合时：

$$V \leqslant 0.25\beta_c f_c b_w h_{w0} \tag{6-38}$$

有地震组合时：

剪跨比大于 2.5 时，

$$V \leqslant \frac{1}{\gamma_{RE}}(0.2\beta_c f_c b_w h_{w0}) \tag{6-39}$$

剪跨比不大于 2.5 时，

$$V \leqslant \frac{1}{\gamma_{RE}}(0.15\beta_c f_c b_w h_{w0}) \tag{6-40}$$

式中 V——剪力墙计算截面的剪力设计值；

  β_c——混凝土强度影响系数。

（2）剪力墙的厚度。

一、二级剪力墙：底部加强部位不应小于 200mm，其他部位不应小于 160mm；一字型独立剪力墙底部加强部位不应小于 220mm，其他部位不应小于 180mm。

三、四级剪力墙：不应小于 160mm，一字型独立剪力墙第底部加强部位厚度不应小于 180mm。

非抗震设计的剪力墙厚度不应小于层高或剪力墙无支长度的 1/25，且不得小于 160mm。

（3）轴压比限值。

为了保证剪力墙墙肢的延性，在重力荷载代表值作用下一、二、三级剪力墙墙肢的轴压比不宜超过表 6-1 的限值。

表 6-1　　　　　　　　　　　　剪力墙墙肢轴压比限值

抗震等级	一级（9度）	一级（6、7、8度）	二、三级
轴压比限值	0.4	0.5	0.6

注　墙肢轴压比是指重力荷载代表值作用下墙肢承受的轴向压力设计值与墙肢的全截面面积和混凝土轴心抗压强度设计值之比。

（4）剪力墙边缘构件。

剪力墙截面两端设置边缘构件是提高墙肢端部混凝土极限压应变，改善剪力墙延性的重要措施。边缘构件分为约束边缘构件和构造边缘构件两类。约束边缘构件是指用箍筋约束的暗柱、端柱和翼墙，其箍筋用量较多，对混凝土的约束较强，因而混凝土有较强的变形能力；构造边缘构件的箍筋较少，对混凝土约束程度较差。

下列剪力墙的梁端应设置约束边缘构件：一、二、三级剪力墙肢底截面的轴压比分别超过 0.1（一级 9 度），0.2（一级 6、7、8 度），0.3（二、三级）；部分框支剪力墙结构的剪力墙。其他一般剪力墙应设置构造边缘构件。约束边缘构件的设置高度为底部加强部位及相邻的上一层。约束边缘构件的相关规定详见《高规》（JGJ 3）中相应的规定。

构造边缘构件包括暗柱、端柱、翼墙和转角墙，如图 6-13 所示。构造边缘构件的纵向钢筋应满足承载力要求，并至少配置 4φ12 的纵筋，配筋范围如图 6-13 所示的阴影区，箍筋直径不小于 6mm，间距不大于 250mm。构造边缘构件的相关规定详见《高规》（JGJ 3）中相应的规定。

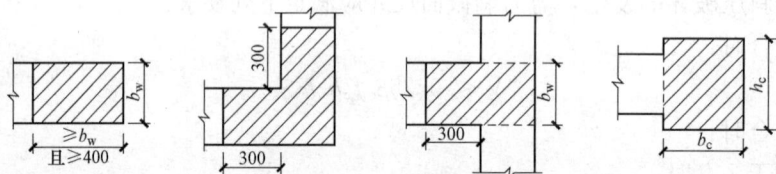

图 6-13　剪力墙构造边缘构件范围

（5）剪力墙内水平和竖向分布钢筋。

剪力墙内设置水平分布钢筋和竖向分布钢筋，竖向分布钢筋抗弯，水平分布钢筋抗剪。配筋用量由承载力计算确定，同时要满足下列构造要求：

剪力墙竖向和水平分布钢筋的配筋率，一、二、三时不应小于 0.25%，四级和非抗震设计时均不应小于 0.2%，钢筋间距不宜大于 300mm，直径不小于 8mm，且直径不宜大于墙厚的 1/10。房屋顶层剪力墙，长矩形平面房屋的楼梯间和电梯间剪力墙，端开间纵向剪力墙以及端山墙的水平和竖向分布钢筋的配筋率均不应小于 0.25%，钢筋间距不宜大于 200mm。

高层建筑剪力墙中竖向和水平分布钢筋，不应采用单排布置，当剪力墙厚度不大于 400mm 时，可以采用两排布置，当大于 400mm 但不大于 700mm 时，宜采用三排布置，当大于 700mm 时，宜采用四排布置。

6.4 剪力墙连梁设计与构造

连梁可按一般受弯构件进行承载力计算。由于连梁跨高比较小，跨高比往往小于2.0，甚至不大于1.0，在侧向力作用下容易发生剪切破坏。

按照延性剪力墙强墙弱梁要求，连梁屈服应先于墙肢屈服，即连梁首先形成塑性铰耗散地震能；连梁应当强剪弱弯，避免剪切破坏。故应采取适当措施提高连梁的延性，比如降低连梁的刚度或弯矩设计值，限制连梁剪压比，或采取特殊措施，如配置交叉斜筋或交叉暗撑，开缝混凝土连梁。

6.4.1 连梁截面设计

（1）连梁正截面承载力计算。

1）弯矩设计值。

为了使连梁弯曲屈服，应降低连梁的弯矩设计值，方法是弯矩调幅，调幅的方法有两种：

①在小震作用下的内力和位移计算时，通过折减连梁的刚度，使连梁的弯矩、剪力值减小。设防烈度为6、7度时，折减系数不小于0.7，设防烈度8、9度时，折减系数不小于0.5，折减系数不能过小，以保证连梁有足够的承受竖向荷载的能力。

②按连梁弹性刚度计算内力和位移，将弯矩组合值乘以折减系数。设防烈度为6、7度时，折减系数不小于0.8，设防烈度8、9度时，折减系数不小于0.5。用这种方法时应适当增加其他位置连梁的弯矩值，如图6-14所示，以补偿静力平衡。

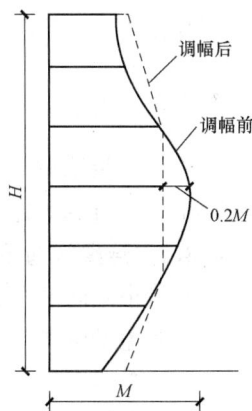

图6-14 连梁弯矩调幅

2）受弯承载力计算。

连梁可按一般普通梁的方法计算，通常采用对称配筋，验算公式如下：

无地震作用组合时，

$$M_b \leqslant f_y A_s (h_{bo} - a'_s)$$ 　　　　(6-41)

有地震作用组合时，

$$M_b \leqslant \frac{1}{\gamma_{RE}} f_y A_s (h_{bo} - a'_s)$$ 　　　　(6-42)

式中　M_b——连梁弯矩设计值；

　　　A_s——受力钢筋面积。

（2）连梁斜截面承载力计算。

1）剪力设计值。

非抗震设计及四级剪力墙的连梁，取最不利组合的剪力计算值为其剪力设计值，一、二、三级剪力墙的连梁，按强剪弱弯要求调整连梁梁端截面组合的剪力计算值，计算公式如下：

$$V_b = \frac{\eta_{vb}(M_b^l + M_b^r)}{l_n} + V_{Gb}$$ 　　　　(6-43)

9度时一级剪力墙的连梁应按式（6-44）计算：

$$V_b = \frac{1.1(M_{bua}^l + M_{bua}^r)}{l_n} + V_{Gb}$$ 　　　　(6-44)

式中　M_b^l、M_b^r——分别为连梁左右端截面顺时针或逆时针方向的弯矩设计值；

M_{bua}^l、M_{bua}^r——分别为连梁左右端截面顺时针或逆时针方向实配的抗震受弯承载力所对应的弯矩值，应按实配钢筋面积（计入受压钢筋）和材料强度标准值并考虑承载力抗震调整系数计算；

l_n——连梁的净跨；

V_{Gb}——在重力荷载代表值作用下按简支梁计算的梁端剪力设计值；

η_{vb}——连梁剪力增大系数，一级取 1.3，二级取 1.2，三级取 1.1。

2）受剪承载力计算。

连梁的斜截面受剪承载力按下式计算：

无地震作用组合时：

$$V_b \leqslant 0.7 f_t b_b h_{b0} + f_{yv} \frac{A_{sv}}{s} h_{b0} \tag{6-45}$$

有地震作用组合时：

跨高比大于 2.5 时，

$$V_b \leqslant \frac{1}{\gamma_{RE}} \left(0.42 f_t b_b h_{b0} + f_{yv} \frac{A_{sv}}{s} h_{b0} \right) \tag{6-46}$$

跨高比不大于 2.5 时，$V_b \leqslant \frac{1}{\gamma_{RE}} \left(0.38 f_t b_b h_{b0} + 0.9 f_{yv} \frac{A_{sv}}{s} h_{b0} \right)$ $\tag{6-47}$

式中　V_b——连梁调整后的剪力设计值；

b_b、h_{b0}——分别为连梁的截面宽度和有效高度。

6.4.2　连梁构造要求

（1）最小截面尺寸限制。

为了避免发生斜压破坏，要限制截面名义剪应力，连梁截面的剪力设计值应满足下式要求：

无地震作用组合时：

$$V_b \leqslant 0.25 \beta_c f_c b_b h_{b0} \tag{6-48}$$

有地震作用组合时：

跨高比大于 2.5 时，

$$V_b \leqslant \frac{1}{\gamma_{RE}} 0.20 \beta_c f_c b_b h_{b0} \tag{6-49}$$

跨高比不大于 2.5 时，

$$V_b \leqslant \frac{1}{\gamma_{RE}} 0.15 \beta_c f_c b_b h_{b0} \tag{6-50}$$

（2）配筋。

连梁配筋应满足下列要求：

①跨高比不大于 1.5 的连梁，非抗震设计时，其纵向钢筋的最小配筋率可取为 0.2%，抗震设计时，其纵向钢筋的最小配筋率宜符合表 6-2 的要求，跨高比大于 1.5 的连梁，其纵向钢筋的最小配筋率可按框架梁的要求采用。

表 6-2　　　　　　　　跨高比不大于 1.5 的连梁纵向钢筋的最小配筋率　　　　　　　　　%

跨高比	最小配筋率（采用较大值）
$l/h_b \leqslant 0.5$	0.20，$45 f_t/f_y$
$0.5 < l/h_b \leqslant 1.5$	0.25，$55 f_t/f_y$

②剪力墙结构连梁中，非抗震设计时，顶面及底面单侧纵向钢筋的最大配筋率不宜大于 2.5%，抗震设计时，顶面及底面单侧纵向钢筋的最大配筋率宜符合表 6-3 的要求。

表 6-3	连梁纵向钢筋的最大配筋率	%
跨高比	最大配筋率	
$l/h_b \leqslant 1.0$	0.6	
$1.0 < l/h_b \leqslant 2.0$	1.2	
$2.0 < l/h_b \leqslant 2.5$	1.5	

③连梁的箍筋，非抗震设计时，沿连梁全长的箍筋直径不应小于8mm，间距不应大于150mm；抗震设计时，沿连梁全长的箍筋的构造要求应符合框架梁梁端箍筋加密区的箍筋构造要求。

④连梁高度范围内的墙肢水平分布钢筋应在连梁内拉通作为连梁的腰筋。连梁截面高度大于700mm时，其两侧面腰筋的直径不应小于8mm，间距不应大于200mm，跨高比不大于2.5的连梁，其两侧腰筋的总面积配筋率不应小于0.3%。

6.5 剪力墙结构钢筋连接与锚固

(1) 剪力墙内钢筋的锚固长度，非抗震设计时，不小于l_a，抗震设计时不小于l_{aE}。

(2) 剪力墙竖向及水平分布钢筋通常采用搭接连接，一、二级抗震墙的加强部位，接头位置应错开，如图6-15所示，每次连接的钢筋数量不超过总数的50%，错开净距不小于500mm，其他情况的墙可以在同一位置连接。非抗震设计时，搭接长度不小于$1.2l_a$，抗震设计时不小于$1.2l_{aE}$。

(3) 连梁纵向受力钢筋、交叉斜筋深入墙内的锚固长度，非抗震设计时，不应小于l_a，抗震设计时不应小于l_{aE}，且不应小于600mm；顶层连梁纵向钢筋伸入墙体内分长度范围内，应配置间距不大于150mm的构造箍筋，箍筋直径应与该连梁的箍筋直径相同，如图6-16所示。

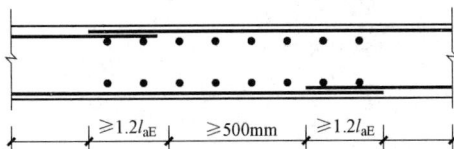

图 6-15 剪力墙分布钢筋的链接

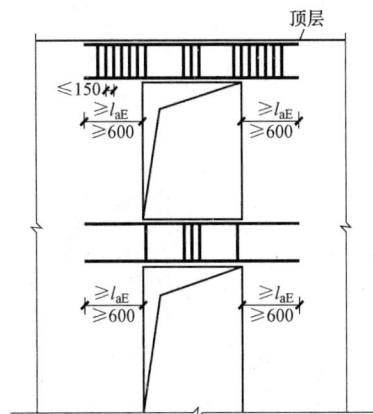

图 6-16 连梁配筋构造示意图
注：非抗震设计时图中l_{aE}取l_a。

思 考 题

6.1 实现延性剪力墙抗震设计的原则有哪些？

6.2 剪力墙的类型有哪几种？

6.3 在进行剪力墙墙肢截面抗震设计时，弯矩和剪力是如何调整的？

6.4 什么是轴压比？为什么要控制剪力墙墙肢的轴压比？

6.5 剪力墙边缘构件分为几类？为什么要设置边缘构件？

6.6 提高连梁延性的措施有哪些？

习 题

某 16 层剪力墙结构，层高 3.2m，8 度抗震设防，Ⅱ类场地，混凝土为 C30，墙肢分布钢筋和连梁箍筋采用 HPB300 级，墙肢端部竖向钢筋和连梁抗弯钢筋采用 HRB400 级。图 6-17 所示为该结构一片剪力墙的截面，剪力墙底部加强部位厚度为 200mm，底截面有一组最不利组合的内力设计值：$M = 2500$kN · m，$N = 600$kN，$V = 200$kN。连梁的高度为 900mm，最不利组合内力值为：$M_b = 70$kN · m，$V_b = 150$kN · m，计算墙肢 Ⅰ 底部加强部位的配筋和连梁 Ⅰ 的配筋，并画出配筋图。

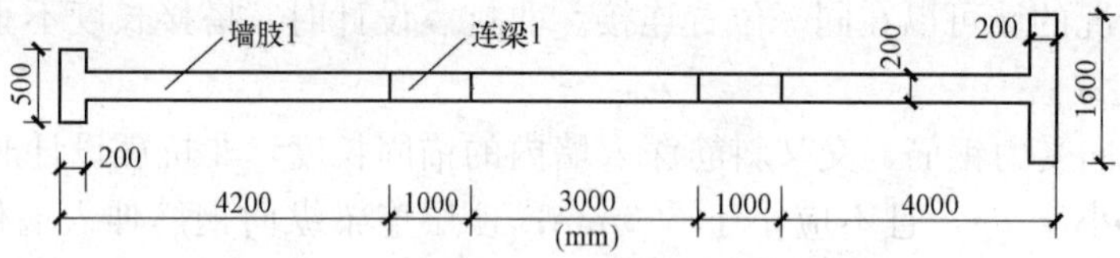

图 6-17 习题图

第7章 框架-剪力墙结构设计

7.1 框架-剪力墙结构概念设计

框架-剪力墙结构是由框架和剪力墙两种变形性质不同的抗侧力单元组成的结构体系。在竖向荷载作用下,按照楼板的结构布置,框架和剪力墙分别承担其受荷范围内的竖向荷载;在水平荷载作用下,剪力墙和框架协同工作,剪力墙的侧向刚度大,承担大部分的水平荷载;框架承受一定的水平荷载,但二者变形性质不同,因此水平荷载在框架和剪力墙之间的分配,并非简单的比例关系,需要根据协同工作的原理分析计算其侧移、各自的水平层剪力和内力。

为了说明二者协同工作的原理,假想把框架-剪力墙结构拆成框架和剪力墙两个独立部分,见图7-1。图7-1(a)所示剪力墙是一个竖向悬臂梁,在水平荷载作用下,变形曲线

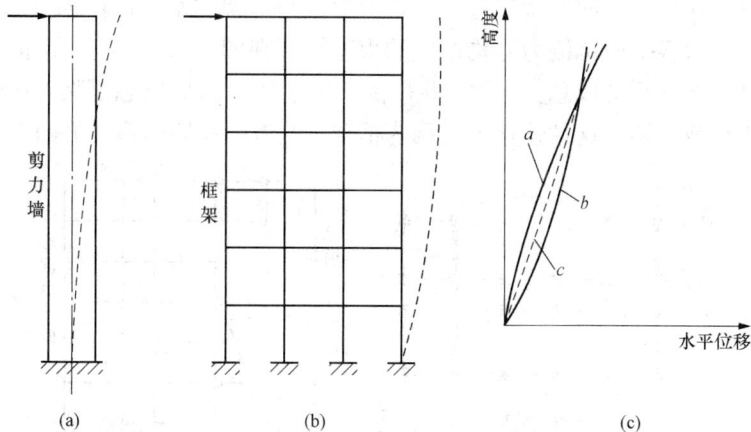

图7-1 框架-剪力墙变形曲线

如图7-1(a)虚线所示,为弯曲型;图7-1(b)所示框架在水平荷载作用下变形曲线如图7-1(b)虚线所示,为剪切型。但是框架-剪力墙结构是互相连接在一起的整体,二者变形必须一致。因此,框架-剪力墙结构的变形曲线7-1(c)所示,介于弯曲型和剪切型之间,为弯剪型。图7-1(c)中 a 为剪力墙单独变形的曲线,b 为框架单独变形的曲线,c 为框架-剪力墙协同变形的曲线。从中可以看出,在结构的下部,框架的变形大,剪力墙的变形小,框架受到剪力墙向左的拉力,剪力墙受到其向右的反作用力;在结构的上部,框架的变形小,剪力墙的变形大,剪力墙受到框架向左的推力,框架受到其向右的反作用力,如图7-2所示。

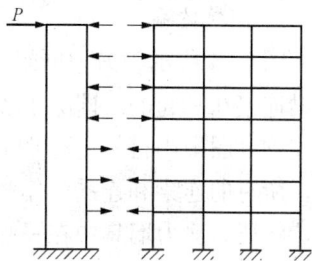

图7-2 框架-剪力墙协同工作受力和变形

7.1.1 框架-剪力墙结构计算基本假定

框架-剪力墙结构在水平荷载作用下内力、侧移计算时，首先将空间结构简化成平面结构，做了如下基本假定：

（1）楼板在自身平面内刚度无限大。这一假定保证楼板将整个计算区段内的框架和剪力墙连成一个整体，在水平荷载作用下，二者之间不会产生相对位移；

（2）结构体型规整、剪力墙布置均匀对称，水平荷载作用下不考虑扭转的影响；

（3）不考虑剪力墙和框架柱的轴向变形及基础转动的影响；

（4）假定所有结构参数沿建筑物高度不变。

7.1.2 框架-剪力墙结构计算体系分类

在上述假定下，框架-剪力墙可将结构单元内所有剪力墙集合在一起，形成一榀假想的总剪力墙，总剪力墙的弯曲刚度等于各榀剪力墙弯曲刚度之和；把结构单元内所有框架集合在一起，形成一榀假想的总框架，总框架的剪切刚度等于各榀框架剪切刚度之和。按照框架和剪力墙之间的联系程度，框架-剪力墙结构的计算简图分为两类。

1. 铰接体系

图7-3所示框架-剪力墙结构平面布置图，集成框架和集成剪力墙是通过楼板连接在一起的。在水平荷载作用下，同一楼层标高处，剪力墙与框架的水平位移相等。同时，楼板平面外刚度为零，不对各平面抗侧力结构产生约束弯矩。在图7-3（a）所示水平荷载作用下，将两片剪力墙集中在一起形成总剪力墙，5片框架集中在一起形成总框架，刚性楼板形成总链杆，连接框架和剪力墙。这种连接方式称为框架-剪力墙铰接体系，见图7-3（b）。

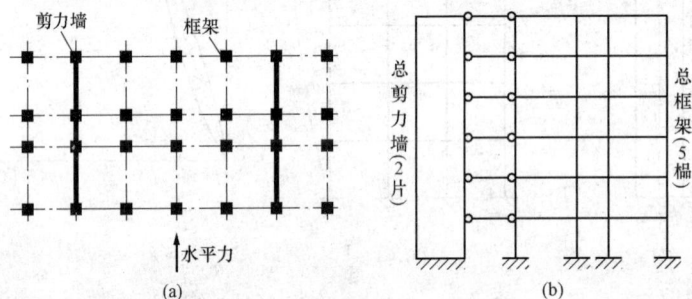

图7-3 框架-剪力墙铰接体系
(a) 结构平面图；(b) 计算简图

2. 刚接体系

图7-4所示为另一框架-剪力墙结构平面布置图，集成框架和集成剪力墙是通过楼板和连梁连接在一起的。即除了楼板作为连接外，剪力墙之间有连梁和/或剪力墙与框架柱之间有连梁（图中用符号〃标明者）联系。这些连系梁对墙肢和框架柱会起作用，产生约束弯矩，所有的连梁和连系梁作为总连系梁。因此，在图7-4（a）所示两个方向水平荷载作用下，将所有剪力墙集中在一起形成总剪力墙，所有框架集中在一起形成总框架，刚性楼板和总连系梁形成总链杆，连接框架和剪力墙，总链杆与剪力墙之间用刚接，表示剪力墙平面内的连梁对墙有转动约束；总链杆与框架之间用铰接，表示楼盖的连接作用。这种连接方式称为框架-剪力墙刚接体系，见图7-4（b）。

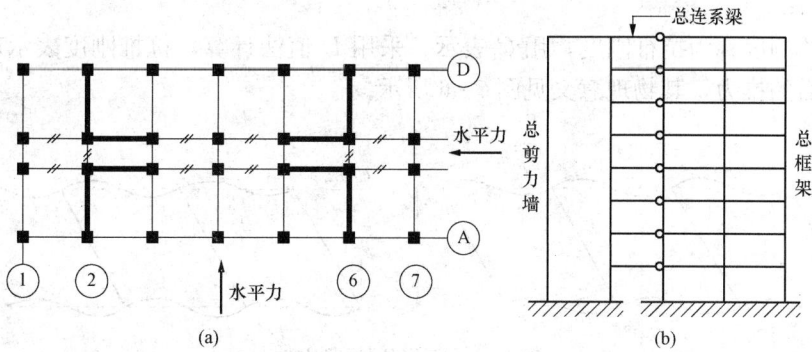

图 7 - 4 框架 - 剪力墙刚接体系
(a) 结构平面；(b) 计算简图

7.2 框架 - 剪力墙结构内力与侧移的近似计算

7.2.1 铰接体系内力与侧移的近似计算

框架 - 剪力墙结构的手算分析方法主要采用连续化法。下面以铰接体系承受倒三角形分布荷载为例来说明连续化法的原理和思路。连续化法就是把计算简图中的总连系梁均匀分散到结构全高范围，成为连续杆件，然后将杆件切开，分成剪力墙和框架两个基本体系，见图 7 - 5 (a)、(b)。

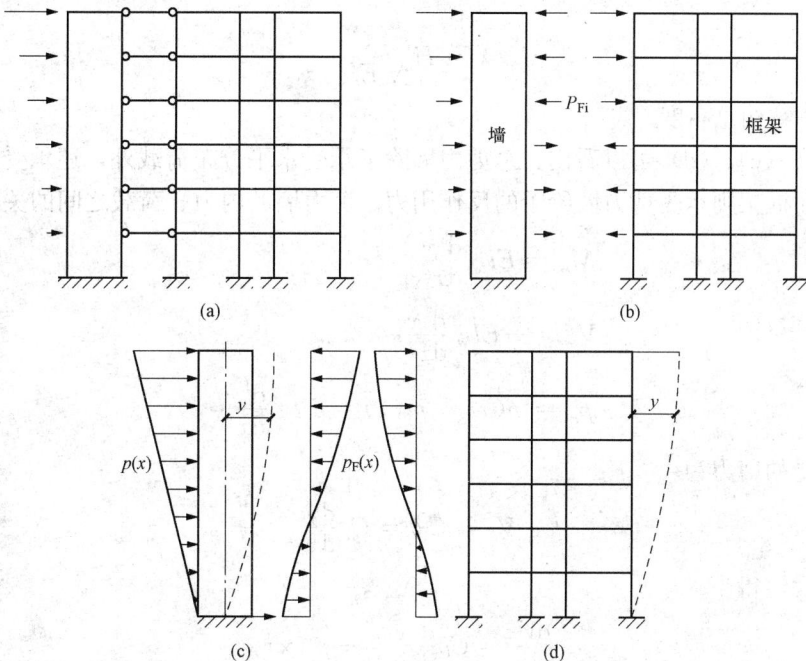

图 7 - 5 框架 - 剪力墙结构铰接体系的基本体系

剪力墙是悬臂杆，按照静定的弯曲构件计算变形，用抗弯刚度计算总剪力墙的刚度，即

$EI_w = \sum EI_{eq}$;

总框架的刚度称为抗推刚度，用 C_f 表示，采用 D 值法计算，抗推刚度表示产生单位层间位移角所需的推力，其物理意义见图 7-6 所示。

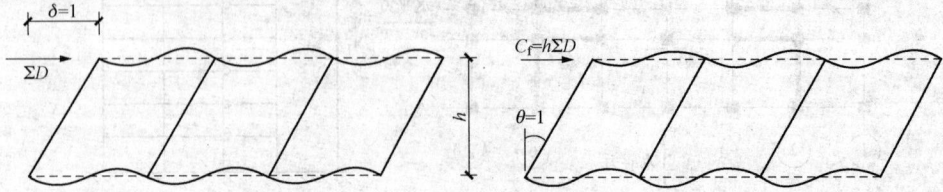

图 7-6　框架的抗推刚度

从图中易得：

$$C_f = h \sum_{j=1}^{s} D_j \tag{7-1}$$

式中　C_f——总框架的抗推刚度；

　　　　D_i——框架柱的抗剪切刚度；

　　　　s——s 根框架柱；

　　　　h——层高。

在此引入一系数 λ，λ 为框架 - 剪力墙结构的刚度特征值，其物理意义是总框架抗推刚度 C_f 与总剪力墙抗弯刚度 EI_w 的相对大小，对框架 - 剪力墙的受力和变形性能有很大影响，其表达式为：

$$\lambda = H\sqrt{\frac{C_f}{EI_w}} \tag{7-2}$$

式中　H——结构总高度。

从图 7-5（c）、（d）可以看出，总剪力墙除了承受水平分布荷载外，还承受了框架给的弹性反力；而框架则承受剪力墙给予的反作用力。剪力墙的内力、荷载之间的关系如下：

$$M_w = EI_w \frac{d^2 y}{dx^2}$$

$$V_w = -EI_w \frac{d^3 y}{dx^3} \tag{7-3}$$

$$p_w = p(x) - p_f(x) = EI_w \frac{d^4 y}{dx^4}$$

框架承受的剪力为：

$$V_f = C_f \theta = C_f \frac{dy}{dx} \tag{7-4}$$

微分一次，得

$$\frac{dV_f}{dx} = C_f \frac{d^2 y}{dx^2} = -p_f(x)$$

代入式（7-3），整理，得　$\dfrac{d^4 y}{dx^4} - \dfrac{C_f}{E_w I_w}\dfrac{d^2 y}{dx^2} = \dfrac{p(x)}{E_w I_w}$ \qquad (7-5)

此即为求解侧移的基本微分方程。

为计算方便，引入相对高度 ξ，$\xi = \dfrac{x}{H}$，则微分方程改写为：

$$\frac{\mathrm{d}^4 y}{\mathrm{d}\xi^4} - \lambda^2 \frac{\mathrm{d}^2 y}{\mathrm{d}\xi^2} = \frac{H^2}{E_w I_w} p(\xi) \tag{7-6}$$

求解微分方程（7-6），可得侧移，通过积分，可得总剪力墙的剪力和弯矩，通过平衡关系，可求出总框架的层剪力，总连系梁的弯矩（详细计算及推导可参看其他文献）。故倒三角形分布荷载作用下任一高度 ξ 处总剪力墙的侧移、弯矩、剪力计算公式为：

$$y(\xi') = \frac{qH^4}{EI_w\lambda^2}\Big[\Big(1 + \frac{\lambda sh\lambda}{2} - \frac{sh\lambda}{\lambda}\Big)\frac{ch\lambda\xi - 1}{\lambda^2 ch\lambda} + \Big(\frac{1}{2} - \frac{1}{\lambda^2}\Big)\Big(\xi - \frac{sh\lambda\xi}{\lambda}\Big) - \frac{\xi^3}{6}\Big]$$

$$M_w(\xi') = \frac{qH^2}{\lambda^2}\Big[\Big(1 + \frac{\lambda sh\lambda}{2} - \frac{sh\lambda}{\lambda}\Big)\frac{ch\lambda\xi}{ch\lambda} - \Big(\frac{\lambda}{2} - \frac{1}{\lambda}\Big)sh\lambda\xi - \xi\Big] \tag{7-7}$$

$$V_w(\xi') = -\frac{qH}{\lambda^2}\Big[\Big(1 + \frac{\lambda sh\lambda}{2} - \frac{sh\lambda}{\lambda}\Big)\frac{\lambda sh\lambda\xi}{ch\lambda} - \Big(\frac{\lambda}{2} - \frac{1}{\lambda}\Big)\lambda ch\lambda\xi - 1\Big]$$

若求得剪力墙的剪力 V_w，则框架的总剪力很容易得到。

$$V_f(\xi') = C_f\frac{\mathrm{d}y}{\mathrm{d}x} = C_f\frac{\mathrm{d}y}{H\mathrm{d}\xi} = \frac{qH}{2}\Big[\frac{\lambda sh\lambda}{\lambda \cdot ch\lambda}\Big(1 + \frac{\lambda sh\lambda}{2} - \frac{sh\lambda}{\lambda}\Big) + ch\lambda\xi\Big(\frac{\lambda^2}{2} - 1\Big) - \xi^2\Big] \tag{7-8}$$

或

$$V_f(\xi') = V_p - V_w = qH(1 - \xi) - V_w \tag{7-9}$$

V_w 见式（7-7），显然，二者结果是一样的。

按照同样的方法，可以计算得到均布荷载作用下、顶点集中荷载作用下，框架 - 剪力墙结构任一高度 ξ 处剪力墙的位移、弯矩、剪力公式，见式（7-10）和式（7-11）。

均布荷载作用下：

$$y(\xi') = \frac{qH^4}{EI_w\lambda^2}\Big[\frac{1 + \lambda sh\lambda}{ch\lambda}(ch\lambda\xi - 1) - \lambda sh\lambda\xi + \lambda^2\xi\Big(1 - \frac{\xi}{2}\Big)\Big]$$

$$M_w(\xi') = \frac{qH^2}{\lambda^2}\Big(\frac{1 + \lambda sh\lambda}{ch\lambda}ch\lambda\xi - \lambda sh\lambda\xi - 1\Big) \tag{7-10}$$

$$V_w(\xi') = \frac{qH}{\lambda}\Big(\lambda ch\lambda\xi - \frac{1 + \lambda sh\lambda}{ch\lambda}sh\lambda\xi\Big)$$

顶点集中荷载作用下：

$$y(\xi') = \frac{PH^3}{EI_w\lambda^3}\Big[\frac{sh\lambda}{ch\lambda}(ch\lambda\xi - 1) - sh\lambda\xi + \lambda\xi\Big]$$

$$M_w(\xi') = PH\Big(\frac{sh\lambda}{ch\lambda}ch\lambda\xi - \frac{1}{\lambda}sh\lambda\xi\Big) \tag{7-11}$$

$$V_w(\xi') = P\Big(ch\lambda\xi - \frac{sh\lambda}{\lambda ch\lambda}sh\lambda\xi\Big)$$

框架的剪力可由式（7-8）、式（7-9）计算得到。

由上述可以看出，剪力墙位移、剪力、弯矩均是 λ、ξ 的函数，计算起来比较麻烦。为方便计算，将式（7-7）、式（7-10）、式（7-11）三种典型荷载形式作用下剪力墙的位移、弯矩、剪力分别用位移系数 $y(\xi)/f(H)$、弯矩系数 $M_w(\xi)/M_0$、剪力系数 $V_w(\xi)/V_0$ 计算，绘制成图 7-7～图 7-9，则可由下面统一公式（7-12）计算出结构任意高度处的位移及内力。

$$y = \Big[\frac{y(\xi)}{f_H}\Big]f_H$$

$$M_w = \left[\frac{M_w(\xi)}{M_0}\right]M_0$$

$$V_w = \left[\frac{V_w(\xi)}{V_0}\right]V_0 \qquad\qquad (7\text{-}12)$$

式中　f_H——剪力墙单独承受各种水平荷载时的顶点位移；

　M_0、V_0——剪力墙单独承受各种水平荷载时底部产生的总弯矩、总剪力。

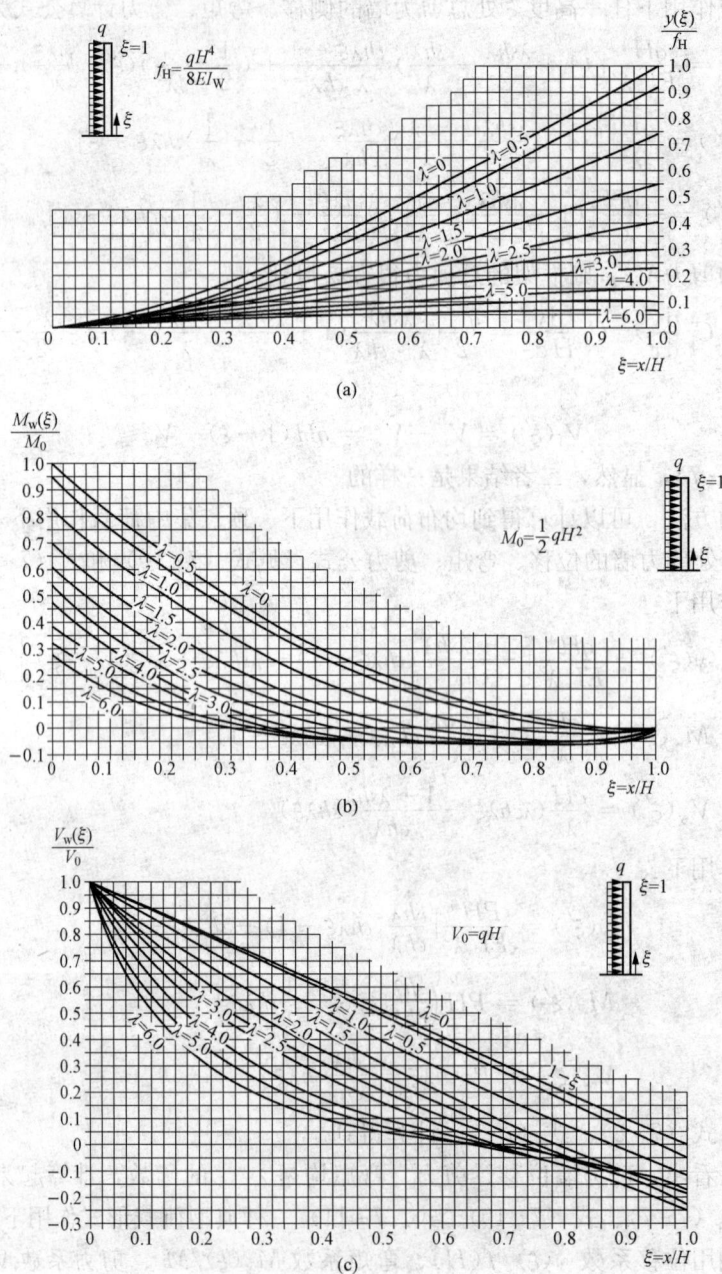

图 7-7　均布荷载作用下剪力墙位移系数、弯矩系数、剪力系数

（a）均布荷载作用下剪力墙位移系数；（b）均布荷载作用下剪力墙弯矩系数；（c）均布荷载作用下剪力墙剪力系数

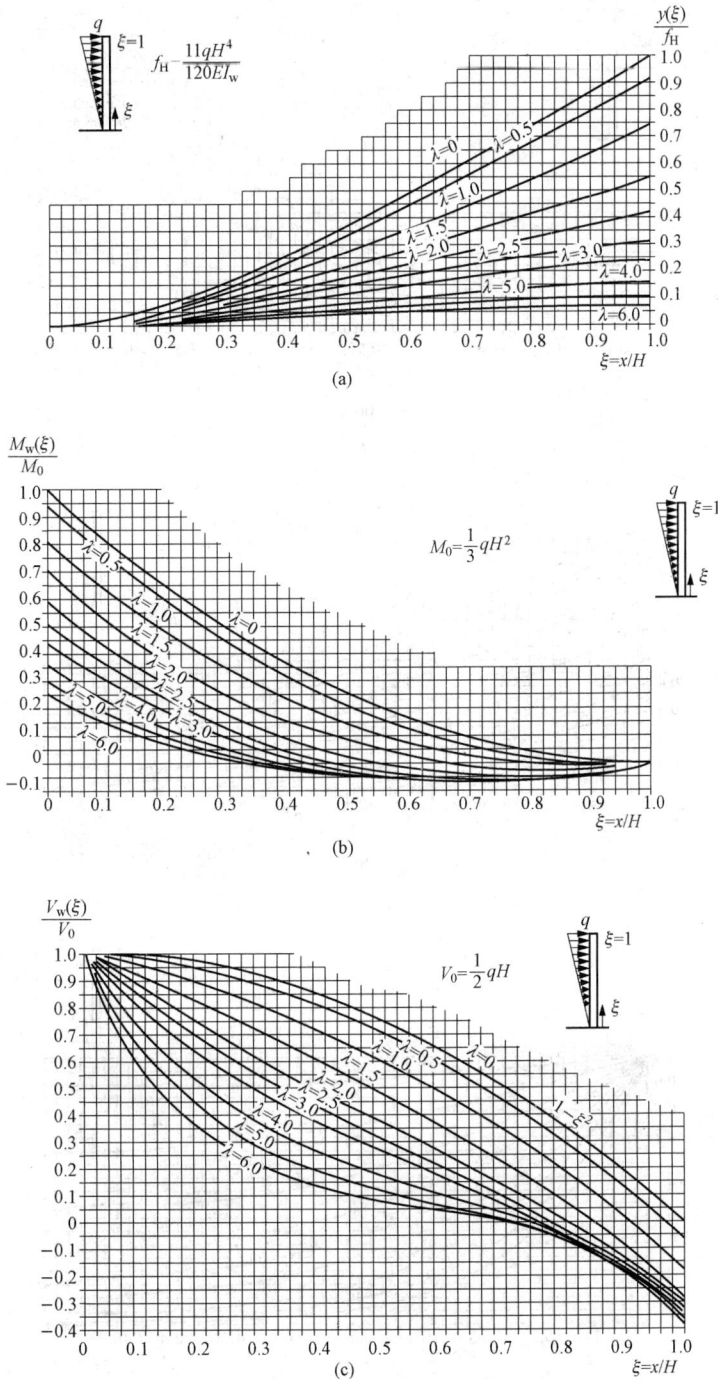

图 7-8　倒三角形分布荷载作用下剪力墙位移系数、弯矩系数、剪力系数

（a）倒三角分布荷载作用下剪力墙位移系数；（b）倒三角分布荷载作用下剪力墙弯矩系数；

（c）倒三角分布荷载作用下剪力墙剪力系数

7.2.2　刚接体系的内力与侧移的近似计算

在框架 - 剪力墙结构铰接体系中连杆对墙肢没有约束作用。当考虑连杆对剪力墙有约束

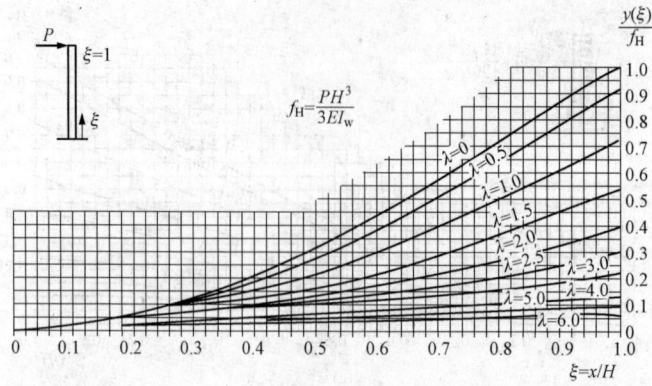

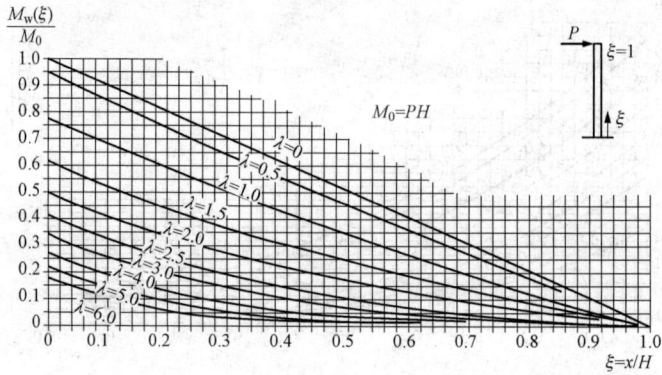

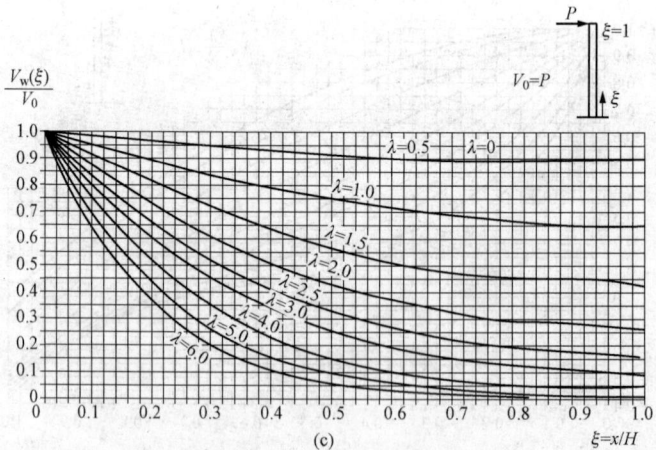

图 7-9　顶点集中荷载作用下剪力墙位移系数、弯矩系数、剪力系数

（a）顶点集中荷载作用下剪力墙位移系数；（b）顶点集中荷载作用下剪力墙弯矩系数；

（c）顶点集中荷载作用下剪力墙剪力系数

弯矩作用时，框架-剪力墙结构就可以简化成图 7-10（a）所示的刚接体系。刚接体系与铰接体系的相同之处是总剪力墙与总框架之间均有相互作用力，不同之处是在刚接体系中连杆对总剪力墙的弯矩有一定的约束作用。

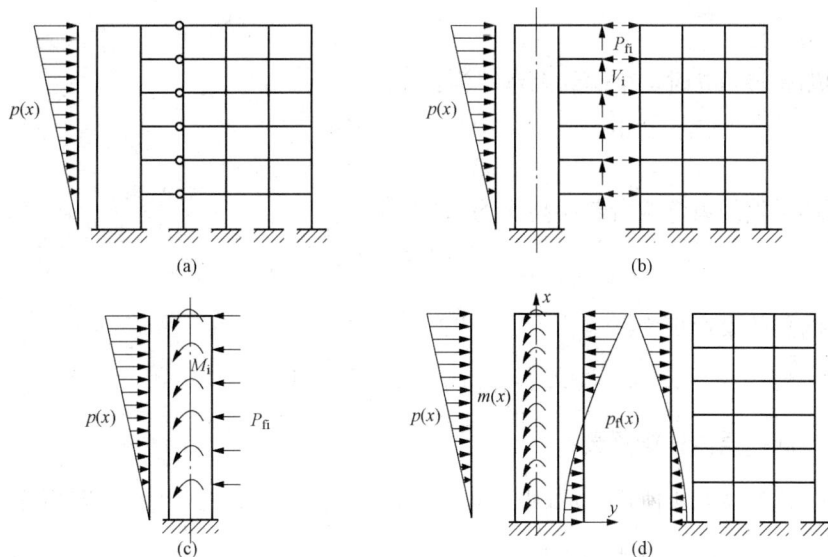

图 7 - 10　刚接体系计算简图

在框架 - 剪力墙刚接体系中，将连杆切开后，连杆中除有轴向力外，还有剪力和弯矩。将剪力和弯矩对总剪力墙墙肢截面形心轴取矩，就得到对墙肢的约束弯矩 M_i。连杆轴向力 P_{fi} 和约束弯矩 M_i 都是轴向力，作用在楼层处，计算时需将其在层高内连续化，于是得到了 7 - 10 （d） 所示的计算简图。

框架 - 剪力墙刚接体系中，形成连杆的连梁有两种形式，一种是剪力墙与框架之间的联系梁，一种是剪力墙墙肢之间的联系梁；刚接体系连梁可以是其中单独一种或两种联系梁共同组成。

框架 - 剪力墙刚接体系中连梁进入墙中部分刚度较大，因此刚接体系的连梁可视为带有刚域的连梁。把带刚域的连梁即刚接连梁两端都产生单位转角时梁端所需施加的力矩称为梁端约束弯矩系数，用 m 表示，如图 7 - 11 所示。其表达式如下：

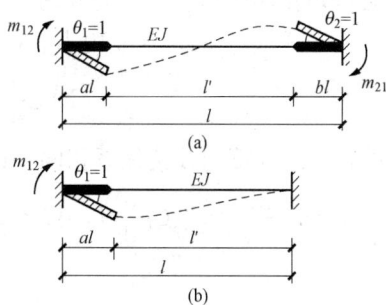

图 7 - 11　带刚域连梁

$$m_{12} = \frac{1+a-b}{(1+\beta)(1-a-b)^3} \frac{6EI}{l}$$
$$m_{21} = \frac{1-a+b}{(1+\beta)(1-a-b)^3} \frac{6EI}{l} \qquad (7 - 13)$$

当上式中 $b=0$ 时，得到仅一端有刚域的梁端约束弯矩系数：

$$m_{12} = \frac{1+a}{(1+\beta)(1-a)^3} \frac{6EI}{l}$$
$$m_{21} = \frac{1-a}{(1+\beta)(1-a)^3} \frac{6EI}{l} = \frac{1}{(1+\beta)(1-a)^2} \frac{6EI}{l} \qquad (7 - 14)$$

式中　β——考虑剪切变形时的影响系数，$\beta = \dfrac{12\mu EI}{GAl^2}$；如果不考虑剪切变形的影响，可令

$\beta = 0$。

则当梁端有转角 θ 时，梁端约束弯矩为：

$$M_{12} = m_{12}\theta$$
$$M_{21} = m_{21}\theta$$

(7-15)

再将上述梁端约束弯矩沿着层高 h 均匀化，得：

$$m_{\mathrm{i}}(x) = \frac{M_{\mathrm{abi}}}{h} = \frac{m_{\mathrm{abi}}}{h}\theta(x)$$

(7-16)

某一层的总约束弯矩为：

$$m = \sum_{i=1}^{n} m_{\mathrm{i}}(x) = \sum_{i=1}^{n} \frac{M_{\mathrm{abi}}}{h}\theta(x)$$

(7-17)

式中　n——同一层内连梁总数；

$\displaystyle\sum_{i=1}^{n} \frac{M_{\mathrm{abi}}}{h}$——连梁总约束刚度。$m_{\mathrm{ab}}$ 中下标 a、b 分别代表"1"或"2"，即当连梁两端与墙

肢相连时，是指 m_{12} 或 m_{12}。

则连梁线性约束弯矩在总剪力墙 x 高度截面处产生的弯矩为：

$$M_{\mathrm{m}} = -x\int_{x}^{H} m\,\mathrm{d}x$$

(7-18)

产生此弯矩所对应的剪力和荷载分别为：

$$V_{\mathrm{m}} = -\frac{\mathrm{d}M_{\mathrm{x}}}{\mathrm{d}x} = -m = -\sum_{i=1}^{n} \frac{m_{\mathrm{abi}}}{h}\theta(x) = -\sum_{i=1}^{n} \frac{m_{\mathrm{abi}}}{h}\frac{\mathrm{d}y}{\mathrm{d}x}$$

(7-19)

$$p_{\mathrm{m}}(x) = -\frac{\mathrm{d}V_{\mathrm{m}}}{\mathrm{d}x} = \sum_{i=1}^{n} \frac{m_{\mathrm{abi}}}{h}\frac{\mathrm{d}^2 y}{\mathrm{d}x^2}$$

(7-20)

式（7-19）之剪力及荷载称为"等待剪力"和"等待荷载"，其物理意义是刚结连梁的约束弯矩作用所承受的剪力和荷载。

仿照式（7-5），建立内力、荷载与变形的微分方程，得

$$EI_{\mathrm{w}}\frac{\mathrm{d}^4 y}{\mathrm{d}x^4} = p(x) - p_{\mathrm{f}} + \sum \frac{m_{\mathrm{abi}}}{h}\frac{\mathrm{d}^2 y}{\mathrm{d}x^2}$$

(7-21)

式中，p_{f} 的计算与铰接体系相同，即

$p_{\mathrm{f}} = -\dfrac{\mathrm{d}V_{\mathrm{f}}}{\mathrm{d}x} = -C_{\mathrm{f}}\dfrac{\mathrm{d}^2 y}{\mathrm{d}x^2}$，代入式（7-20），得：

$$\frac{\mathrm{d}^4 y}{\mathrm{d}x^4} - \frac{C_{\mathrm{f}} + \sum \dfrac{m_{\mathrm{ij}}}{h}}{EI_{\mathrm{w}}}\frac{\mathrm{d}^2 y}{\mathrm{d}x^2} = \frac{p(x)}{EI_{\mathrm{w}}}$$

(7-22)

此即为求解侧移 $y(x)$ 的基本微分方程。

引入符号：

$$\lambda = H\sqrt{\frac{C_{\mathrm{f}} + \sum \dfrac{m_{\mathrm{abi}}}{h}}{EI_{\mathrm{w}}}} = H\sqrt{\frac{C_{\mathrm{m}}}{EI_{\mathrm{w}}}}$$

(7-23)

其中，

$$C_{\mathrm{m}} = C_{\mathrm{f}} + \sum \frac{m_{\mathrm{abi}}}{h}$$

(7-24)

令 $\xi = \dfrac{x}{H}$，得

$$\frac{\mathrm{d}^4 y}{\mathrm{d}\xi^4} - \lambda^2 \frac{\mathrm{d}^2 y}{\mathrm{d}\xi^2} = \frac{p(\xi)H^4}{EI_{\mathrm{w}}} \tag{7-25}$$

式（7-24）形式与铰接体系完全相同，因此，微分方程的解对刚接体系也适用，所有铰接体系的曲线也可以应用。但要注意以下两点不同：

（1）结构的刚度特征值 λ 不同，刚接体系按式（7-22）采用。

（2）框架、剪力墙的剪力计算不同。也就是说，用曲线查出剪力墙剪力系数计算出的剪力 V_{w} 对铰接体系是剪力墙的剪力，但对刚接体系是剪力墙和连梁的剪力。剪力墙和连梁之间的剪力计算需进行换算：

在刚接体系中，先把式（7-21）微分三次得到的剪力记为 V'_{w}；考虑连梁约束弯矩的作用，有 $EI_{\mathrm{w}} \dfrac{\mathrm{d}^3 y}{\mathrm{d}x^3} = -V'_{\mathrm{w}} = -V_{\mathrm{w}} + m$（$V'_{\mathrm{w}}$ 可由剪力系数计算得到），剪力墙的剪力为：

$$V_{\mathrm{w}} = V'_{\mathrm{w}} + m \tag{7-26}$$

再考虑任意高度处（ξ 处）总剪力墙剪力与总框架剪力之和应与外荷载产生的总剪力相等，此处应为：

$$V_{\mathrm{p}} = V'_{\mathrm{w}} + V'_{\mathrm{f}} \tag{7-27a}$$

则

$$V'_{\mathrm{f}} = V_{\mathrm{p}} - V'_{\mathrm{w}} \tag{7-27b}$$

这里考虑连梁约束的作用，分别引入了框架和剪力墙的广义剪力，即：$V'_{\mathrm{w}} = V_{\mathrm{w}} - m$ 和 $V'_{\mathrm{f}} = V_{\mathrm{f}} + m$，$m$ 为连梁约束剪力。

最后，将刚接体系剪力墙和框架剪力以及连梁约束剪力的计算步骤列出如下：

（1）由刚接体系的 λ、ξ 值，查图 7-7～图 7-9，得到剪力墙的剪力系数，计算剪力墙的剪力，此即剪力墙的广义剪力 V'_{w}。

（2）将总剪力 V_{p} 减去剪力墙的广义剪力 V'_{w}，得到框架的广义剪力 V'_{f}，即：$V'_{\mathrm{f}} = V_{\mathrm{p}} - V'_{\mathrm{w}}$。

（3）将 V'_{f} 按照框架的抗剪刚度和连梁的抗剪刚度的比值进行分配，求出框架的总剪力 V_{f} 和连梁的剪力 m，即

$$V_{\mathrm{f}} = \frac{C_{\mathrm{f}}}{C_{\mathrm{f}} + \sum\limits_{i=1}^{n} \dfrac{m_{\mathrm{ab}i}}{h}} V'_{\mathrm{f}} \tag{7-28a}$$

$$m = \frac{\sum\limits_{i=1}^{n} \dfrac{m_{\mathrm{ab}i}}{h}}{C_{\mathrm{f}} + \sum\limits_{i=1}^{n} \dfrac{m_{\mathrm{ab}i}}{h}} V'_{\mathrm{f}} \tag{7-28b}$$

（4）总剪力墙的实际剪力为 $V_{\mathrm{w}} = V'_{\mathrm{w}} + m$。

于是得到了框架 - 剪力墙结构刚接体系框架、剪力墙、连梁的总剪力。

7.2.3 各剪力墙、框架和连梁的内力计算

（1）剪力墙内力。

由框架 - 剪力墙的协同工作计算得剪力墙的弯矩、剪力后，按各片墙的等效抗弯刚度 $EI_{\mathrm{w}j}$ 进行分配，即得各片墙的内力：

$$M_{\mathrm{w}ij} = \frac{EI_{\mathrm{eq}ij}}{\sum EI_{\mathrm{eq}ij}} M_{\mathrm{w}i} \tag{7-29a}$$

$$V_{wij} = \frac{EI_{eqij}}{\sum EI_{eqij}} V_{wi} \tag{7-29b}$$

（2）各框架梁、柱内力。

由框架 - 剪力墙的协同工作计算得框架的总剪力后，按各柱的 D 值分配到各柱。这里求得的各柱剪力应当是柱反弯点处的剪力，但在手算计算过程中，为了简化，近似取各层柱的中点为反弯点的位置，用各楼层上、下两层楼板标高处的剪力 V_{pi} 取平均值作为该层柱中点处剪力。故第 i 层 j 根柱的剪力为：

$$V_{cij} = \frac{D_{ij}}{\sum D_{ij}} \frac{V_{pi} + V_{pi-1}}{2} \tag{7-30}$$

求得各柱的剪力之后就可以确定柱端弯矩；再根据节点平衡条件，计算得梁端弯矩；再由梁端弯矩确定梁端剪力；再由梁端剪力确定柱轴力。

（3）刚接连梁内力。

由式（7-27b）得到连梁的总约束弯矩是沿高度连续分布的，在计算刚接连梁的内力时首先应该把各层高度范围内的约束弯矩集中成弯矩 M 作用在连梁上，再利用每根梁的梁端刚度系数（约束弯矩系数） m_{ij}，按比例将总约束弯矩分配给每根梁，即

$$M_{ij} = \overline{m}_{ij} h = \frac{m_{ij}}{\sum m_{ij}} h \tag{7-31}$$

此弯矩作用在剪力墙的轴线处，设计时尚需根据三角形比例关系换算到剪力墙的边缘，见图 7-12。

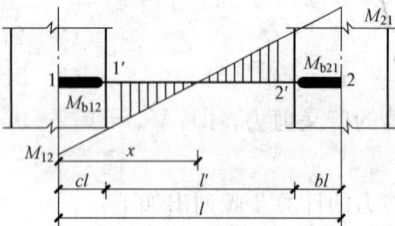

图 7-12 连梁弯矩换算

$$M_{b12} = \frac{x - cl}{x} M_{12}$$

$$\tag{7-32}$$

$$M_{b21} = \frac{l - x - bl}{l - x} M_{21}$$

连梁的剪力可按照平衡条件得出：

$$V_b = \frac{M_{b12} + M_{b21}}{l'} \tag{7-33a}$$

或

$$V_b = \frac{M_{12} + M_{21}}{l} \tag{7-33b}$$

7.2.4 框架 - 剪力墙结构位移与内力分布规律

框架 - 剪力墙结构在水平荷载作用下协同工作的位移曲线及内力分布规律受刚度特征值 λ 影响很大。当框架的抗推刚度很小时，λ 很小，剪力墙的影响较大；当 $\lambda=0$ 时即为纯剪力墙结构；当剪力墙的抗弯刚度很小时，λ 很大，框架的影响很大；当 $\lambda=\infty$ 时即为纯框架结构。

图 7-13 给出了不同 λ 值的框架 - 剪力墙结构位移曲线形状。当 λ 较大时，结构以框架为主，位移曲线主要是剪切型；当 λ 很小时，结构以剪力墙为主，位移曲线主要是弯曲型；二者比例相当时（$\lambda=1\sim6$），位移曲线为弯剪型，其中下部楼层剪力墙作用大，略带弯曲型，上部楼层剪力墙作用减小，略带剪切型，侧移曲线中部有反弯点，层间变形最大值在反弯点附近。

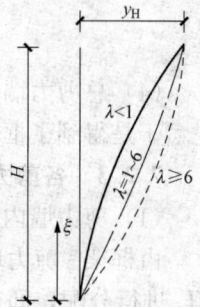

图 7-14 给出了不同 λ 值时均布荷载作用下框架 - 剪力墙结构的剪力分布规律。当 λ 很小时，剪力墙作用明显，剪力墙几乎承担全部的总

图 7-13 框架 - 剪力墙结构位移曲线

剪力；当 λ 较大时，剪力墙承担的剪力就减小了。当 λ 非常大时，框架几乎承担全部剪力，成为纯框架结构。同时，剪力在剪力墙上各层之间的变化特点是：剪力墙下部承担的剪力很大，向上迅速减小，到顶部时剪力墙承受反向的剪力；而框架的剪力分布特征则是中间某层最大，向上、向下都逐渐减小。

图 7 - 15 给出了均布荷载作用下框架 - 剪力墙结构框架与剪力墙之间的荷载分配关系。由图可见，剪力墙下部承受的荷载大于外荷载，而框架下部的荷载与外荷载作用方向相反；在框架与剪力墙的顶部都存在有相互作用的集中力。当然，剪力墙、框架上的荷载代数和始终等于外荷载。

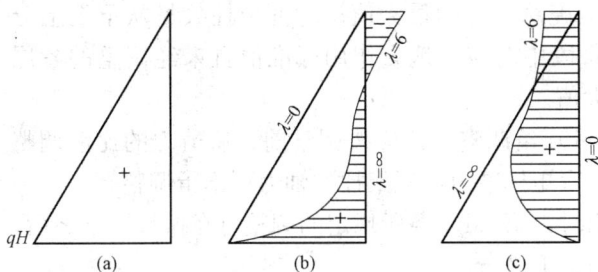

图 7 - 14　框架 - 剪力墙结构剪力分布
(a) V 图；(b) V_w 图；(c) V_f 图

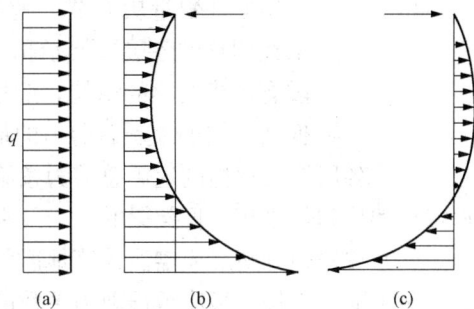

图 7 - 15　框架 - 剪力墙结构荷载分配
(a) P 图；(b) P_w 图；(c) P_f 图

7.3　框架 - 剪力墙结构设计与构造

框架 - 剪力墙结构的截面设计及构造要求除满足本节规定外，尚应符合第 5 章、第 6 章中的有关框架、剪力墙设计的规定。

7.3.1　框架部分设计的调整

抗震设计的框架 - 剪力墙结构，应根据在规定的水平地震作用下结构底层框架部分承受的地震倾覆力矩与结构总倾覆力矩的比值，确定相应的设计方法，并应符合下列规定：

(1) 当框架部分承受的地震倾覆力矩不大于结构总倾覆力矩的 10% 时，按剪力墙结构设计，其中的框架部分应按框架 - 剪力墙结构的框架进行设计。

(2) 当框架部分承受的地震倾覆力矩大于结构总倾覆力矩的 10% 但不大于 50% 时，按框架 - 剪力墙结构设计。

(3) 当框架部分承受的地震倾覆力矩大于结构总倾覆力矩的 50% 但不大于 80% 时，按框架 - 剪力墙结构设计，其最大适用高度可比框架结构适当增加，框架部分的抗震等级和轴压比限值宜按框架结构的规定采用。

(4) 当框架部分承受的地震倾覆力矩大于结构总倾覆力矩的 80% 时，按框架 - 剪力墙结构设计，但其最大适用高度宜按框架结构采用，框架部分的抗震等级和轴压比限值应按框架结构的规定采用。

抗震设计时框架 - 剪力墙结构对应于地震作用标准值的各层框架总剪力应符合下列要求：

（1）框架部分承担的总地震剪力满足式（7-33）要求的楼层，其框架总剪力不必调整；不满足该式要求的楼层，其框架总剪力应按 $0.2V_0$ 和 $1.5V_{fmax}$ 两者的较小值采用。

$$V_f \geqslant 0.2V_0 \qquad\qquad (7-34)$$

式中　V_0——对框架柱数量从下至上基本不变的规则建筑，应取对应于地震作用标准值的结构底部总剪力；对框架柱数量从下至上分段有规律变化的结构，应取每段底层结构对应的地震作用标准值的总剪力。

V_f——对应与地震作用标准值且未经调整的各层（或某一段内各层）框架承担的地震总剪力。

V_{fmax}——对框架柱数量从下至上基本不变的规则建筑，应取对应于地震作用标准值且未经调整的各层框架承担的地震总剪力的最大值；对框架柱数量从下至上分段有规律变化的结构，应取每段中对应于地震作用标准值且未经调整的各层框架承担的地震总剪力的最大值。

（2）各层框架承担的地震总剪力按第（1）条调整后，应按调整前、后剪力的比值调整每根框架柱和与之相连框架梁的剪力及端部弯矩标准值，框架柱的轴力可不予调整。

（3）按振型分解反应谱法计算地震作用时，第（1）条所规定的调整可在振型组合之后，并满足下面关于楼层最小地震剪力系数的前提下进行。

多遇地震水平地震作用计算时，结构各楼层对应于地震作用标准值的剪力应符合第3章中关于多遇水平地震作用下楼层最小剪力的规定。

7.3.2　截面设计

框架梁柱的截面设计按照第5章进行；剪力墙的截面设计按照第6章进行。

7.3.3　剪力墙的配筋构造要求

框架-剪力墙结构（板柱-剪力墙结构）中，剪力墙的竖向、水平分布钢筋的配筋率，抗震设计时均不应小于0.25%，非抗震设计时，均不应小于0.2%，并应至少双排布置。各排分布钢筋之间应设置拉结筋，拉筋的直径不应小于6mm、间距不应大于600mm。

带边框的剪力墙的构造应符合下列要求：

（1）带边框剪力墙的截面厚度首先应满足墙体的稳定性要求，尚应满足下列规定：

1）抗震设计时，一、二级剪力墙的底部加强部位不应小于200mm；

2）除第1）条以外的其他情况不应小于160mm。

（2）剪力墙的水平钢筋应全部锚入边框柱内，锚固长度不应小于受拉钢筋最小锚固长度 l_a（非抗震设计）或 l_{aE}（抗震设计）。

（3）与剪力墙重合的框架梁可以保留，亦可做成宽度与墙厚相同的暗梁，暗梁截面高度可取墙厚的2倍或与该榀框架梁截面等高，暗梁的配筋可按构造配置且应符合一般框架梁相应抗震等级的最小配筋要求。

（4）剪力墙截面宜按工字形设计，其端部的纵向受力钢筋应配置在边框柱截面内。

（5）边框柱截面宜与该榀框架其他柱的截面相同，边框柱应符合框架结构中有关框架柱构造配筋规定；剪力墙底部加强部位边框柱的箍筋宜沿柱全高加密；当带边框剪力墙上的洞口紧邻边框柱时，边框柱的箍筋宜沿全高加密。

思 考 题

7.1　框架 - 剪力墙结构的变形曲线有何特点，并分析其组成。

7.2　框架 - 剪力墙结构铰接体系、刚接体系的计算简图有什么区别?

7.3　框架 - 剪力墙结构位移与内力分布规律与刚度特征值 λ 之间的关系如何?

7.4　框架 - 剪力墙结构各层框架剪力调整的原因和方法是什么?

7.5　框架 - 剪力墙结构中剪力墙有哪些构造要求?

第8章 筒体结构设计简介

8.1 筒 体 结 构 特 点

8.1.1 筒体结构的类型

当建筑层数、高度增加到一定程度时，采用框架结构、剪力墙结构、框架－剪力墙结构已经不能满足结构设计的强度、刚度要求或者设计已出现明显不合理、不经济，此时采用筒体结构可以显著提高结构的刚度和承载力，结构和经济都更加合理。筒体结构根据平面布置可以分为框筒结构、框架－核心筒结构、筒中筒结构、成束筒结构等。

（1）框筒结构。

框筒结构是在建筑物的外周边布置密柱、窗裙梁形成密柱深梁框架筒体作为其抗侧力构件，同时承受竖向和水平荷载。根据需要，也可以在内部布置普通的框架梁、柱，承担楼板传来的竖向荷载。平面布置见图8-1（a）、（b）。框筒结构的优点是可以提供很大的内部空间，缺点是由于框筒结构周边柱距很小，影响视野。

（2）框架－核心筒结构。

框架－核心筒一般是利用高层建筑的楼梯间、电梯间、管道井等竖向通道集中布置内部的实腹筒，周边布置钢、钢筋混凝土或钢－混凝土组合形式的框架形成的。框架－核心筒结构是框架－剪力墙结构的一种，因此其受力特征与框架－剪力墙结构类似。平面布置见图8-1（c）。其优点显著，故工程应用广泛。

（3）筒中筒结构。

筒中筒结构一般是由外部框筒和内部核心筒共同组成的结构体系。外部框筒是密柱深梁围成，可以是钢、钢筋混凝土或钢－混凝土组合形式，内部核心筒一般是由楼梯间、电梯间、管道井等竖向通道集中布置形成的钢筋混凝土实腹筒。平面布置见图8-1（d）。外部框筒和核心筒叠套在一起，具有更大的抗侧刚度和承载力。

（4）成束筒结构。

成束筒结构是由两个或两个以上的筒体结构排列组成的结构体系。该结构体系空间刚度极大，能适应更大的建筑高度和层数要求。平面布置见图8-1（e）。

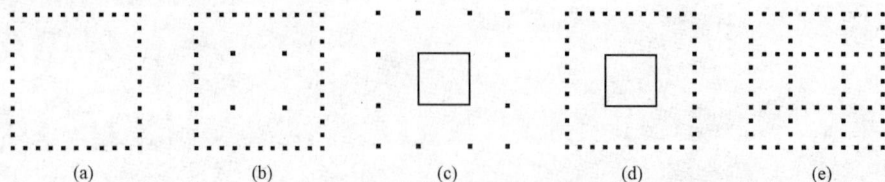

图8-1 筒体结构平面布置类型

8.1.2 筒体结构受力特点

筒体结构作为一种空间结构，存在着结构单元间协同工作以及每个结构单元自身如何工作两方面的问题，因此筒体结构的受力比较复杂。下面以框筒结构为例来分析剪力滞后的现象。

框筒结构承受一个方向的水平作用时，沿建筑周边布置的四榀框架都参与抵抗，即水平荷载产生的层剪力由平行于侧向力方向的腹板框架抵抗，水平荷载产生的倾覆力矩由腹板框架及垂直方向的翼缘框架共同抵抗。图 8-2 为水平荷载作用下的倾覆力矩在框筒中的轴力分布。由于空间作用，在水平荷载作用下，框筒结构中各框架柱受力很大均匀，腹板框架柱有拉有压；翼缘框架中各柱轴力分布也很不均匀，角柱的轴力大于平均值，中部柱的轴力值小于平均值；腹板框架各柱的轴力也不是线性分布的，这种现象称为剪力滞后。

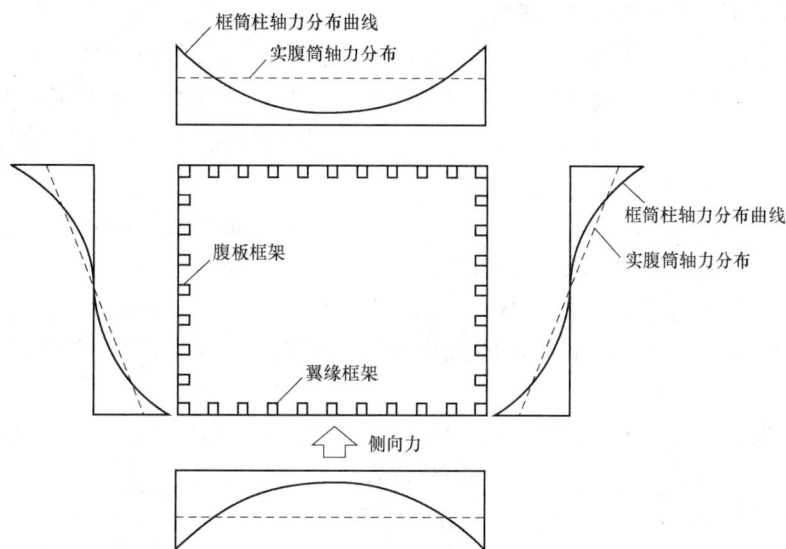

图 8-2　框筒结构的剪力滞后

剪力滞后现象越严重，框筒结构的空间作用越小。因此，设计时要采取措施以减小翼缘框架的剪力滞后现象。框筒平面形状越窄长，剪力滞后现象越严重。设计时尽量选用正方形等各边长相差不大的平面；另外影响剪力滞后的因素还有柱距、裙梁高度、角柱面积等。

另外，框筒结构的变形是由腹板框架变形和翼缘框架变形综合形成的，其中腹板框架由梁柱弯曲及剪切变形产生的层间变形沿高度逐渐减小，呈剪切型；而翼缘框架主要是柱的轴向变形，表现出弯曲型性质。故框筒结构的总变形综合了弯曲型和剪切型，再考虑楼板的作用，大多数的框筒结构整体偏向于剪切型。因此，框筒结构的楼板除了承受竖向荷载外，还承受协调框筒空间工作的作用，尤其是在结构角柱处的楼板，底部往往翘曲严重，向上逐渐减小。在楼板设计时需采取措施加强楼板角部的构造。

筒中筒结构一般采用外部框筒加内部核心实腹筒的形式，外框筒可以承受 25% 的剪力，倾覆力矩可以达到 50%，成为双重抗侧力结构体系。外框筒是以弯曲变形为主的，实腹筒是以剪切变形为主的，两者通过楼板协同工作，使层间变形趋于均匀，框筒上部、下部的内力也趋于均匀。外框筒主要承受倾覆力矩，内腹筒主要承受剪力，筒中筒结构大大增加了结构的抗扭、抗侧刚度，成为超高层建筑有效的结构体系。

8.1.3　筒体结构的布置

筒中筒结构的高度不宜低于 80m，高宽比不宜小于 3。对高度不超过 60m 的框架-核心筒结构，可按框架－剪力墙结构设计。

核心筒或内筒的外墙与外框架柱间的中距，非抗震设计大于 15m、抗震设计大于 12m 时，宜采取增设内柱等措施。

筒体结构核心筒或内筒设计应符合下列要求：

（1）墙肢宜均匀、对称布置；

（2）筒体角部附近不宜开洞，当不可避免时，筒角内壁至洞口的距离不应小于 500mm 和开洞墙截面厚度的较大值；

（3）筒体墙应满足整体稳定，且外墙厚度不应小于 200mm，内墙厚度不应小于 160mm，必要时可设置扶壁柱或扶壁墙。

核心筒或内筒的外墙不宜在水平方向连续开洞，洞间墙肢的截面高度不宜小于 1.2m；当洞间墙肢的截面高度与厚度之比小于 4 时，宜按框架－剪力墙结构的规定采用。

筒中筒结构的平面外形宜选用圆形、正多边形、椭圆形或矩形等，内筒宜居中。矩形平面的长宽比不宜大于 2；三角形平面宜切角。

内筒的宽度可为高度的 1/12～1/15，如有另外的角筒或剪力墙时，内筒平面尺寸可适当减小。内筒宜贯通建筑物全高，竖向刚度宜均匀变化。

外框筒应符合下列规定：

（1）柱距不宜大于 4m，框筒柱的截面长边应沿筒壁方向布置，必要时可采用 T 形截面；

（2）洞口面积不宜大于墙面面积的 60%，洞口高宽比宜与层高和柱距之比相近；

（3）外框筒梁的截面高度可取柱净距的 1/4；

（4）角柱截面面积可取中柱的 1～2 倍。

8.2　筒体结构设计简介

在剪力墙结构、框架－剪力墙结构中，根据平面抗侧力结构假定，按照协同工作的计算原理，采用连续化的方法在筒体结构中不再适用，筒体结构必须按照空间结构计算，才能反映其实际的受力和变形特征。

空间结构计算方法通常按空间杆系（含薄壁杆），用矩阵位移法求解，通过程序由计算机完成分析。框筒和筒中筒设计时，可采用空间杆系－薄壁柱矩阵位移法、平面展开矩阵位移法、等效弹性连续体能量法。

8.2.1　空间杆系－薄壁柱矩阵位移法

空间杆系－薄壁柱分析法是把一般的梁柱单元作为空间杆系考虑，而把内柱、角柱等部位的单元作为空间薄壁杆件，用矩阵位移法求解。对于一般的空间杆件单元，如图 8-3 所示，每个杆端有 6 个自由度，即沿 x、y、z 三个方向的平移和绕 x、y、z 三个方向的转角。对于空间开口薄壁杆件单元，如图 8-4 所示，在一般情况下，杆件在弯曲的

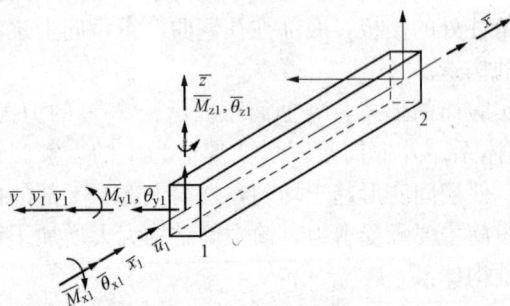

图 8-3　一般的空间杆件单元

同时，还将产生扭转，且杆件横截面不再保持平面而发生翘曲，每个杆端有 7 个自由度，比普通空间杆件单元增加了双力矩所产生的扭转角。

8.2.2 平面展开矩阵位移法

通过对矩形平面的框筒结构或筒中筒结构受力性能的分析可知，在侧向力作用下，筒体结构的腹板部分主要抗剪，翼缘部分的轴力形成弯矩作用主要抗弯；筒体结构的各榀平面单元主要在其自身平面内受力，而在平面外的受力则很小。因此，可采用如下两点基本假定：

1) 对筒体结构的各榀平面单元，可略去其出平面外的刚度，仅考虑在其自身平面内的作用。因此，可忽略外筒的梁柱构件各自的扭转作用。

2) 楼盖结构在其自身平面内的刚度可视为无穷大，因此，在对称侧向力作用下，同一楼层标高处的内、外筒侧移量应相等，楼盖结构在其平面外的刚度可忽略不计。

图 8 - 4 空间开口薄壁杆件单元

对于图 8 - 5 中所示的筒中筒结构，在对称侧向力作用下，整个结构不发生整体扭转，并且内外筒各榀平面结构在自身平面外的作用以及外筒的梁柱各自的扭转作用与筒中筒结构的主要受力作用相比，均可忽略不计。另外，楼盖平面外刚度很小，可略去它对内外筒壁的变形约束作用。因此，可进一步把内外筒分别展开到同一平面内，分别展开成带刚域的平面壁式框架和带门洞的墙体，并由楼盖简化成的连杆联系。由于大部分的筒中筒结构在双向都是轴对称，因此可取四分之一平面的结构来分析。而对称轴上的边界条件需按照筒中筒结构的变形及受力特点来确定。

在对称侧向力作用下，在翼缘框架的对称轴，即 A - A 轴处，框架平面内既不产生水平位移，也不产生扭转，只会出现竖向位移。因此，在各层的梁柱节点上，力学模式中应有两个约束。在内筒的翼缘墙的对称轴，即 F - F 轴处，同样也应设置如图 8 - 5（c）所示的约束。在对称侧向力作用下的腹板框筒对称轴，即 C - C 处，柱的轴向力为零，但在此处会产生腹板框架平面内的侧向位移与相应的转角。因此，在各层的相应节点上应设置一个竖向约束。同理，在内筒的腹板墙的对称轴 D - D 处，也应设置相应的竖向约束。由于楼盖结构在其自身平面内的刚度为无限大，且忽略了筒壁的出平面作用，所以作用在结构某层上的侧向力，其荷载作用点可简化到该层外筒的腹板框架或内筒腹板墙上的任一节点。基于同样的理由，把楼盖简化成轴向刚度为无穷大的、与内外筒以铰相连的连杆，以保证内外筒的侧向位移在各楼层处一定相等。

展开成平面结构时关于角柱的处理。随着空间结构的平面化，图中 L 形角柱应展开成分属于两榀正交平面壁式框架的两根边柱（称为虚拟角柱）。角柱分开后，在每一楼层处用一仅能传递竖向剪力的虚拟机构［见图 8 - 5（b）］将它们连接起来，以保持两个虚拟角柱的竖向变形一致，而相互之间又不传递水平力及弯矩。同样，在内筒展开时，在两相邻筒壁之间，也在每一楼层处设置虚拟单元，以保证两相邻筒壁在原交接面上的竖向变形一致，而相互之间不传递水平力。

实际角柱分成两个虚拟角柱后，虚拟角柱的刚度取值可以有两种方法：第一，当计算虚

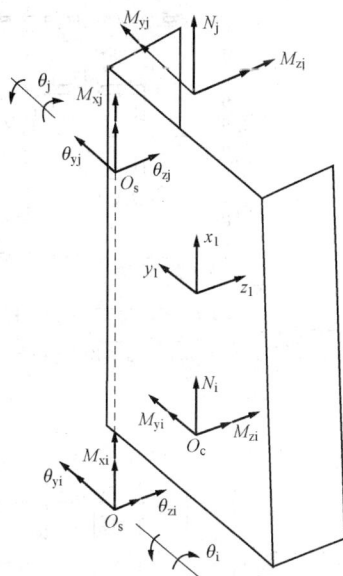

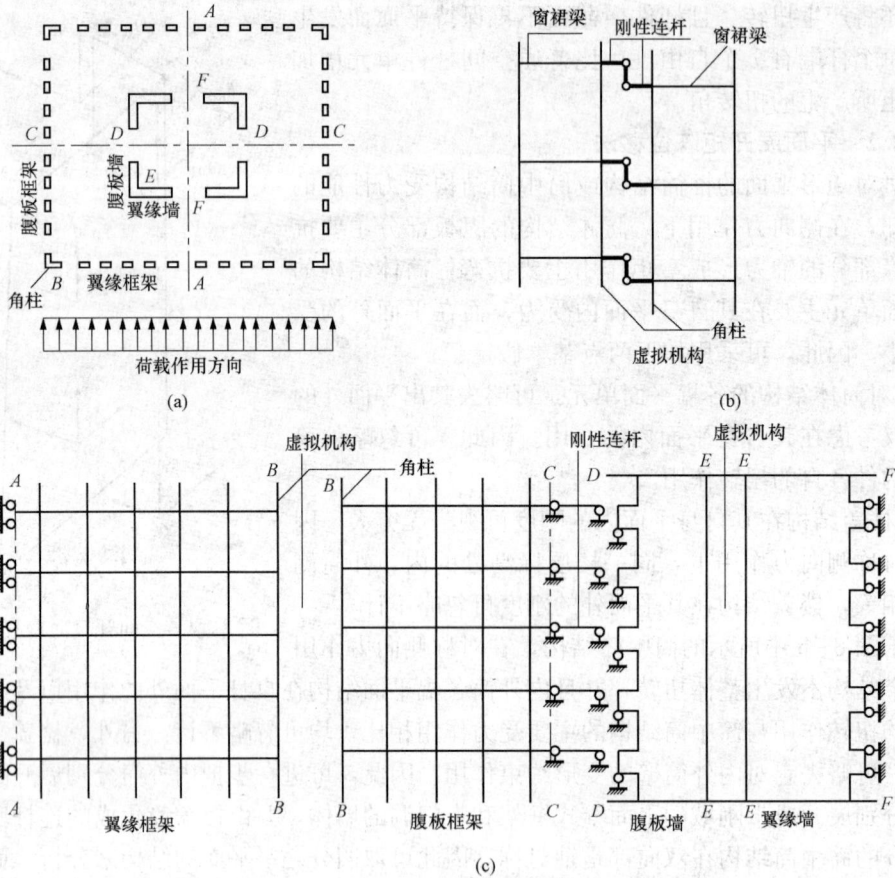

(a)

(b)

(c)

图 8-5 筒中筒结构平面展开矩阵位移法

拟角柱的轴向刚度时，其截面积取实际角柱截面积的二分之一；当计算虚拟角柱的弯曲刚度时，其惯性矩可取实际角柱在相应方向的惯性矩。第二种方法是从虚拟角柱的简化力学模式，根据在相同荷载作用下变形相等的原则，导出虚拟角柱的轴向刚度与抗弯刚度的计算公式。

把筒中筒结构简化成平面结构后，就用平面结构的方法计算了。

8.2.3 等效弹性连续体能量法

等效弹性连续体能量法是基于楼板在其平面内的刚度为无限大和框筒的筒壁在其自身平面外的作用很小，只考虑其平面内的作用的基本假定，把框筒结构简化成由四榀等效的正交异性弹性板所组成的实腹筒体，用能量法求解。

在实际工程中，梁和柱的间距沿建筑物高度方向常常保持不变。为了在分析中简化公式推导，同时假定梁与柱的横截面沿建筑高度方向保持不变。于是由密集柱和窗裙梁所组成的每榀框架都可用一榀等厚的正交异性板来等效，从而把框筒结构等效成一个无孔实腹筒体（见图 8-6），并可利用能量法求解。等效正交异性弹性板的刚度特征值可通过弹性板与实际结构的变形等效条件来求得。

在轴向力作用（见图 8-7）的情况下，对于每个开间，如果能满足：

$$AE = dtE_{eq} \tag{8-1}$$

式中 A——每根柱的截面面积；

 E——材料的弹性模量；

 d——柱距；

 t——等效板厚；

 E_{eq}——等效弹性模量。

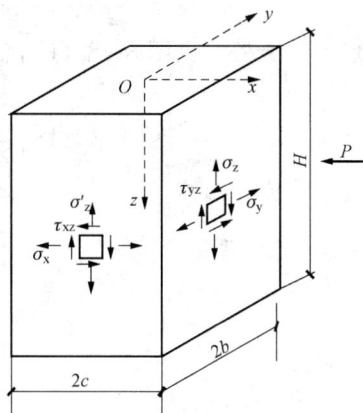

图 8-6 等效无孔实腹筒体

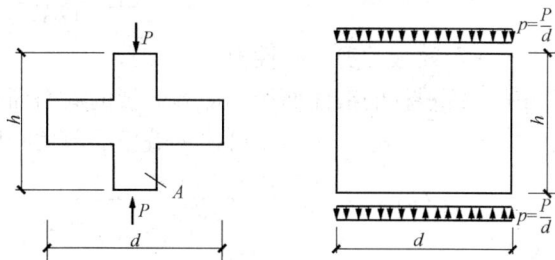

图 8-7 等效正交异性弹性板的轴向刚度特征值

则框架与墙板两者在轴力作用下的荷载变形关系将会相等。

若取等效板的截面面积 dt 和柱子截面面积 A 相等，则

$$E_{eq} = E \tag{8-2}$$

等效墙板的剪切模量应按壁式框架与等效墙板在承受相同的剪力 V 时，两者能发生相等的水平位移这一条件来选择（见图 8-8）。现假定图 8-8 壁式框架中，柱中的反弯点都在层高的中间，梁内的反弯点都在梁的跨中。这样，整个壁式框架的受力与变形特性就可以取一个梁柱单元进行研究。由于柱的间距很小，窗裙梁的截面又很高，相对于层高与梁的跨度来说，梁柱节点区的刚域必须考虑。这时，假定梁柱单元在每个节点处存在着短的刚臂，其宽度等于柱宽，高度等于梁高。

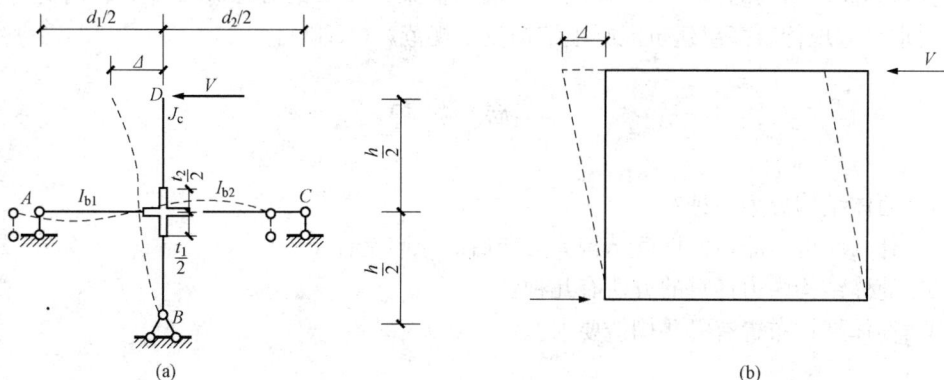

图 8-8 等效正交异性弹性板的剪切刚度特征值

框架梁柱单元上的受力及边界约束条件如图 8-8（a）所示。水平剪力 V 作用在节点 D，

最终的水平位移是 Δ，可得出剪力与位移之间的关系为：

$$V\frac{h}{2}=\frac{6EI}{e^2}\left(1+\frac{t_2}{e}\right)\cfrac{\Delta}{1+\cfrac{2\dfrac{I_c}{e}\left(1+\dfrac{t_2}{e}\right)^2}{\dfrac{I_{b1}}{l_1}\left(1+\dfrac{t_1}{l_1}\right)^2+\dfrac{I_{b2}}{l_2}\left(1+\dfrac{t_1}{l_2}\right)^2}} \tag{8-3}$$

式中，$e=h-t_2$；$l_1=d_1-t_1$；$l_2=d_2-t_1$。

对于具有同样开间宽度，承受同样大小的剪力 V 繁荣等效墙板，见图 8-8（b），它的荷载与位移间的关系满足：

$$\Delta=\frac{V}{GA}h \tag{8-4}$$

式中　G——等效板的剪切弹性模量；

　　　　A——每根柱的截面面积亦即等效板的截面面积。

由式（8-3）、式（8-4），可得等效板的剪切刚度为：

$$GA=\frac{12EI_c}{e^2}\left(1+\frac{t_2}{e}\right)\cfrac{\Delta}{1+\cfrac{2I_c\left(1+\dfrac{t_2}{e}\right)^2}{e\left[\dfrac{I_{b1}}{l_1}\left(1+\dfrac{t_1}{l_1}\right)^2+\dfrac{I_{b2}}{l_2}\left(1+\dfrac{t_1}{l_2}\right)^2\right]}} \tag{8-5}$$

若把其中一根梁的惯性矩设为零，则这个关系式可用于边柱。

一般来说，在实际结构工程中，常有 $I_{b1}=I_{b2}=I_b$，$d_1=d_2=d$，$l_1=l_2=l=d-t_1$，则：

$$GA=\frac{12EI_c}{e^2}\left(1+\frac{t_2}{e}\right)\cfrac{1}{1+\cfrac{l}{e}\cfrac{I_c\left(1+\dfrac{t_2}{e}\right)^2}{I_b\left(1+\dfrac{t_1}{l}\right)^2}} \tag{8-6}$$

等效墙板的总剪切刚度 GA 等于各柱的等效剪切刚度 GA_i 值的总和。

这样，就把实际为密柱深梁的框筒结构等效为厚度为 t、等效弹性模量为 E、等效剪切模量为 G 的封闭的实腹筒，并可根据能量进一步求解。

计算得到筒体结构的内力后，按照剪力墙、框架、连梁的方法设计外筒、内筒等构件。其构造要求参考现行《高层建筑混凝土结构技术规范》（JGJ3）。

思 考 题

8.1　筒体结构分为几种？

8.2　什么叫剪力滞后？框筒结构剪力滞后的原因是什么？

8.3　筒体结构内力计算的方法有几种？

8.4　筒体结构布置有哪些构造要求？

第9章 框架结构设计实例

9.1 工 程 概 况

9.1.1 建筑条件

本工程为长春市某大厦，建筑面积为 5984m²，使用年限为 50 年，抗震设防烈度按 7 度设计，结构类型采用 8 层框架结构，进深为 6.6m，开间为 3.6m。耐火等级及耐久性等级均为二级。首层室内地面标高±0.000，室内外高差 0.45m，首层层高 4.2m，标准层层高 3.6m。

9.1.2 自然条件

(1) 地下水情况：本场区地下水属潜水，水位高程为−2.5m，略受季节的影响，但变化不大。根据该场区原有测试资料，地下水无腐蚀性。

(2) 地质资料：场地地势平坦，场地土类别、地质勘察资料见地质勘察报告。

(3) 抗震设防要求：7 度设防。

(4) 基本风压：0.65 kN/m²，基本雪压：0.45 kN/m²。

(5) 土壤冻结深度：1.7m。

9.1.3 建筑做法

1. 屋面做法（上人）

40mm 厚现浇 C20 细实混凝土板

4mm 厚 SBS 卷材防水层

20mm 厚 1∶3 水泥砂浆找平

80mm 厚苯板保温层

120mm 厚水泥膨胀珍珠岩找坡

100mm 厚现浇钢筋混凝土板

2. 楼面做法

(1) 房间、走道楼面：

1) 20mm 厚全瓷防滑地砖贴面。

2) 20mm 厚水泥砂浆面层。

3) 100mm 厚钢筋混凝土板。

4) 15mm 厚板底抹灰。

(2) 卫生间楼面：

8mm 厚地砖楼面，干水泥擦缝

撒素水泥面（洒适量清水）

20mm 厚 1∶4 干硬性水泥砂浆结合层

60mm 厚 C20 细石混凝土向地漏找平，最薄处 30mm 厚

聚氨酯三遍涂膜防水层厚 1.5～1.8 或用其他防水涂料防水层，防水层周边卷起

高 150mm

20mm 厚 1：3 水泥砂浆找平层，四周抹小八字角

100mm 厚现浇钢筋混凝土楼板

（3）内墙面做法。

200mm 厚加气混凝土砌块

内外 20mm 厚 1：3 水泥砂浆抹面

（4）外墙面做法。

200mm 厚加气混凝土砌块

80mm 厚苯板

内外 20mm 厚 1：3 水泥砂浆抹面

9.2   结构布置及计算简图

9.2.1   材料选用

混凝土：梁、板采用 C25，$f_c=11.9$ N/mm^2，$E_c=2.80\times10^4$ N/mm^2；

柱采用 C45，$f_c=21.1$ N/mm^2，$E_c=3.35\times10^4$ N/mm^2。

钢筋：梁、柱纵筋采用 HRB400 其他筋采用 HPB300。

9.2.2   框架梁截面尺寸

根据图 9-1 所示结构平面布置图，确定框架梁、柱、板等构件截面尺寸。

框架梁：$h=(1/10\sim1/18)L$

$\qquad\qquad =(1/10\sim1/18)\times7200$mm $=400$mm ~720mm，取 600mm。

$\qquad\quad b=(1/2\sim1/3)h$

$\qquad\qquad =(1/2\sim1/3)\times600$mm $=200$mm ~300mm，取 300mm。

故 $b\times h=300$mm$\times600$mm；

次梁：$h=(1/12\sim1/18)L$

$\qquad\qquad =(1/12\sim1/18)\times7200$mm $=400$mm ~600mm，取 500mm。

$\qquad\quad b=(1/2\sim1/3)h$

$\qquad\qquad =(1/2\sim1/3)\times500$mm $=167$mm ~250mm，取 200mm。

故 $b\times h=200$mm$\times500$mm。

基础梁：取 $h=500$mm，$b=300$mm。

9.2.3   框架柱截面尺寸

根据 $N=(12\sim14)nF$ ，由公式：$A\geqslant\dfrac{1.2\times(12\sim14)nF}{[\mu]f_C}$ 确定第一层柱截面尺寸为：

$$A\geqslant\frac{1.2\times(12\sim14)\times8\times(3.3+1.5)\times7.2\times10^3}{0.75\times21.1}$$

$$=251\ 584\text{mm}^2\sim293\ 514\text{mm}^2$$

则 $b\geqslant\sqrt{293\ 514}=542$ mm^2

取 $b\times h=600$mm$\times600$mm

本工程各层框架柱截面尺寸及柱高按表 9-1 采用。

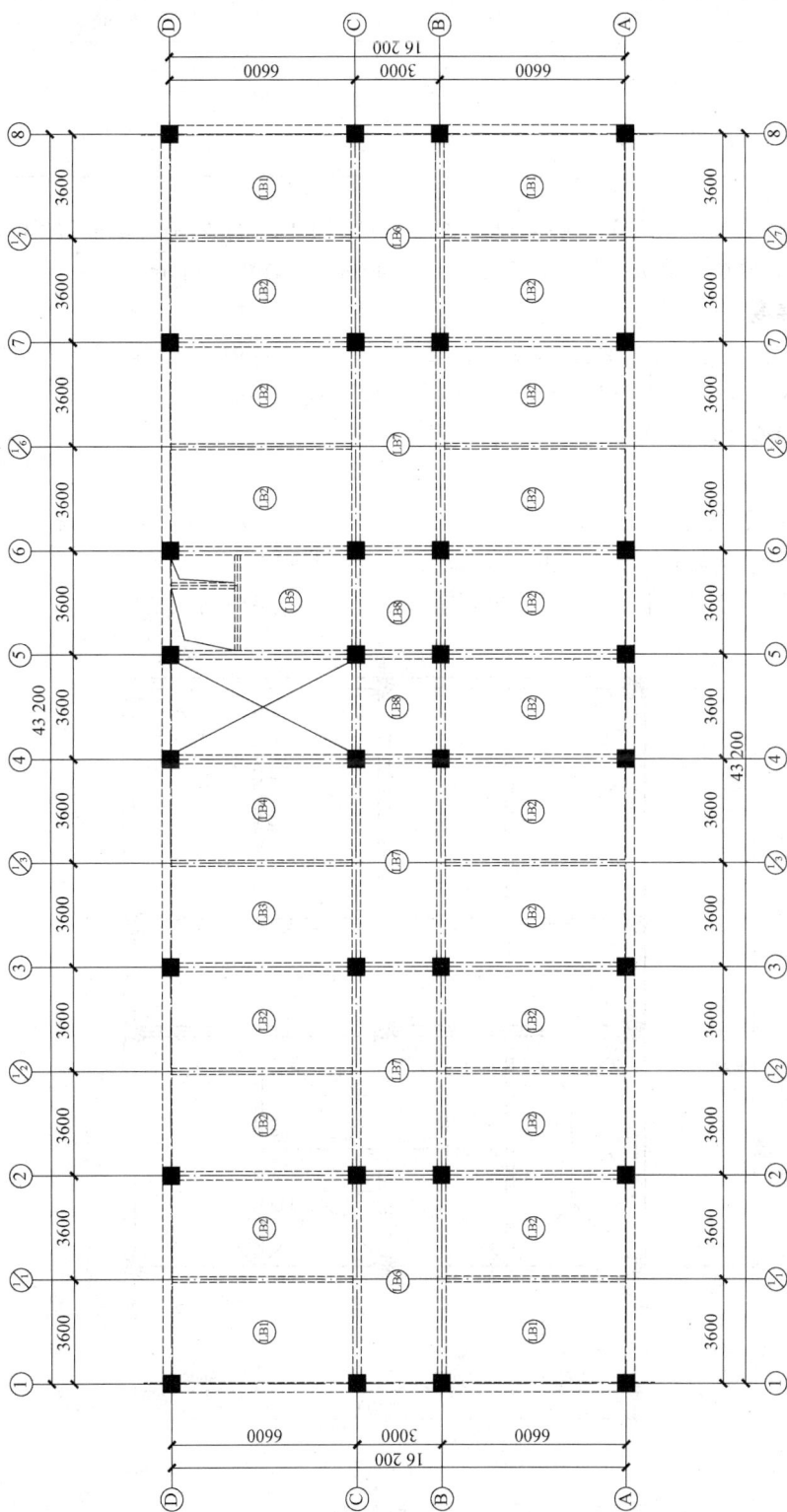

图 9 - 1　结构平面布置图

表 9 - 1　　　　　　　　　　　　　　　　　框 架 柱 截 面

框架柱	截面尺寸 $b \times h$(mm×mm)	柱高（mm）
第1层	600×600	5500
2～5层	550×550	3600
6～8层	500×500	3600

说明：底层柱高从基础顶面至二层楼板板底，取基础顶面至室外地坪的高度为 0.95m，室内外高差 0.45m，底层柱高 $h = 4.2\text{m} + 0.95\text{m} + 0.45\text{m} - 0.1\text{m} = 5.50\text{m}$。

9.2.4　楼板厚度

为满足刚度要求，连续双向板板厚 $h \geqslant l_0/40$ 且 $\geqslant 80\text{mm}$，由于 $l_0 = 3600\text{mm}$，故 $h \geqslant 3600\text{mm}/40 = 90.0\text{mm}$，故取板厚为 100mm，顶层楼板厚取 120mm。

9.2.5　一榀框架计算简图

1. 计算单元

该框架柱网平面布置规则，主要为纵向框架承重，本设计以中间位置的一榀横向框架 KJ - 3 进行设计计算，框架 KJ - 3 的计算单元如图 9 - 2 中的阴影范围。KJ - 3 的计算简图确定时，框架梁的跨度等于顶层柱截面形心轴线之间的距离，底层柱高从基础顶面算至二层楼

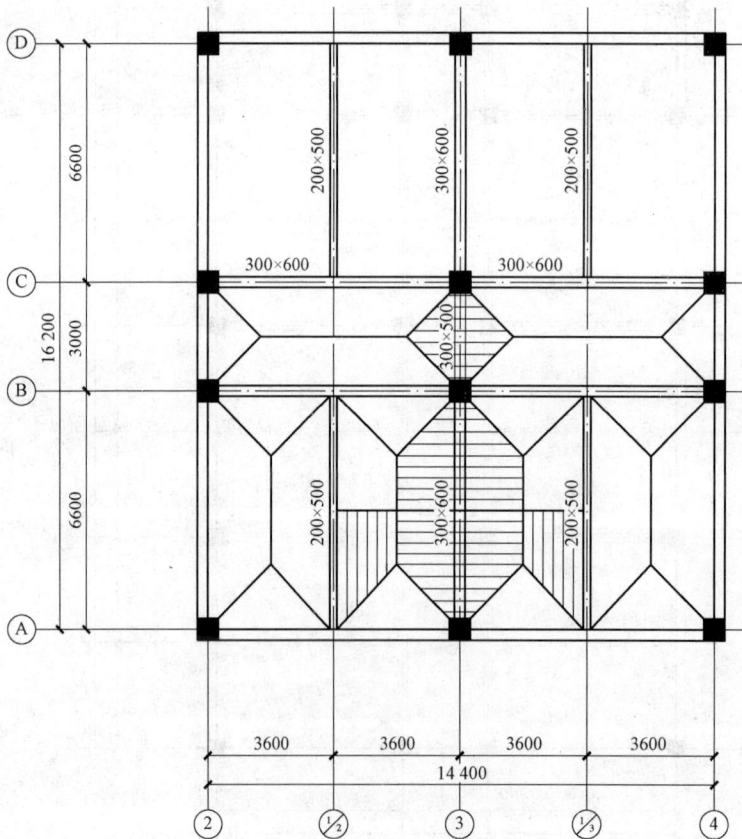

图 9 - 2　局部结构平面布置图

板底，为 5.5m，其余各层的柱高为建筑层高，均为 3.6m，计算各构件的相对线刚度，确定计算简图见图 9-3。

2. 梁、柱线刚度计算

AB 跨梁：$i_b^{AB} = 2E_c I/l_{AB}$

$$= \frac{2 \times \dfrac{300 \times 600^3}{12} \times 2.80 \times 10^4}{6600}$$

$$= 45.82 \times 10^9 \text{ N/mm}^2$$

BC 跨梁：$i_b^{BC} = 2E_c I/l_{BC}$

$$= \frac{2 \times \dfrac{300 \times 500^3}{12} \times 2.80 \times 10^4}{3000}$$

$$= 58.33 \times 10^9 \text{ N/mm}^2$$

底层柱：

$$i_c = \frac{E_c I}{H_1} = \frac{\dfrac{600^4}{12} \times 3.35 \times 10^4}{5500}$$

$$= 65.78 \times 10^9 \text{ N/mm}^2$$

二、三、四、五层柱：

$$i_c = \frac{E_c I}{H_1} = \frac{\dfrac{550^4}{12} \times 3.35 \times 10^4}{3600}$$

$$= 70.96 \times 10^9 \text{ N/mm}^2$$

六、七、八层柱：

$$i_c = \frac{E_c I}{H_1} = \frac{\dfrac{500^4}{12} \times 3.35 \times 10^4}{3600}$$

$$= 48.47 \times 10^9 \text{ N/mm}^2$$

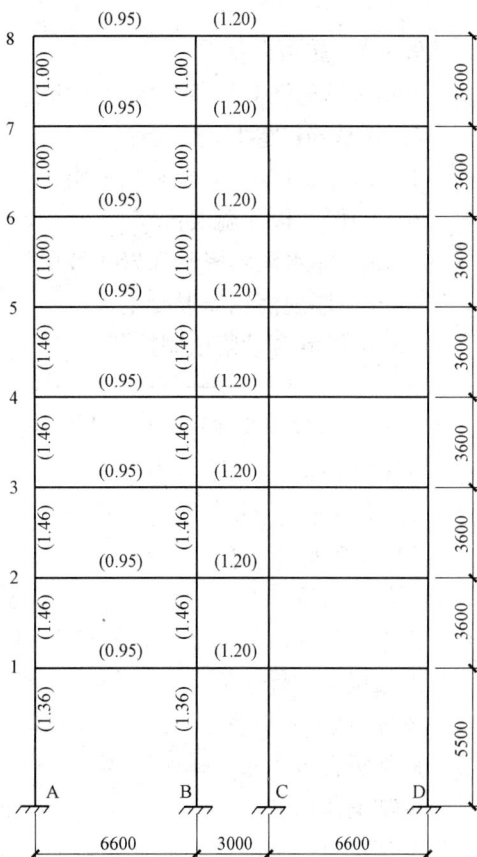

图 9-3 计算简图

内力分析时一般只要梁柱相对线刚度比，为计算简便，取六～八层柱的线刚度作为基础值 1，算得各杆件的相对线刚度比，如图 9-3 括号内所示。

3. 规则性验算

因底层柱柱高高于其他层，对横向框架侧向刚度比进行验算。对于框架结构，楼层与上部相邻楼层的侧向刚度比：

$$r_1 = D_i - 1/D_i$$

$$r_1 = D_1/D_2 = \frac{1.36 \times 4 + 0.95 \times 2 + 1.2}{1.46 \times 4 + 0.95 \times 2 + 1.2} = 0.96 > 0.7$$

$$r_1 = D_2/D_3 = \frac{1.46 \times 4 + 0.95 \times 2 + 1.2}{1.46 \times 4 + 0.95 \times 2 + 1.2} = 1.00$$

$$r_1 = D_3/D_4 = \frac{1.46 \times 4 + 0.95 \times 2 + 1.2}{1.46 \times 4 + 0.95 \times 2 + 1.2} = 1.00$$

且与上部相邻三层侧向刚度比的平均值大于 0.8，满足规则框架要求。

9.3 荷 载 收 集

9.3.1 屋面框架梁

40mm 厚现浇 C20 细实混凝土板：	$0.04\text{m}\times24\text{kN/m}^3=0.96\text{kN/m}^2$
4mm 厚 SBS 卷材防水层：	0.35kN/m^2
20mm 厚 1∶3 水泥砂浆找平层：	$0.02\text{m}\times20\text{kN/m}^3=0.40\text{kN/m}^2$
80mm 厚苯板保温层：	$0.08\text{m}\times0.5\text{kN/m}^3=0.04\text{kN/m}^2$
120mm 厚水泥膨胀珍珠岩找坡层：	$0.12\text{m}\times10\text{kN/m}^3=1.2\text{kN/m}^2$
100mm 厚现浇钢筋混凝土板：	$0.1\text{m}\times25\text{kN/m}^3=2.5\text{kN/m}^2$
15mm 厚混合砂浆顶棚抹灰：	$0.015\text{m}\times17\text{kN/m}^3=0.26\text{kN/m}^2$

屋面板均布恒荷载标准值： $\qquad\qquad 5.71\text{kN/m}^2$

AB 跨屋面梁上恒荷载标准值： $\qquad g_{wk1}=3.6\text{m}\times5.71\text{kN/m}^2=20.56\text{kN/m}$

BC 跨屋面梁上恒荷载标准值： $\qquad g_{wk2}=1.5\text{m}\times2\times5.71\text{kN/m}^2=17.13\text{kN/m}$

AB 跨框架梁自重：

框架梁自重 $\qquad\qquad 0.3\text{m}\times(0.6\text{m}-0.1\text{m})\times25\text{kN/m}^3=3.75\text{kN/m}$

框架梁侧抹灰 $\qquad [(0.6\text{m}-0.1\text{m})\times2+0.3\text{m}]\times0.02\text{m}\times17\text{kN/m}^3=0.44\text{kN/m}$

框架梁自重标准值 $\qquad\qquad g_{wk3}=4.19\text{kN/m}$

BC 跨框架梁自重：

框架梁自重 $\qquad\qquad 0.3\text{m}\times(0.5\text{m}-0.1\text{m})\times25\text{kN/m}^3=3.0\text{kN/m}$

框架梁侧抹灰 $\qquad [(0.5\text{m}-0.1\text{m})\times2+0.3\text{m}]\times0.02\text{m}\times17\text{kN/m}^3=0.37\text{kN/m}$

框架梁自重标准值 $\qquad\qquad g_{wk4}=3.37\text{kN/m}$

屋面上人，活荷载标准值为 2.0kN/m^2，则

AB 跨屋面梁上活荷载标准值： $\qquad q_{wk1}=3.6\text{m}\times2.0\text{kN/m}^2=7.2\text{kN/m}$

BC 跨屋面梁上活荷载标准值： $\qquad q_{wk2}=2\times1.5\text{m}\times2.0\text{kN/m}^2=6.0\text{kN/m}$

女儿墙自重标准值：（900mm 高，240mm 厚双面抹灰砖墙自重）

$\qquad\qquad 0.9\text{m}\times(2\times0.02\text{m}\times17\text{kN/m}^3+0.24\times19\text{kN/m}^3)=4.72\text{kN/m}$

纵向框架梁自重标准值：

纵向框架梁自重 $\qquad\qquad 0.3\text{m}\times(0.6\text{m}-0.1\text{m})\times25\text{kN/m}^3=3.75\text{kN/m}$

框架梁侧抹灰 $\qquad [(0.6\text{m}-0.1\text{m})\times2+0.3\text{m}]\times0.02\text{m}\times17\text{kN/m}^3=0.44\text{kN/m}$

$\qquad\qquad\qquad\qquad\qquad\qquad\qquad\qquad 4.19\text{kN/m}$

次梁自重标准值：

纵向框架梁自重 $\qquad\qquad 0.2\text{m}\times(0.5\text{m}-0.1\text{m})\times25\text{kN/m}^3=2.0\text{kN/m}$

框架梁侧抹灰 $\qquad [(0.5\text{m}-0.1\text{m})\times2+0.2\text{m}]\times0.02\text{m}\times17\text{kN/m}^3=0.34\text{kN/m}$

$\qquad\qquad\qquad\qquad\qquad\qquad\qquad\qquad 2.34\text{kN/m}$

A 轴纵向框架梁传来恒荷载标准值 G_{wk1}：

女儿墙自重： $\qquad\qquad\qquad\qquad 4.72\text{kN/m}\times7.2\text{m}=33.98\text{kN}$

纵向框架梁自重： $4.19kN/m \times 7.2m = 30.17kN$

次梁自重： $2.34kN/m \times 3.3m = 7.72kN$

屋面恒荷载传来：

$$[7.2m \times 3.3m - (1.5m + 3.3m) \times 1.8m \times \frac{1}{2} \times 2] \times 5.71kN/m^2 = 86.34kN$$

$$G_{wk1} = 158.21kN$$

B 轴纵向框架梁传来恒荷载标准值 G_{wk2}：

纵向框架梁自重： $4.19kN/m \times 7.2m = 30.17kN$

次梁自重： $2.34kN/m \times 3.3m = 7.72kN$

屋面恒荷载传来：

$$[7.2m \times 3.3m - (1.5m + 3.3m) \times 1.8m \times \frac{1}{2} \times 2] \times 5.71kN/m^2 = 86.34kN$$

$$[7.2m \times 1.5m - (1.5m \times 1.5m \times \frac{1}{2} \times 2)] \times 5.71kN/m^2 = 48.82kN$$

合计： $G_{wk2} = 173.05kN$

A 轴纵向框架梁传来活荷载标准值 Q_{wk1}：

屋面活荷载传来：

$$[7.2m \times 3.45m - (1.65m + 3.45m) \times 1.8m \times \frac{1}{2} \times 2] \times 2.0kN/m^2 = 31.32kN$$

$$Q_{wk1} = 31.32kN$$

B 轴纵向框架梁传来活荷载标准值 Q_{wk2}：

屋面活荷载传来：

$$[7.2m \times 3.45m - (1.65m + 3.45m) \times 1.8m \times \frac{1}{2} \times 2] \times 2.0kN/m^2 = 31.32kN$$

$$[7.2m \times 1.5m - (1.5m \times 1.5m \times \frac{1}{2} \times 2)] \times 2.0kN/m^2 = 17.10kN$$

$$Q_{wk2} = 48.42kN$$

A 轴纵向框架梁中心往外侧偏移柱轴线，应考虑 100mm 的偏心，以及由此产生的节点弯矩。则 $M_{wk1} = 158.21kN \times 0.1m = 15.8kN \cdot m$，$M_{wk2} = 31.32kN \times 0.1m = 3.12kN \cdot m$。

屋面梁荷载简图如图 9 - 4 所示。

9.3.2 楼面框架梁

楼面均布恒荷载标准值：

20mm 全瓷防滑地砖： $0.6 \ kN/m^2$

20mm 厚水泥砂浆面层： $0.02m \times 20kN/m^3 = 0.4 \ kN/m^2$

100mm 厚混凝土楼板： $0.1m \times 25kN/m^3 = 2.5 \ kN/m^2$

15mm 厚混合砂浆顶棚抹灰： $0.015m \times 17kN/m^3 = 0.26 \ kN/m^2$

$$3.76kN/m^2$$

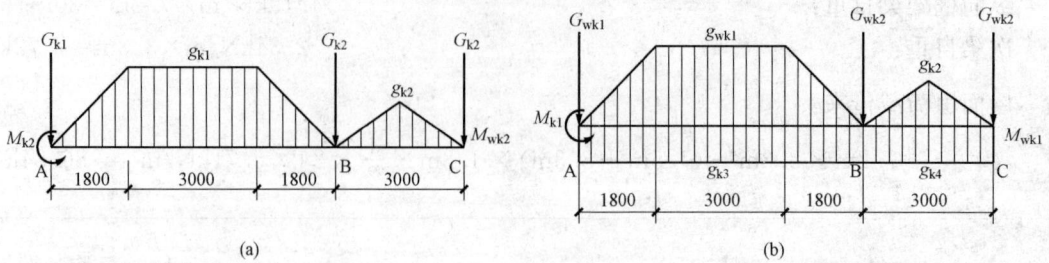

图 9-4　屋面梁荷载简图

(a) 屋面梁恒荷载；(b) 屋面梁活荷载

内隔墙自重（2～8 层）：

200mm 厚陶粒空心砌块：　　　　　　　　　　　$0.2m \times 5kN/m^3 = 1.0kN/m^2$

20mm 砂浆双面抹灰：　　　　　　　　　　$2 \times 0.02m \times 17kN/m^3 = 0.68kN/m^2$

　　　　　　　　　　　　　　　　　　　　　　　　　　$1.68kN/m^2$

内隔墙自重标准值　　　　　$1.68kN/m^2 \times (3.6m - 0.6m) = 5.04kN/m$

AB 跨楼面梁上恒荷载标准值：　　　　$g_{k1} = 3.6m \times 3.76kN/m^2 = 13.54kN/m$

AB 跨框架梁自重＋墙体自重：　　　$g_{k3} = 4.19kN/m + 5.04kN/m = 9.23kN/m$

BC 跨楼面梁上恒荷载标准值：　　　$g_{k2} = 2 \times 1.5m \times 3.76kN/m^2 = 11.28kN/m$

BC 跨框架梁自重标准值：　　　　　　　　　　　　　$g_{k4} = 3.37kN/m$

办公楼楼面活荷载标准值为 $2.0kN/m^2$，走廊楼面活荷载标准值为 $2.5kN/m^2$，则：

AB 跨楼面梁上活荷载标准值：　　　　　$q_{k1} = 3.6m \times 2.0kN/m^2 = 7.2kN/m$

BC 跨楼面梁上活荷载标准值：　　　　　　$q_{k2} = 3.6m \times 2.5kN/m^2 = 9kN/m$

楼面纵向框架梁传来作用于柱顶的集中荷载

外纵墙自重标准值：

墙重：　　$[7.2m \times (3.6m - 0.6m) - (2.4m \times 2.1m \times 2)] \times 1.72kN/m^2 = 19.81kN$

窗重：　　　　　　　　　$2.4m \times 2.1m \times 2 \times 0.45kN/m^2 = 4.54kN$

合计：　　　　　　　　　　　　　　　　　　　　　　24.35kN

内纵墙自重标准值：

墙重：　　$[7.2m \times (3.6m - 0.6m) - (1.0m \times 2.4m \times 2)] \times 1.68kN/m^2 = 28.22kN$

门重：　　　　　　　　　　$1.0m \times 2.4m \times 2 \times 0.45kN/m^2 = 2.16kN$

合计：　　　　　　　　　　　　　　　　　　　　　　30.38kN

A 轴纵向框架梁传来恒荷载标准值 G_{k1}：

外纵墙重：　　　　　　　　　　　　　　　　　　　　24.35kN

纵向框架梁自重：　　　　　　　　　$4.19kN/m^2 \times 7.2m = 30.17kN$

次梁自重：　　　　　　　　　　　　　$2.34kN/m^2 \times 3.3m = 7.72kN$

次梁上墙重：　　　　　　$3.3m \times (3.6m - 0.6m) \times 1.68kN/m^2 = 16.63kN$

楼面恒荷载传来：　　$[7.2m \times 3.3m - (1.5m + 3.3m) \times 1.8] \times 3.76kN/m^2 = 56.85kN$

合计： $G_{k1} = 135.72\text{kN}$

B 轴纵向框架梁传来恒荷载标准值 G_{k2}：

内纵墙重：   30.38kN

纵向框架梁自重： $4.19\text{kN/m}^2 \times 7.2\text{m} = 30.17\text{kN}$

次梁自重： $2.34\text{kN/m}^2 \times 3.3\text{m} = 7.72\text{kN}$

次梁上墙重： $3.3\text{m} \times (3.6\text{m} - 0.6\text{m}) \times 1.68\text{kN/m}^2 = 16.63\text{kN}$

楼面恒荷载传来：

$$[7.2\text{m} \times 3.3\text{m} - (1.5\text{m} + 3.3\text{m}) \times 1.8\text{m}] \times 3.76\text{kN/m}^2 = 56.85\text{kN}$$

$$(7.2\text{m} \times 1.5\text{m} - 1.5\text{m} \times 1.5\text{m}) \times 3.76\text{kN/m}^2 = 32.15\text{kN}$$

合计： $G_{k2} = 173.90\text{kN}$

A 轴纵向框架梁传来活荷载标准值 Q_{k1}：

楼面活荷载传来：

$$\left[7.2\text{m} \times 3.3\text{m} - (1.5\text{m} + 3.3\text{m}) \times 1.8\text{m} \times \frac{1}{2} \times 2\right] \times 2.0\text{kN/m}^2 = 30.24\text{kN}$$

B 轴纵向框架梁传来活荷载标准值 Q_{k2}：

楼面活荷载传来：$[7.2\text{m} \times 3.3\text{m} - (1.5\text{m} + 3.3\text{m}) \times 1.8\text{m}] \times 2.0\text{kN/m}^2 = 30.24\text{kN}$

$$(7.2\text{m} \times 1.5\text{m} - 1.5\text{m} \times 1.5\text{m}) \times 2.5\text{kN/m}^2 = 21.38\text{kN}$$

合计： $Q_{k2} = 51.62\text{kN}$

A 轴横向框架梁偏心产生的节点弯矩：

6~7 层： $M_{k1} = G_{k1} \times 0.05\text{m} = 135.26\text{kN} \times 0.1\text{m} = 13.50\text{kN} \cdot \text{m}$

2~5 层： $M_{k1} = G_{k1} \times 0.125\text{m} = 135.26\text{kN} \times 0.125\text{m} = 16.91\text{kN} \cdot \text{m}$

1 层： $M_{k1} = G_{k1} \times 0.15\text{m} = 135.26\text{kN} \times 0.15\text{m} = 20.29\text{kN} \cdot \text{m}$

活荷载：1 层： $M_{k2} = 30.24\text{kN} \times 0.1\text{m} = 3.02\text{kN} \cdot \text{m}$

2~5 层： $M_{k2} = 30.24\text{kN} \times 0.125\text{m} = 3.78\text{kN} \cdot \text{m}$

6~7 层： $M_{k2} = 30.24\text{kN} \times 0.15\text{m} = 4.54\text{kN} \cdot \text{m}$

楼面梁荷载简图如图 9-5 所示。

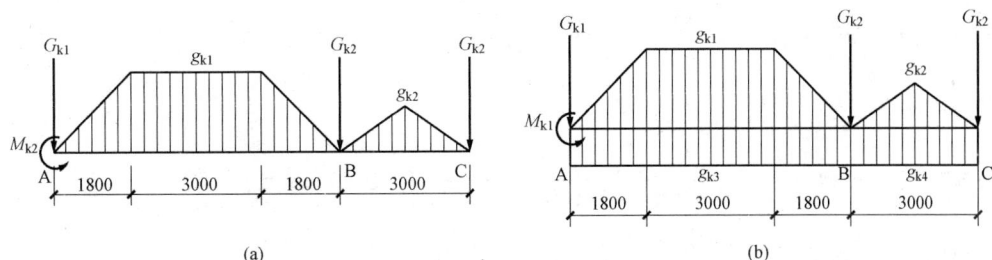

图 9-5 楼面梁荷载简图

(a) 楼面梁恒荷载；(b) 楼面梁活荷载

9.3.3 柱自重（混凝土容重取 28kN/m³ 以考虑柱外抹灰重）

底层柱自重　　　　　　　　边、中柱：$0.60\text{m}\times0.60\text{m}\times5.5\text{m}\times28\text{kN/m}^3=55.44\text{kN}$

2～5 层柱自重　　　　　　　边、中柱：$0.55\text{m}\times0.55\text{m}\times3.6\text{m}\times28\text{kN/m}^3=30.49\text{kN}$

6～8 层柱自重　　　　　　　边、中柱：$0.50\text{m}\times0.50\text{m}\times3.6\text{m}\times28\text{kN/m}^3=25.20\text{kN}$

9.4 恒荷载作用下框架内力分析

恒荷载作用下框架内力分析采用二次力矩分配法计算。由于结构和荷载均对称，故计算时可用半榀框架。BC 跨取一半，跨度为 1.5m，中间改用滑动支座，梁的线刚度 $i_b^{BC}=$

$$2E_cI/l_{BC}=\frac{2\times\frac{300\times500^3}{12}\times2.80\times10^4}{1500}=116.67\times10^9\text{ N/mm}^2，则相对线刚度为 2.4。$$

9.4.1 梁固端弯矩

将梯形荷载折算成固端等效均布荷载　　$q_e=(1-2\alpha^2+\alpha^3)q$，$\alpha=a/l$

将三角形荷载折算成固端等效均布荷载　　$q_e=5/8q$

则顶层：AB 跨 $\alpha=1.8/6.6=0.273$；则 $1-2\alpha+\alpha^3=1-2\times0.273^2+0.273^3=0.871$

$q=0.871\times20.56+4.19=22.10\text{kN/m}$。

$$M_{AB}=\pm\frac{ql^2}{12}=\pm\frac{22.10\times6.6^2}{12}=\pm80.22\text{kN}\cdot\text{m}$$

BC 跨 $q=3.37+5/8\times17.13=14.08\text{kN/m}$

$$M_{BC}=-\frac{ql^2}{3}=-\frac{14.08\times1.5^2}{3}=-10.56\text{kN}\cdot\text{m}$$

其余层：AB 跨 $\alpha=1.8/6.6=0.273$；则 $1-2\alpha+\alpha^3=1-2\times0.273^2+0.273^3=0.871$

$q=0.871\times13.54+9.23=21.02\text{kN/m}$

$$M_{AB}=\pm\frac{ql^2}{12}=\pm\frac{21.02\times6.6^2}{12}=\pm76.30\text{kN}\cdot\text{m}$$

BC 跨 $q=3.37+5/8\times11.28=10.42\text{kN/m}$

$$M_{BC}=-\frac{ql^2}{3}=-\frac{10.42\times1.5^2}{3}=-7.82\text{kN}\cdot\text{m}$$

9.4.2 弯矩分配系数

以顶层节点为例：

分配系数 $\mu=i/\sum i$

A8 节点　下柱：$\mu=\frac{4\times1.0}{4\times1.0+4\times0.95}=0.51$；

右梁：$\mu=\frac{4\times0.95}{4\times1.0+4\times0.95}=0.49$

B8 节点　左梁：$\mu=\frac{4\times0.95}{4\times0.95+4\times1.0+1.0\times2.4}=0.37$；

下柱：$\mu=\frac{4\times1.0}{4\times0.95+4\times1.0+1.0\times2.4}=0.39$；

右梁：$\mu=\frac{1.0\times2.4}{4\times0.95+4\times1.0+1.0\times2.4}=0.24$。

各层分配系数见表9-2和表9-3。

表 9 - 2　　　　　　　　　　　　**A 轴 分 配 系 数 表**

层号	上柱	下柱	右梁
8		0.51	0.49
6、7	0.34	0.34	0.32
5	0.283	0.412	0.305
2、3、4	0.29	0.43	0.28
1	0.39	0.36	0.25

表 9 - 3　　　　　　　　　　　　**B 轴 分 配 系 数 表**

层号	左梁	上柱	下柱	右梁
8	0.37		0.39	0.24
6、7	0.27	0.28	0.28	0.17
5	0.24	0.25	0.36	0.15
2、3、4	0.21	0.33	0.33	0.13
1	0.22	0.33	0.31	0.14

9.4.3　内力计算

弯矩计算过程如图9-6所示，所得弯矩图如图9-7所示，节点弯矩不平衡是由于纵向框架梁在节点处存在偏心弯矩。梁端剪力可根据梁上竖向荷载引起的剪力与梁端弯矩引起的剪力相叠加而得。柱轴力可由梁端剪力和节点集中力叠加得到。计算柱底轴力还需考虑柱的自重，见表9-4。

表 9 - 4　　　　　　　　　　　**恒荷载作用下梁端剪力及柱轴力**

层号	荷载引起剪力		弯矩引起剪力		总剪力			柱轴力			
	AB跨	BC跨	AB跨	BC跨	AB跨		BC跨	A柱		B柱	
	$V_A=V_B$ (kN)	$V_B=V_C$ (kN)	$V_A=-V_B$ (kN)	$V_B=V_C$ (kN)	V_A (kN)	V_B (kN)	$V_B=V_C$ (kN)	N_u (kN)	N_l (kN)	N_u (kN)	N_l (kN)
8	63.17	17.9	−1.02	0	62.15	64.19	17.9	220.36	245.56	255.14	280.34
7	62.96	13.52	−0.08	0	62.88	62.96	13.52	444.16	469.36	512.82	538.02
6	62.96	13.52	−0.21	0	62.75	62.96	13.52	667.83	699.03	774.87	800.08
5	62.96	13.52	−0.08	0	63.04	62.88	13.52	891.79	922.28	1036.86	1067.35
4	62.96	13.52	−0.17	0	63.13	62.79	13.52	1121.13	1151.62	1304.04	1334.53
3	62.96	13.52	−0.10	0	63.06	62.86	13.52	1350.40	1380.89	1571.29	1601.78
2	62.96	13.52	−0.08	0	63.04	62.88	13.52	1579.65	1610.14	1839.46	1869.95
1	62.96	13.52	−0.24	0	63.20	62.72	13.52	1864.50	1864.50	2105.67	2161.11

竖向荷载梁端调幅系数取0.8，跨中弯矩由调幅后的梁端弯矩和跨内实际荷载求得。弯

矩图中括号内的数值代表调幅后的弯矩。

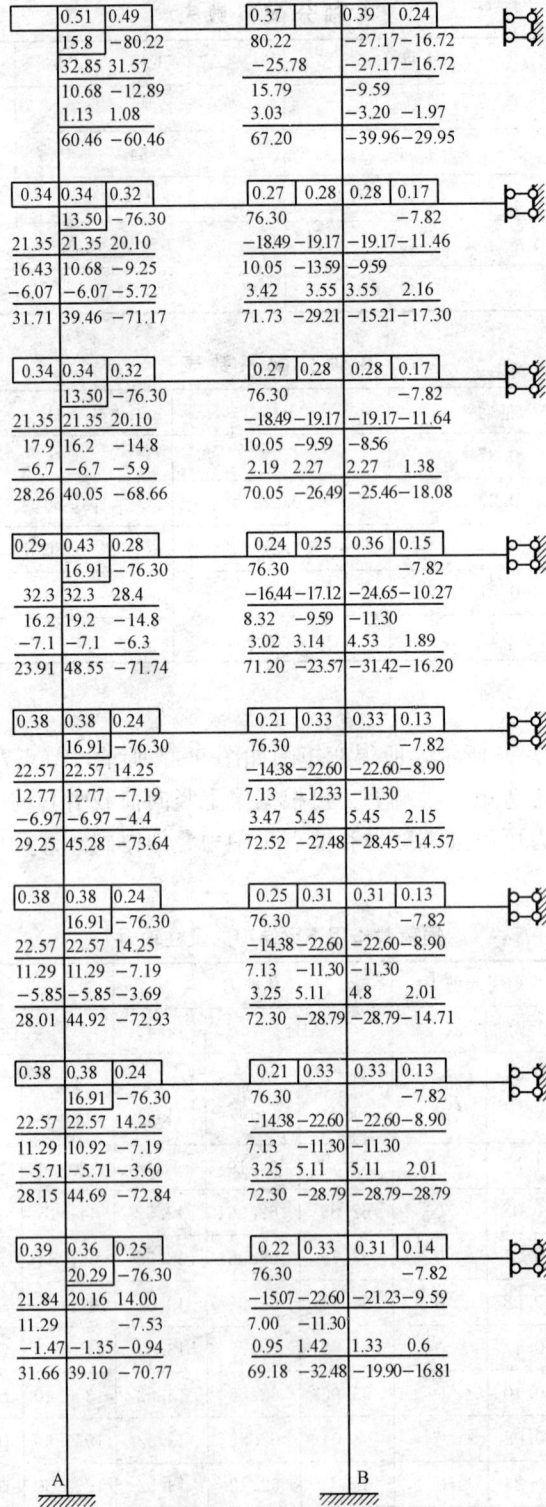

```
        0.51  0.49        0.37      0.39  0.24
        15.8 -80.22       80.22     -27.17 -16.72
        32.85 31.57       -25.78    -27.17 -16.72
        10.68 -12.89      15.79     -9.59
        1.13  1.08        3.03      -3.20 -1.97
        60.46 -60.46      67.20     -39.96 -29.95

 0.34  0.34  0.32     0.27  0.28    0.28  0.17
       13.50 -76.30      76.30        -7.82
 21.35 21.35 20.10      -18.49 -19.17  -19.17 -11.46
 16.43 10.68 -9.25      10.05 -13.59   -9.59
 -6.07 -6.07 -5.72      3.42  3.55     3.55  2.16
 31.71 39.46 -71.17     71.73 -29.21   -15.21 -17.30

 0.34  0.34  0.32     0.27  0.28    0.28  0.17
       13.50 -76.30      76.30        -7.82
 21.35 21.35 20.10      -18.49 -19.17  -19.17 -11.64
 17.9  16.2  -14.8      10.05 -9.59    -8.56
 -6.7  -6.7  -5.9       2.19  2.27     2.27  1.38
 28.26 40.05 -68.66     70.05 -26.49   -25.46 -18.08

 0.29  0.43  0.28     0.24  0.25    0.36  0.15
       16.91 -76.30      76.30        -7.82
 32.3  32.3  28.4       -16.44 -17.12  -24.65 -10.27
 16.2  19.2  -14.8      8.32  -9.59    -11.30
 -7.1  -7.1  -6.3       3.02  3.14     4.53  1.89
 23.91 48.55 -71.74     71.20 -23.57   -31.42 -16.20

 0.38  0.38  0.24     0.21  0.33    0.33  0.13
       16.91 -76.30      76.30        -7.82
 22.57 22.57 14.25      -14.38 -22.60  -22.60 -8.90
 12.77 12.77 -7.19      7.13  -12.33   -11.30
 -6.97 -6.97 -4.4       3.47  5.45     5.45  2.15
 29.25 45.28 -73.64     72.52 -27.48   -28.45 -14.57

 0.38  0.38  0.24     0.25  0.31    0.31  0.13
       16.91 -76.30      76.30        -7.82
 22.57 22.57 14.25      -14.38 -22.60  -22.60 -8.90
 11.29 11.29 -7.19      7.13  -11.30   -11.30
 -5.85 -5.85 -3.69      3.25  5.11     4.8   2.01
 28.01 44.92 -72.93     72.30 -28.79   -28.79 -14.71

 0.38  0.38  0.24     0.21  0.33    0.33  0.13
       16.91 -76.30      76.30        -7.82
 22.57 22.57 14.25      -14.38 -22.60  -22.60 -8.90
 11.29 10.92 -7.19      7.13  -11.30   -11.30
 -5.71 -5.71 -3.60      3.25  5.11     5.11  2.01
 28.15 44.69 -72.84     72.30 -28.79   -28.79 -28.79

 0.39  0.36  0.25     0.22  0.33    0.31  0.14
       20.29 -76.30      76.30        -7.82
 21.84 20.16 14.00      -15.07 -22.60  -21.23 -9.59
 11.29       -7.53      7.00  -11.30   -11.30
 -1.47 -1.35 -0.94      0.95  1.42     1.33  0.6
 31.66 39.10 -70.77     69.18 -32.48   -19.90 -16.81

   A                    B
```

图 9-6　恒荷弯矩二次分配

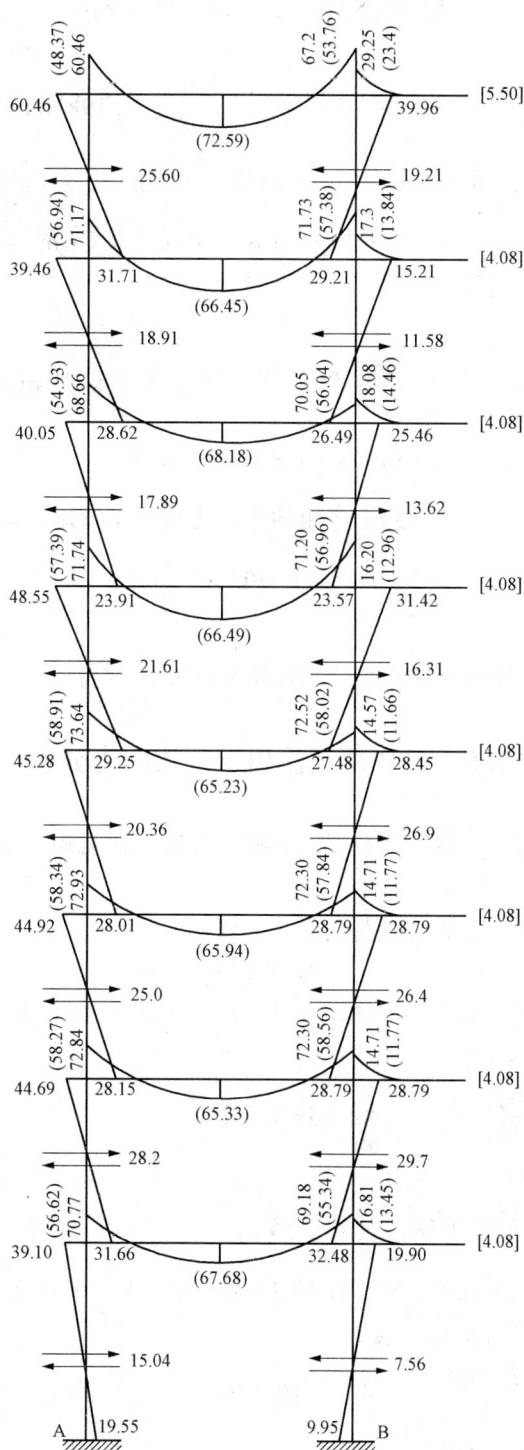

图 9-7 恒荷载作用下框架梁柱弯矩图（kN·m）

以顶层为例：

AB 跨 梁端弯矩调幅后：$M_A = 0.8 \times 60.46 = 48.37 \text{kN·m}$

$$M_{Bl} = 0.8 \times 67.20 = 53.76 \text{kN} \cdot \text{m}$$

跨中弯矩：

$$M_{AB} = \frac{-48.37 \text{kN} \cdot \text{m} - 53.76 \text{kN} \cdot \text{m}}{2} + \frac{1}{8} \times 4.19 \text{kN/m} \times (6.6 \text{m})^2 +$$

$$\frac{1}{24} \times 20.56 \text{kN} \cdot \text{m} \times (6.6 \text{m})^2 \times \left[3.0 \text{m} - 4 \times \left(\frac{1.8 \text{m}}{6.6 \text{m}} \right)^2 \right]$$

$$= -51.07 \text{kN} \cdot \text{m} + 22.81 \text{kN} \cdot \text{m} + 100.85 \text{kN} \cdot \text{m} = 72.59 \text{kN} \cdot \text{m}$$

BC 跨　梁端弯矩调幅后：$M_A = 0.8 \times 29.25 = 23.40 \text{kN} \cdot \text{m}$

跨中弯矩：

$$M_{BC} = \frac{-23.4 \text{kN} \cdot \text{m} - 23.4 \text{kN} \cdot \text{m}}{2} + \frac{1}{8} \times 3.37 \text{kN} \cdot \text{m} \times (3.0 \text{m})^2 +$$

$$\frac{1}{12} \times 17.13 \text{kN} \cdot \text{m} \times (3.0 \text{m})^2 = -6.76 \text{kN} \cdot \text{m}$$

为防止跨中正弯矩过小，取简支梁跨中弯矩的 1/3 为跨中正弯矩，有：

$$M_{BC} = \frac{1}{3} \times \left[\frac{1}{8} \times 3.37 \text{kN} \cdot \text{m} \times (3.0 \text{m})^2 + \frac{1}{12} \times 17.3 \text{kN} \cdot \text{m} \times (3.0 \text{m})^2 \right]$$

$$= 5.5 \text{kN} \cdot \text{m}$$

按 1/3 简支梁跨中弯矩调整的跨中正弯矩值用括号在图 9 - 7 中示出。

9.5　可变荷载作用下框架内力分析

按满荷载法近似考虑活荷载不利布置的影响，采用二次力矩分配法进行框架内力分析。

9.5.1　梁固端弯矩

将梯形荷载折算成固端等效均布荷载

$$q_e = (1 - 2\alpha^2 + \alpha^3)q \text{ ,} \alpha = a/l$$

则顶层：AB 跨 $\alpha = 1.8/6.9 = 0.273$；则 $1 - 2\alpha + \alpha^3 = 1 - 2 \times 0.273^2 + 0.273^3 = 0.871$

$q = 0.871 \times 7.2 = 6.27 \text{kN/m}$。

$$M_{AB} = \pm \frac{ql^2}{12} = \pm \frac{6.27 \times 6.6^2}{12} = \pm 22.76 \text{kN} \cdot \text{m}$$

BC 跨 $q = 5/8 \times 6.0 = 3.75 \text{kN/m}$

$$M_{BC} = -\frac{ql^2}{3} = -\frac{3.75 \times 1.5^2}{3} = -2.81 \text{kN} \cdot \text{m}$$

其余层：AB 跨 $\alpha = 1.8/6.6 = 0.273$；则 $1 - 2\alpha + \alpha^3 = 1 - 2 \times 0.273^2 + 0.273^3 = 0.871$

$q = 0.871 \times 7.2 = 6.27 \text{kN/m}$。

$$M_{AB} = \pm \frac{ql^2}{12} = \pm \frac{6.27 \times 6.6^2}{12} = \pm 22.76 \text{kN} \cdot \text{m}$$

BC 跨 $q = 5/8 \times 7.5 = 4.69 \text{kN/m}$

$$M_{BC} = -\frac{ql^2}{3} = -\frac{4.69 \times 1.5^2}{3} = -3.52 \text{kN} \cdot \text{m}$$

9.5.2　内力计算及调幅

弯矩分配系数同恒荷载，利用力矩二次分配法进行框架内力分析过程如图 9 - 8 所示，

AB 跨调整后的梁端弯矩和跨中弯矩结果见图 9-9。

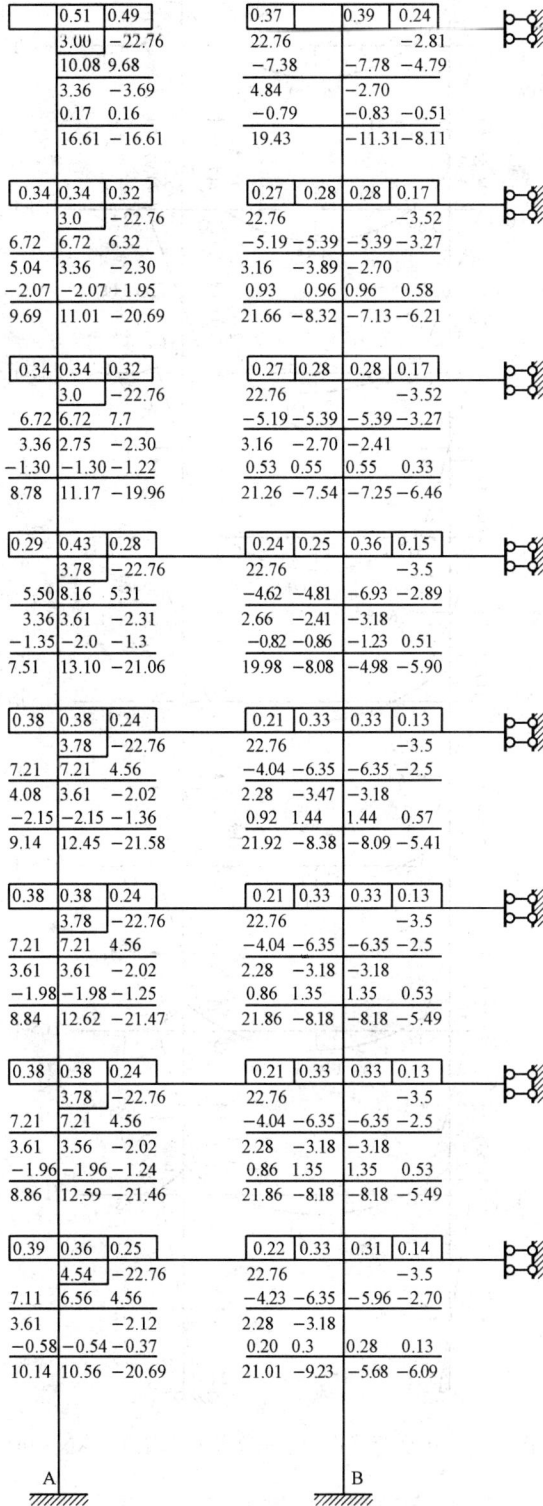

```
          0.51  0.49          0.37     0.39  0.24
          3.00  -22.76        22.76          -2.81
          10.08 9.68          -7.38    -7.78 -4.79
          3.36  -3.69         4.84     -2.70
          0.17  0.16          -0.79    -0.83 -0.51
          16.61 -16.61        19.43    -11.31 -8.11

   0.34   0.34  0.32     0.27 0.28     0.28  0.17
          3.0   -22.76        22.76          -3.52
   6.72   6.72  6.32     -5.19 -5.39   -5.39 -3.27
   5.04   3.36  -2.30    3.16  -3.89   -2.70
  -2.07  -2.07 -1.95     0.93  0.96    0.96  0.58
   9.69   11.01 -20.69   21.66 -8.32   -7.13 -6.21

   0.34   0.34  0.32     0.27 0.28     0.28  0.17
          3.0   -22.76        22.76          -3.52
   6.72   6.72  7.7      -5.19 -5.39   -5.39 -3.27
   3.36   2.75  -2.30    3.16  -2.70   -2.41
  -1.30  -1.30 -1.22     0.53  0.55    0.55  0.33
   8.78   11.17 -19.96   21.26 -7.54   -7.25 -6.46

   0.29   0.43  0.28     0.24 0.25     0.36  0.15
          3.78  -22.76        22.76          -3.5
   5.50   8.16  5.31     -4.62 -4.81   -6.93 -2.89
   3.36   3.61  -2.31    2.66  -2.41   -3.18
  -1.35  -2.0  -1.3      -0.82 -0.86   -1.23 0.51
   7.51   13.10 -21.06   19.98 -8.08   -4.98 -5.90

   0.38   0.38  0.24     0.21 0.33     0.33  0.13
          3.78  -22.76        22.76          -3.5
   7.21   7.21  4.56     -4.04 -6.35   -6.35 -2.5
   4.08   3.61  -2.02    2.28  -3.47   -3.18
  -2.15  -2.15 -1.36     0.92  1.44    1.44  0.57
   9.14   12.45 -21.58   21.92 -8.38   -8.09 -5.41

   0.38   0.38  0.24     0.21 0.33     0.33  0.13
          3.78  -22.76        22.76          -3.5
   7.21   7.21  4.56     -4.04 -6.35   -6.35 -2.5
   3.61   3.61  -2.02    2.28  -3.18   -3.18
  -1.98  -1.98 -1.25     0.86  1.35    1.35  0.53
   8.84   12.62 -21.47   21.86 -8.18   -8.18 -5.49

   0.38   0.38  0.24     0.21 0.33     0.33  0.13
          3.78  -22.76        22.76          -3.5
   7.21   7.21  4.56     -4.04 -6.35   -6.35 -2.5
   3.61   3.56  -2.02    2.28  -3.18   -3.18
  -1.96  -1.96 -1.24     0.86  1.35    1.35  0.53
   8.86   12.59 -21.46   21.86 -8.18   -8.18 -5.49

   0.39   0.36  0.25     0.22 0.33     0.31  0.14
          4.54  -22.76        22.76          -3.5
   7.11   6.56  4.56     -4.23 -6.35   -5.96 -2.70
   3.61        -2.12     2.28  -3.18
  -0.58  -0.54 -0.37     0.20  0.3     0.28  0.13
   10.14  10.56 -20.69   21.01 -9.23   -5.68 -6.09

   A                     B
```

图 9-8　活荷弯矩二次分配过程

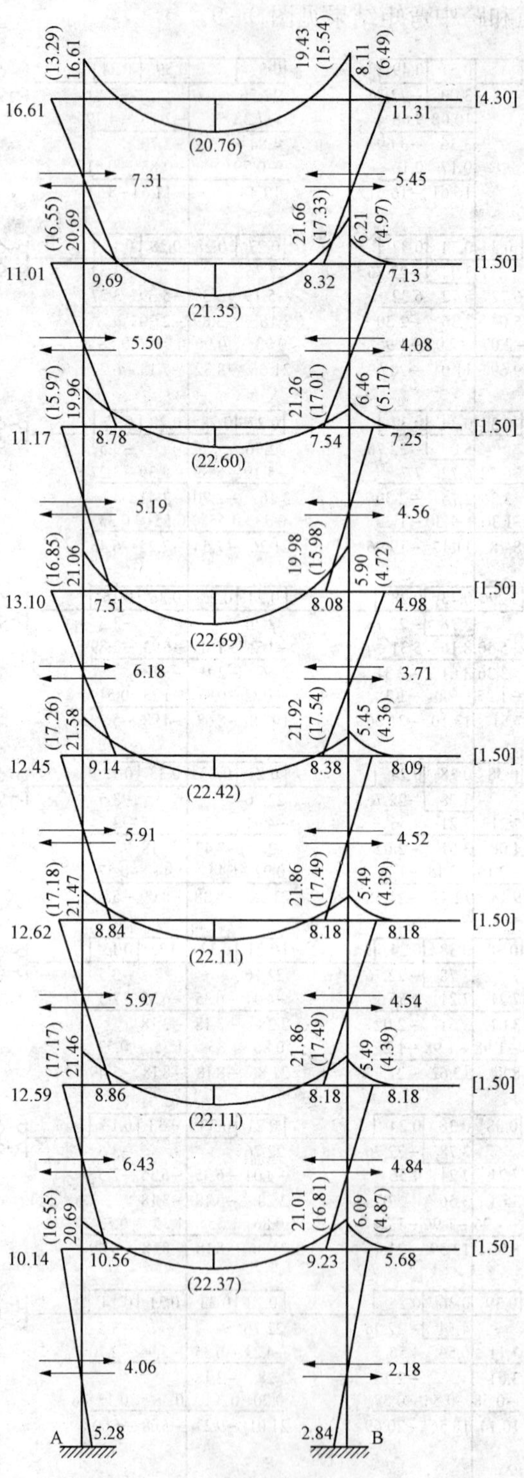

图 9-9 可变荷载作用下框架梁柱弯矩图 (kN·m)

考虑活荷载的不利布置的影响，将跨中弯矩乘以 1.2 的放大系数。

竖向荷载梁端调幅系数取 0.8，跨中弯矩由调幅后的梁端弯矩和跨内实际荷载求得，调整后的弯矩见图 9-9。弯矩图 9-9 中，括号内的数值表示调幅后的弯矩值。注意 BC 跨正弯矩仍不应小于相应简支梁跨中弯矩的 1/3。按 1/3 简支梁跨中弯矩调整的的跨中正弯矩值用方括号在图 9-9 中示出。弯矩调幅应在跨中弯矩放大后进行。

以顶层为例，说明跨中弯矩的求法。

AB 跨　梁端弯矩调幅后：$M_A = 0.8 \times 16.61 = 13.29 \text{kN} \cdot \text{m}$

$$M_{Bl} = 0.8 \times 19.43 = 15.54 \text{kN} \cdot \text{m}$$

跨中弯矩：

$$M_{AB} = 1.2 \times \left\{ \frac{-16.61 \text{kN} \cdot \text{m} - 19.43 \text{kN} \cdot \text{m}}{2} + \right.$$

$$\left. \frac{1}{24} \times 7.2 \text{kN/m} \times (6.6\text{m})^2 \times \left[3\text{m} - 4 \times \left(\frac{1.8\text{m}}{6.6\text{m}} \right)^2 \right] \right\}$$

$$= 1.2 \times (-18.02 \text{kN} \cdot \text{m} + 35.32 \text{kN} \cdot \text{m})$$

$$= 20.76 \text{kN} \cdot \text{m}$$

BC 跨　梁端弯矩调幅后：$M_A = 0.8 \times 8.11 = 6.49 \text{kN} \cdot \text{m}$

跨中弯矩：

$$M_{BC} = 1.2 \times \left[\frac{-8.11 \text{kN} \cdot \text{m} - 8.11 \text{kN} \cdot \text{m}}{2} + \frac{1}{12} \times 6.0 \text{kN/m} \times (3.0\text{m})^2 \right]$$

$$= 1.2 \times (-8.11 \text{kN} \cdot \text{m} + 4.5 \text{kN} \cdot \text{m})$$

$$= -4.32 \text{kN} \cdot \text{m}$$

为防止跨中正弯矩过小，取简支梁跨中弯矩的 1/3 为跨中正弯矩，有：

$$M_{BC} = \frac{1}{3} \times \frac{1}{12} \times 6.0 \text{kN/m} \times (3.0\text{m})^2$$

$$= 1.5 \text{kN} \cdot \text{m}$$

可变荷载作用下梁端剪力及柱轴力的计算见表 9-5。

表 9-5   可变荷载作用下梁端剪力及柱轴力   kN

层号	荷载引起剪力		弯矩引起剪力		总剪力			柱轴力			
	AB 跨	BC 跨	AB 跨	BC 跨	AB 跨		BC 跨	A 柱		B 柱	
	$V_A = V_B$	$V_B = V_C$	$V_A = -V_B$	$V_B = V_C$	V_A	V_B	$V_B = V_C$	N_u	N_l	N_u	N_l
8	17.28	4.5	−0.43	0	16.85	17.71	4.5	47.09	72.29	69.55	69.55
7	17.28	5.63	−0.17	0	17.11	17.45	5.63	119.64	144.84	165.45	165.45
6	17.28	5.63	0.20	0	17.08	17.48	5.63	192.16	217.36	269.38	269.38
5	5.63	5.63	0.16	0	17.44	17.12	5.63	265.04	295.53	368.95	368.95
4	17.28	5.63	0.05	0	17.33	17.23	5.63	343.10	373.59	473.92	473.92
3	17.28	5.63	0.05	0	17.33	17.23	5.63	421.16	451.65	579.71	579.71
2	17.28	5.63	0.05	0	17.33	17.23	5.63	499.22	529.71	683.86	683.86
1	17.28	5.63	0.05	0	17.33	17.23	5.63	577.28	632.72	788.83	788.83

9.6 风荷载作用下的框架内力分析及侧移验算

9.6.1 风荷载计算

基本风压 $w_0=0.65\text{kN/m}^2$，风载体型系数 $\mu=1.3$，地面粗糙度 C 类，查表得风压高度变化系数 μ_z 见表 9-6。

表 9-6　　　　　　　　　　　　　风压高度变化系数 μ_z

离地面高度/m	5～15	20	30
μ_z	0.65	0.74	0.88

《荷载规范》规定，对于高度大于 30m 且高宽比大于 1.5 的高层房屋，应该采用风振系数 β_z 以考虑风压脉动的影响，本工程房屋高度 $H=29.55\text{m}<30\text{m}$，故取 $\beta_z=1.0$。

各层迎风面负荷宽度为 7.2m，则各层柱顶集中风荷载标准值见表 9-7，计算简图如图 9-10 所示。

表 9-7　　　　　　　　　　　　　柱顶风荷载标准值

层数	离地面高度/m	高度变化系数 μ_z	各层柱顶集中风荷载标准值 $F_k=\beta_z\mu_s\mu_z\omega_0 A$
8	29.55	0.87	$F_8=0.65\text{kN/m}^2\times1.3\times0.87\times1.00\times(0.9\text{m}+1.8\text{m})\times7.2\text{m}=14.29\text{kN}$
7	25.95	0.82	$F_7=0.65\text{kN/m}^2\times1.3\times0.82\times0.97\times3.6\text{m}\times7.2\text{m}=17.42\text{kN}$
6	22.35	0.77	$F_6=0.65\text{kN/m}^2\times1.3\times0.77\times0.90\times3.6\text{m}\times7.2\text{m}=15.18\text{kN}$
5	18.75	0.72	$F_5=0.65\text{kN/m}^2\times1.3\times0.72\times0.84\times3.6\text{m}\times7.2\text{m}=13.25\text{kN}$
4	15.15	0.65	$F_4=0.65\text{kN/m}^2\times1.3\times0.65\times0.76\times3.6\text{m}\times7.2\text{m}=10.82\text{kN}$
3	11.55	0.65	$F_3=0.65\text{kN/m}^2\times1.3\times0.65\times0.74\times3.6\text{m}\times7.2\text{m}=10.53\text{kN}$
2	7.95	0.65	$F_2=0.65\text{kN/m}^2\times1.3\times0.65\times1.20\times3.6\text{m}\times7.2\text{m}=17.08\text{kN}$
1	4.35	0.65	$F_1=0.65\text{kN/m}^2\times1.3\times0.65\times1.07\times(1.8\text{m}+2.175\text{m})\times7.2=16.82\text{kN}$

9.6.2 柱的侧移刚度的计算

仅计算一榀框架，计算过程及结果见表 9-8～表 9-10。

表 9-8　　　　　　　　　　　　　底层柱侧移刚度

柱　　　　D	$\overline{K}=\dfrac{\sum i_b}{i_c}$	$\alpha_c=\dfrac{0.5+\overline{K}}{2+\overline{K}}$	$D=\alpha_c\dfrac{12i_c}{h^2}(\text{N/mm})$
边柱 2 根	$\dfrac{0.95}{1.36}=0.700$	$\dfrac{0.5+0.700}{2+0.700}=0.44$	$0.44\times12\times65.78\times10^9/4350^2=18\,355$
中柱 2 根	$\dfrac{1.2+0.95}{1.36}=1.58$	$\dfrac{0.5+1.58}{2+1.58}=0.58$	$0.58\times12\times65.78\times10^9/4350^2=24\,195$

底层：$\sum D=(18\,355\text{N/mm}+24\,195\text{N/mm})\times2=85\,100\text{N/mm}$

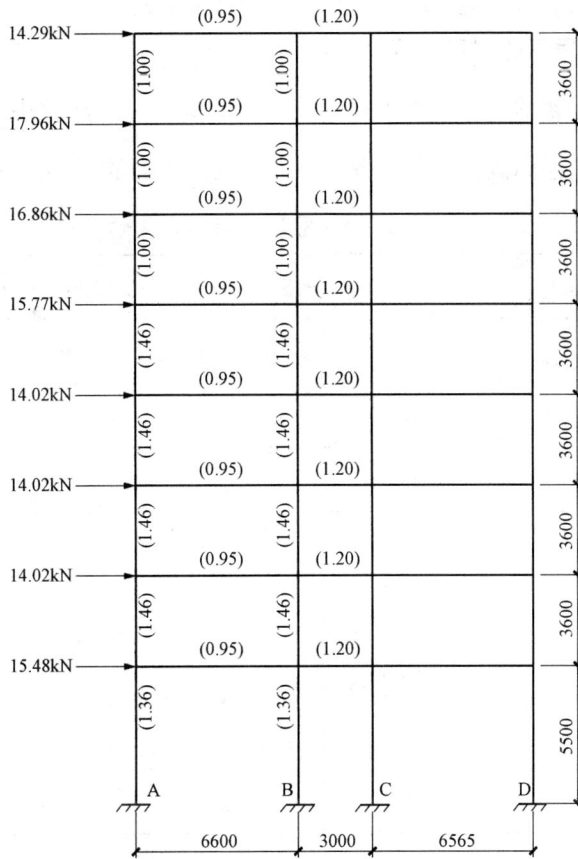

图 9 - 10　风荷载计算简图

表 9 - 9　　　　　　　　　**2～5 层柱侧移刚度**

$\dfrac{D}{柱}$	$\overline{K}=\dfrac{\sum i_b}{2i_c}$	$\alpha_c=\dfrac{\overline{K}}{2+\overline{K}}$	$D=\alpha_c\dfrac{12i_c}{h^2}$
边柱 2 根	$\dfrac{0.95+0.95}{2\times1.46}=0.65$	$\dfrac{0.65}{2+0.65}=0.25$	$0.25\times12\times70.96\times10^9/3600^2=16\ 426$
中柱 2 根	$\dfrac{2\times(0.95+1.2)}{2\times1.46}=1.47$	$\dfrac{1.47}{2+1.47}=0.42$	$0.42\times12\times70.96\times10^9/3600^2=27\ 596$

第二、三、四、五层：$\sum D=(16\ 426+27\ 596)\times2=88\ 044\text{N/mm}$

表 9 - 10　　　　　　　　　**6～8 层柱侧移刚度**

$\dfrac{D}{柱}$	$\overline{K}=\dfrac{\sum i_b}{2i_c}$	$\alpha_c=\dfrac{\overline{K}}{2+\overline{K}}$	$D=\alpha_c\dfrac{12i_c}{h^2}$
边柱 2 根	$\dfrac{0.95+0.95}{2\times1.0}=0.95$	$\dfrac{0.95}{2+0.95}=0.32$	$0.32\times12\times48.47\times10^9/3600^2=14\ 361$
中柱 2 根	$\dfrac{2\times(1.2+0.95)}{2\times1.0}=2.15$	$\dfrac{2.15}{2+2.15}=0.52$	$0.52\times12\times48.47\times10^9/3600^2=23\ 337$

其他层：$\sum D = (14\ 361 + 23\ 337) \times 2 = 75\ 396\text{N/mm}$

9.6.3　风荷载作用下的侧移验算

水平荷载作用下框架的层间侧移可按下式计算：$\Delta u_i = \dfrac{V_i}{\sum D_{ij}}$ 各层的层间侧移值求得以后，顶点的侧移为各层层间侧移之和。框架在风荷载作用下的侧移计算见表 9 - 11。

表 9 - 11　　　　　　　　　　　风荷载作用下侧移计算

层次	各层风荷 P_i（kN）	层间剪力 V_i（kN）	侧移刚度 D(kN/m)	层间侧移 Δu_i（m）	$\dfrac{\Delta u_i}{h}$
8	14.29	14.29	75 396	0.000 19	$\frac{1}{8947}$
7	17.96	32.25	75 396	0.000 43	$\frac{1}{8416}$
6	16.86	49.11	75 396	0.000 65	$\frac{1}{5527}$
5	15.77	64.88	88 044	0.000 74	$\frac{1}{4885}$
4	14.02	78.9	88 044	0.000 89	$\frac{1}{4017}$
3	14.02	92.92	88 044	0.001 06	$\frac{1}{3411}$
2	14.02	106.94	88 044	0.001 21	$\frac{1}{2964}$
1	15.48	122.42	85 100	0.001 44	$\frac{1}{3021}$

层间侧移最大值为 1/2939＜1/550 ，满足侧移限值。

9.6.4　风荷载作用下的框架内力分析（D 值法）

以顶层为例，说明其计算过程。

A 轴线柱（即 A 柱）：

求柱剪力：因为 $\dfrac{D}{\sum D} = \dfrac{14\ 361}{75\ 396} = 0.19$，则 $V = 0.19 \times 14.29\text{kN} = 2.72\text{kN}$

反弯点高度：由 $\overline{K} = 0.95$ 查规范表得 $y_0 = 0.35$

$\alpha_1 = 1.0$，$y_1 = 0$，$\alpha_3 = 1.0$，$y_3 = 0$，顶层不考虑 y_2，则 $y = y_0 + y_1 + y_3 = 0.35$

柱端弯矩：柱顶 $M_{A87} = (1 - 0.35) \times 3.6\text{m} \times 2.72\text{kN} = 6.36\text{kN} \cdot \text{m}$

柱底 $M_{A78} = 0.35 \times 3.6\text{m} \times 2.72\text{kN} = 3.43\text{kN} \cdot \text{m}$

B 轴线柱（即 B 柱）：

求柱剪力：因 $\dfrac{D}{\sum D} = \dfrac{23\ 337}{75\ 396} = 0.31$，则 $V = 0.31 \times 14.29\text{kN} = 4.43\text{kN}$

反弯点高度：由 $\overline{K} = 2.15$ 查规范表得 $y_0 = 0.45$

$\alpha_1 = 1.0$，$y_1 = 0$，$\alpha_3 = 1.0$，$y_3 = 0$ 顶层不考虑 y_2，则 $y = y_0 + y_1 + y_3 = 0.45$

柱端弯矩：柱顶 $M_{B87} = (1 - 0.45) \times 3.6\text{m} \times 4.43\text{kN} = 8.78\text{kN} \cdot \text{m}$

柱底 $M_{B78} = 0.45 \times 3.6\text{m} \times 4.43\text{kN} = 7.18\text{kN} \cdot \text{m}$

其他各层的计算过程和结果见表 9 - 12。

表 9 - 12　　　　　　　　　　　风荷载作用下的内力

层次		$\sum D$ (kN/m)	$\dfrac{D}{\sum D}$	V (kN)	y (m)	M_c^t (kN·m)	M_c^b (kN·m)
A轴线柱	8	75 396	0.190	2.72	0.350	6.36	3.43
	7	75 396	0.190	6.13	0.425	12.69	9.38
	6	75 396	0.190	9.33	0.450	18.47	15.11
	5	88 044	0.167	10.83	0.450	21.44	17.54
	4	88 044	0.167	13.18	0.450	26.10	21.35
	3	88 044	0.167	15.52	0.500	27.94	27.94
	2	88 044	0.167	17.86	0.525	30.54	33.76
	1	85 100	0.216	26.44	0.700	43.63	101.79
B轴线柱	8	75 396	0.310	4.43	0.450	8.78	7.18
	7	75 396	0.310	9.99	0.500	17.98	17.98
	6	75 396	0.310	15.22	0.500	27.40	27.40
	5	88 044	0.313	20.31	0.475	38.39	34.73
	4	88 044	0.313	24.70	0.500	44.46	44.46
	3	88 044	0.313	29.08	0.500	52.34	52.34
	2	88 044	0.313	33.47	0.500	60.25	60.25
	1	85 100	0.284	34.77	0.625	71.71	119.52

由公式得梁端弯矩：$M_b^l = \dfrac{i_b^l}{i_b^l + i_b^r}(M_c^b + M_c^t)$；$M_b^r = \dfrac{i_b^r}{i_b^l + i_b^r}(M_c^b + M_c^t)$，梁端剪力 $V_b = \dfrac{M_b^l + M_b^r}{L}$，其中梁线刚度见风荷载计算简图。具体计算结果见表 9 - 13。

表 9 - 13　　　　　　　　梁端弯矩，剪力及柱轴力计算

层次	AB 跨梁				BC 跨梁				柱轴力	
	M_b^l (kN/m)	M_b^r (kN/m)	L (m)	V_b (kN)	M_b^l (kN/m)	M_b^r (kN/m)	L (m)	V_b (kN)	A柱 (kN)	B柱 (kN)
8	6.36	3.86	6.6	1.55	4.92	4.92	3.0	3.28	±1.55	±1.73
7	16.12	11.07	6.6	4.12	14.09	14.09	3.0	9.39	±5.68	±6.99
6	27.85	19.97	6.6	7.25	25.41	25.41	3.0	16.94	±12.93	±16.68
5	36.55	28.95	6.6	9.92	36.84	36.84	3.0	25.56	±22.85	±31.32
4	43.64	34.84	6.6	11.89	44.35	44.35	3.0	29.57	±34.74	±49.00
3	49.29	42.59	6.6	13.92	54.21	54.21	3.0	36.14	±48.66	±71.22
2	58.48	49.54	6.6	16.37	63.05	63.05	3.0	42.00	±65.03	±96.85
1	77.39	58.06	6.6	20.52	73.90	73.90	3.0	49.27	±85.55	±125.6

柱轴力前正负号表示风荷载可左右两方向作用于框架，当风荷载反向作用于框架时，轴力将变号。

　　框架在左风荷载作用下的弯矩图、梁端剪力及柱轴力图如图 9-11 和图 9-12 所示。在图 9-12 中，括号内的数值代表柱轴力，在其上方的数值代表柱剪力。

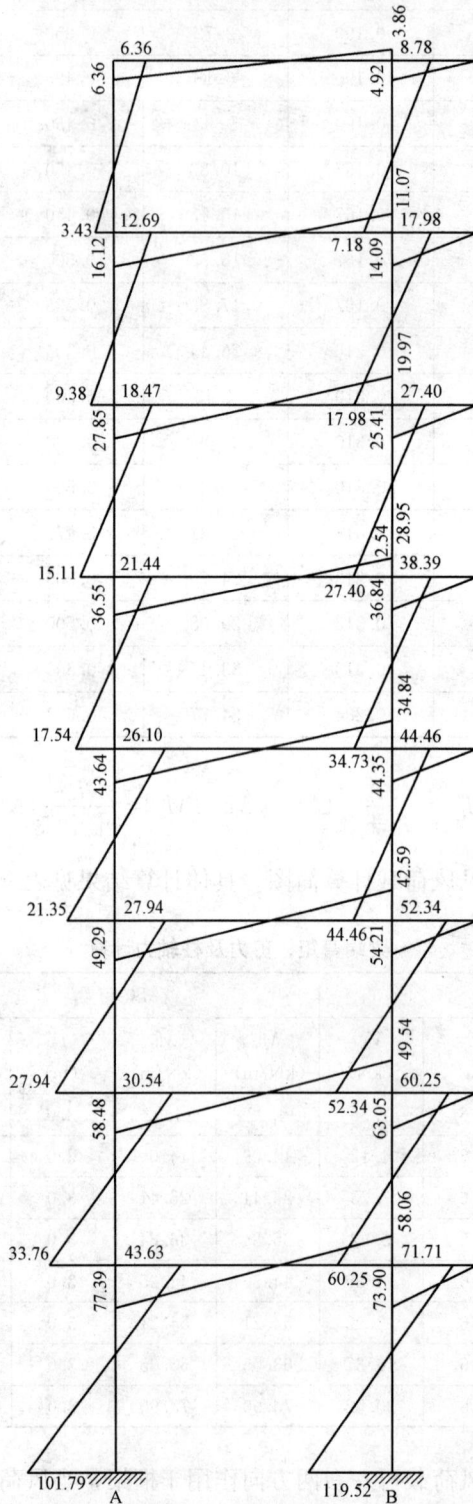

图 9-11　左风作用下框架弯矩图（kN·m）

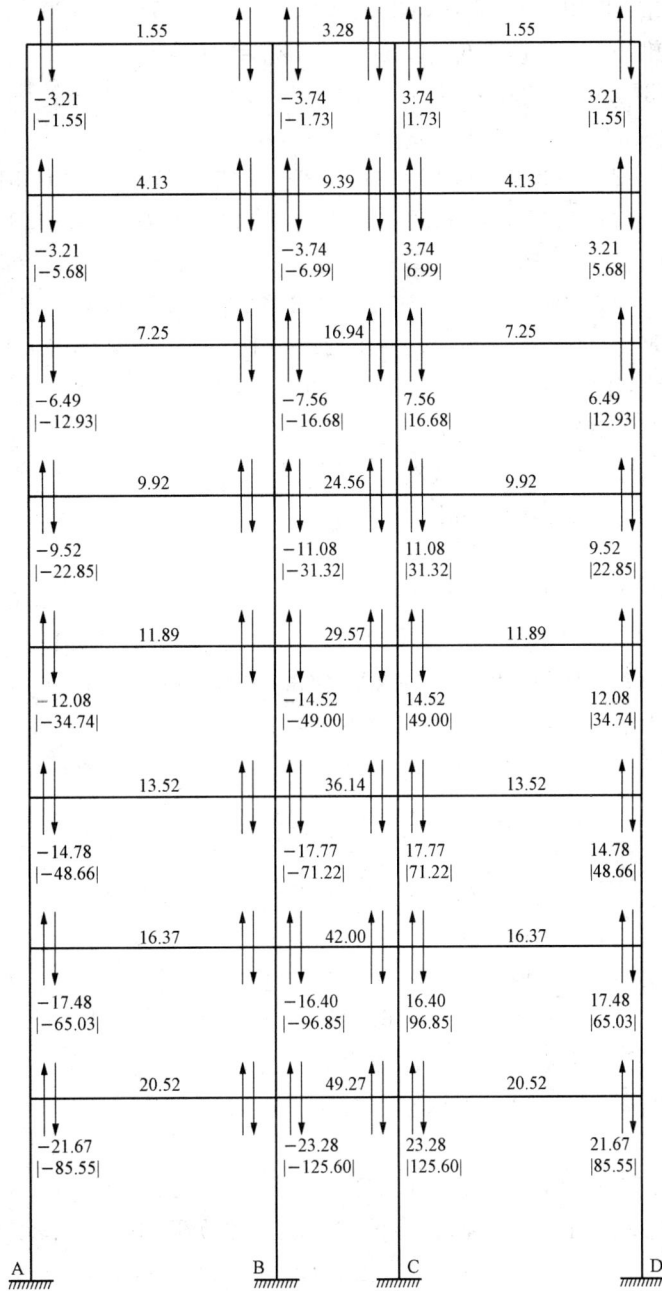

图 9-12　左风作用下框架梁端剪力、柱轴力图（kN）

9.7　水平地震作用下的框架内力分析及侧移验算

9.7.1　重力荷载代表值计算

（1）顶层：

屋面板自重：$5.71 \times [(43.2+0.2) \times (16.2+0.2 \times 2)] = 4114 \text{kN}$

纵向框架梁自重：$4.19 \times 2 \times [4 \times (39.6 + 0.2 - 8 \times 0.5)] = 1200kN$

AB、CD跨框梁：$4.19 \times [(6.6 - 0.5) \times 8 \times 2] = 409kN$

BC跨框梁：$3.37 \times (3 - 0.5) \times 8 = 67kN$

次梁：$2.34 \times [(6.9 - 0.3) \times 6 \times 2] = 185kN$

女儿墙：$4.72 \times [2 \times (43.2 + 0.12) + (16.2 + 0.12 \times 2) + 6.9] = 519kN$

屋面活荷（雪荷载）：$0.45 \times [(43.2 + 0.2) \times (16.2 + 0.2 \times 2)] = 324kN$

（2）标准层（6～7层）：

板自重：$3.76 \times [(43.2 + 0.2) \times (16.2 + 0.2 \times 2)] = 2709kN$

纵向框架梁自重：$4.19 \times [4 \times (43.2 + 0.2) \times (16.2 + 0.2 \times 2)] = 12\,075kN$

AB、CD跨框梁：$4.19 \times [(6.6 - 0.5) \times 7 \times 2] = 358kN$

BC跨框梁：$3.37 \times (3 - 0.5) \times 8 = 67kN$

次梁：$2.34 \times [(6.6 - 0.3) \times 6 \times 2] = 177kN$

框架柱自重：$25.2 \times 8 \times 4 = 806kN$

（3）围护砌体：

外纵墙自重：$1.72 \times \{(43.2 + 0.1) \times 2 + (16.2 + 0.1 \times 2) \times (3.6 - 0.6) - (2.4 \times 2.1 \times 24) - (1.8 \times 1.8 \times 1)\} + 0.45 \times [(2.4 \times 2.1 \times 24) + (1.8 \times 1.8 \times 1)] = 77kN$

内纵墙自重：$1.68 \times \{[(43.2 + 0.1) \times 2 \times (3.6 - 0.6) + (6.6 - 0.5) \times (3.6 - 0.5) \times 2 \times 9] - 1 \times 2.4 \times 10\} + 0.45 \times (1 \times 2.4 \times 10) = 979kN$

楼面活荷：$2.5 \times [(43.2 + 0.2) \times 3] + 2.0 \times [(43.2 + 0.2 \times 2) \times (6.6 \times 2) + (0.2 \times 2)] = 1477kN$

（4）标准层（2～5层）：

板自重：$3.76 \times [(43.2 + 0.2) \times (16.2 + 0.2 \times 2)] = 2709kN$

纵向框架梁自重：$4.19 \times [4 \times (43.2 + 0.2) \times (16.2 + 0.2 \times 2)] = 12\,075kN$

AB、CD跨框梁：$4.19 \times [(6.6 - 0.5) \times 7 \times 2] = 358kN$

BC跨框梁：$3.37 \times (3 - 0.5) \times 8 = 67kN$

次梁：$2.34 \times [(6.6 - 0.3) \times 6 \times 2] = 177kN$

框架柱自重：$25.2 \times 8 \times 4 = 806kN$

维护砌体：

外纵墙自重：$1.72 \times \{(43.2 + 0.1) \times 2 + (16.2 + 0.1 \times 2) \times (3.6 - 0.6) - (2.4 \times 2.1 \times 24) - (1.8 \times 1.8 \times 1)\} + 0.45 \times [(2.4 \times 2.1 \times 24) + (1.8 \times 1.8 \times 1)] = 77kN$

内纵墙自重：$1.68 \times \{[(43.2 + 0.1) \times 2 \times (3.6 - 0.6) + (6.6 - 0.5) \times (3.6 - 0.5) \times 2 \times 9] - 1 \times 2.4 \times 10\} + 0.45 \times (1 \times 2.4 \times 10) = 979kN$

楼面活荷：$2.5 \times [(43.2 + 0.2) \times 3] + 2.0 \times [(43.2 + 0.2 \times 2) \times (6.6 \times 2) + (0.2 \times 2)] = 1477kN$

首层：

板自重：$3.76 \times [(43.2 + 0.2) \times (16.2 + 0.2 \times 2)] = 2709kN$

纵向框架梁自重：$4.19 \times [4 \times (43.2 + 0.2) \times (16.2 + 0.2 \times 2)] = 12\,075kN$

AB、CD跨框梁：$4.19 \times [(6.6 - 0.5) \times 7 \times 2] = 358kN$

BC跨框梁：$3.37 \times (3 - 0.5) \times 8 = 67kN$

次梁：$2.34 \times [(6.6 - 0.3) \times 6 \times 2] = 177kN$

框架柱自重：$25.2 \times 8 \times 4 = 806kN$

围护砌体：

外纵墙自重：$1.72 \times \{(43.2 + 0.1) \times 2 + (16.2 + 0.1 \times 2) \times (3.6 - 0.6) - (2.4 \times 2.1 \times 24) - (1.8 \times 1.8 \times 1)\} + 0.45 \times [(2.4 \times 2.1 \times 24) + (1.8 \times 1.8 \times 1)] = 77kN$

内纵墙自重：$1.68 \times \{[(43.2 + 0.1) \times 2 \times (3.6 - 0.6) + (6.6 - 0.5) \times (3.6 - 0.5) \times 2 \times 9] - 1 \times 2.4 \times 10\} + 0.45 \times (1 \times 2.4 \times 10) = 979kN$

楼面活荷：$2.5 \times [(43.2 + 0.2) \times 3] + 2.0 \times [(43.2 + 0.2 \times 2) \times (6.6 \times 2) + (0.2 \times 2)] = 1477kN$

则重力荷载代表值为

$G_8 = (3772 + 600 + 358 + 1047 + 59 + 177 + 530) + 1/2 \times (806 + 336 + 942) + 0.5 \times 297 = 6687kN$

$G_7 = (2484 + 600 + 358 + 59 + 177) + (336 + 942 + 806) + 0.5 \times 1381 = 6984kN$

$G_6 = 6984kN$

$G_5 = (2484 + 600 + 358 + 59 + 177) + (336 + 942 + 806) + 0.5 \times 1381 = 7079kN$

$G_4 = (2484 + 600 + 358 + 59 + 177) + (336 + 942 + 976) + 0.5 \times 1381 = 7175kN$

$G_3 = 7175N$

$G_2 = 7175kN$

$G_1 = (2484 + 600 + 358 + 59 + 177) + [(336 + 942)/2 + (378 + 1123)/2 + (976 + 1774)/2] + 0.5 \times 1381 = 7735kN$

由表 9-8～表 9-10 可知，各楼层间的侧移刚度为：

底层：$\sum D = 18\,355 \times 16 + 24\,195 \times 16 = 680\,800kN/m$

2～5 层：$\sum D = 16\,426 \times 16 + 27\,596 \times 16 = 704\,353kN/m$

6～8 层：$\sum D = 14\,361 \times 16 + 23\,337 \times 16 = 603\,168kN/m$

9.7.2 框架自振周期的计算

根据顶点位移法计算自振周期，框架假想楼层侧移计算见表 9-14。

表 9-14　　　　　楼 层 侧 移 的 计 算

层次	楼层重力荷载 G_i（kN）	楼层剪力 $V_i = \sum\limits_{i}^{8} G_i$(kN)	楼间侧移 D_i(kN/m)	层间侧移 $\delta_i = V_i/D_i$(m)	楼层侧移 $\Delta_i = \sum\limits_{i}^{8} \delta_i$(m)
8	6687	6687	603 168	0.011 1	0.370 5
7	6984	13 671	603 168	0.022 7	0.359 4
6	6984	20 655	603 168	0.034 2	0.336 7
5	7079	27 734	704 353	0.039 4	0.302 5
4	7175	34 909	704 353	0.049 6	0.263 1
3	7175	42 084	704 353	0.059 8	0.213 5
2	7175	49 259	704 353	0.070 0	0.153 7
1	7735	56 994	680 800	0.083 7	0.083 7

由公式得 $T_1 = 2\psi_T \sqrt{\dfrac{\sum G_i \Delta_i^2}{\sum G_i \Delta_i}} = 0.76s$

按全国民用建筑工程设计技术措施（结构）计算，

$$T_1 = (0.1N \sim 0.15N)\psi_T = (0.1 \times 8 \sim 0.15 \times 8) \times 0.7 = 0.56 \sim 0.84s$$

取 $T_1 = 0.76s$

9.7.3　多遇水平地震作用标准值和位移计算

本工程房屋高度 29.1m＜40m，并且质量和刚度沿高度分布比较均匀，故采用底部剪力法计算多遇水平地震作用的标准值。

查表可得，设防烈度为 7 度（0.1g）时，$\alpha_{max} = 0.08$；Ⅱ类场地，设计地震分组为第一组。$T_g = 0.35s$，由于 $T_g < T_1 < 5T_g$，则 $\alpha_1 = \left(\dfrac{T_g}{T_1}\right)^{0.9} \alpha_{max} = \left(\dfrac{0.35}{0.76}\right)^{0.9} \times 0.08 = 0.039\,8$。

且 $T_1 = 0.76s > 1.4T_g = 0.49s$，故应考虑顶部附加水平地震作用

顶部附加地震作用系数　$\delta_n = 0.08T_1 + 0.07 = 0.08 \times 0.76s + 0.07 = 0.131$

计算结构等效总重力荷载：

$$G_{eq} = \beta \sum_{i=1}^{n} G_i = 0.85 \times (6687 + 2 \times 6684 + 7079 + 3 \times 7175 + 7735) = 48\,445kN$$

计算底部剪力：

$$F_{EK} = \alpha_1 G_{eq} = 0.039\,8 \times 48\,445 = 1928kN$$

$$\Delta F = \delta_n \times F_{EK} = 0.131 \times 19\,285 = 255kN$$

质点 i 的水平地震作用标准值 F_i 及楼层地震剪力 V_i、楼层层间位移 Δu_c 的计算过程见表 9-15：

其中 $F_i = \dfrac{G_i H_i}{\sum G_i H_i} F_{EK}(1 - \delta_n)$　$\Delta u_c = \dfrac{V_i}{\sum D}$

表 9-15　　　　　　　　　　　　　　地震作用下层间侧移

层次	G_i(kN)	H_i(m)	$G_i H_i$ (kN·m)	F_i(kN)	ΔF_n(kN)	V_i(kN)	$\sum D$(kN/m)	$\Delta u_c = \dfrac{V_i}{\sum D}$(m)
8	6687	30.4	203 285	343		598	603 168	0.000 99
7	6984	26.8	187 171	316		914	603 168	0.001 5
6	6984	23.2	162 029	277		1191	603 168	0.002 0
5	7079	19.6	138 748	234		1425	704 353	0.002 0
4	7175	16	114 800	184	255	1609	704 353	0.002 3
3	7175	12.4	88 970	150		1759	704 353	0.002 5
2	7175	8.8	63 140	115		1874	704 353	0.002 7
1	7735	5.2	40 222	68		1942	680 800	0.002 9

$$\sum G_i H_i = 1\,005\,497kN \cdot m$$

首层 $\dfrac{\Delta u}{h} = \dfrac{0.002\,9}{5.2} = \dfrac{1}{1793} < \dfrac{1}{550}$，满足要求；

二层 $\dfrac{\Delta u}{h} = \dfrac{0.002\,7}{3.6} = \dfrac{1}{1333} < \dfrac{1}{550}$，满足要求。

9.7.4　框架地震作用下内力计算

框架柱剪力和柱端弯矩的计算过程见表 9-16，梁端剪力及柱轴力见表 9-17，地震作用下框架层间剪力图如图 9-13 所示，框架弯矩图如图 9-14 所示。

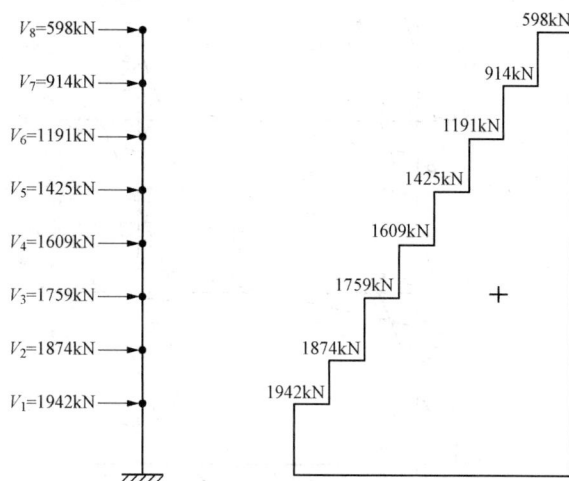

图 9-13　地震荷载作用下框架剪力图（kN）

表 9-16　　　　　　　　　　　　水平地震作用下框架柱剪力和柱端弯矩标准值

柱	层	D（kN/m）	$\sum D$(kN/m)	$\dfrac{D}{\sum D}$	V_{ik}(kN)	y（m）	M_{cu}^{t}(kN/m)	M_{cu}^{b}(kN/m)
边柱	8	14 361	603 168	0.024	14.35	0.350	33.58	18.08
	7	14 361	603 168	0.024	21.94	0.425	45.42	33.57
	6	14 361	603 168	0.024	28.58	0.450	56.59	41.44
	5	16 426	704 353	0.023	32.78	0.450	64.90	53.10
	4	16 426	704 353	0.023	37.01	0.450	73.28	59.96
	3	16 426	704 353	0.023	40.46	0.500	72.83	72.83
	2	16 426	704 353	0.023	43.10	0.525	73.70	81.46
	1	18 355	680 800	0.027	52.43	0.700	86.51	201.86
中柱	8	23 337	603 168	0.039	23.32	0.450	46.17	37.78
	7	23 337	603 168	0.039	35.65	0.500	64.17	64.17
	6	23 337	603 168	0.039	46.45	0.500	83.61	83.61
	5	27 596	704 353	0.039	55.58	0.475	105.05	95.04
	4	27 596	704 353	0.039	62.75	0.500	112.95	112.95
	3	27 596	704 353	0.039	68.60	0.500	127.4	123.48
	2	27 596	704 353	0.039	73.09	0.500	135.4	131.56
	1	24 195	680 800	0.036	69.91	0.625	166.0	240.32

注　$V_{ik} = \dfrac{D}{\sum D}V_i$；$M_{cu}^{b} = V_{ik}y_0 h$（柱下端弯矩）；

　　　$M_{cu}^{t} = V_{ik}(1-y_0)h$（柱上端弯矩）

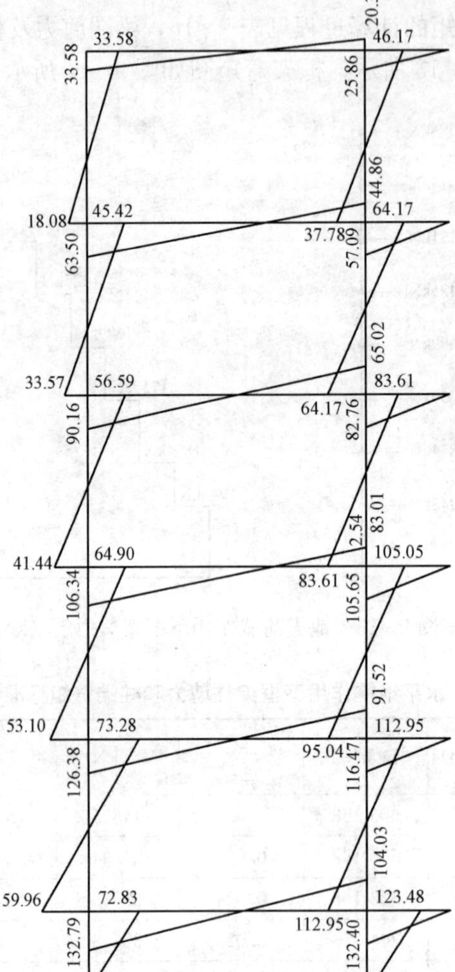

图 9-14 地震荷载作用下框架弯矩图（kN·m）

表 9-17   **水平地震作用下梁端剪力和柱轴力标准值**

层	AB跨梁端剪力				BC跨梁端剪力				柱轴力	
	L (m)	M_{cu}^{l} (kN·m)	M_{cu}^{r} (kN·m)	$V_E = \dfrac{M_{cu}^{l} + M_{cu}^{r}}{L}$ (kN·m)	L (m)	M_{cu}^{l} (kN·m)	M_{cu}^{r} (kN·m)	$V_E = \dfrac{M_{cu}^{l} + M_{cu}^{r}}{L}$ (kN·m)	A柱 N_E (kN)	B柱 N_E (kN)
8	6.6	33.58	20.31	8.17	3.0	25.86	25.86	17.24	8.17	9.07
7	6.6	63.50	44.86	16.42	3.0	57.09	57.09	38.06	24.59	30.71
6	6.6	90.16	65.02	23.51	3.0	82.76	82.76	55.17	48.10	62.37
5	6.9	106.34	83.01	28.69	3.0	105.65	105.65	70.43	76.79	104.11
4	6.6	126.38	91.52	33.02	3.0	116.47	116.47	77.65	109.81	148.74
3	6.6	132.79	104.03	35.88	3.0	132.40	132.40	88.27	145.69	201.13
2	6.6	146.53	112.22	39.20	3.0	142.82	142.82	95.21	184.89	257.14
1	6.6	167.97	121.33	43.80	3.0	154.42	154.42	102.95	228.69	316.29

9.8 内 力 组 合

本工程结构类型为框架结构，房屋高度大于 24m，设防烈度为 7 度，确定本工程框架结构抗震等级为二级。

9.8.1 框架梁内力组合（见文后插页附表 9-1）

9.8.2 框架柱内力组合（见文后插页附表 9-2）

9.9 内 力 调 整

9.9.1 强柱弱梁

对二级框架：$\sum M_c = 1.5 \sum M_b$

调整原则：顶层不调整，轴压比小于 0.15 不调整，对底层下柱，其弯矩设计值 M_c 取为内力组合值的 1.5 倍。

通过计算，除顶层外，其他层轴压比均大于 0.15，需要调整。

以首层边柱柱顶节点为例说明其计算过程，其他各层见表 9-18。

首层边柱柱顶节点：

调整前柱顶弯矩 $M_{cu2}^{b} = -93.17 \text{kN·m}, M_{cu1}^{t} = 140.86 \text{kN·m}$

$$\sum M_b = 223.42 \text{kN·m}$$

$$\sum M_c = 1.5 \sum M_b = 1.5 \times 223.42 = 335.13 \text{kN·m}$$

分配到首层柱顶的弯矩： $M_{cu2}^{b'} = \dfrac{M_{cu2}^{b}}{M_{cu2}^{b} + M_{cu1}^{t}} \sum M_c = -133.41 \text{kN·m}$

$$M_{cu1}^{t'} = \dfrac{M_{cu2}^{t}}{M_{cu2}^{b} + M_{cu1}^{t}} \sum M_c = 201.71 \text{kN·m}$$

式中 M_{cu2}^{b} 为调整前二层柱下端弯矩设计值，M_{cu1}^{t} 为调整前首层柱上端弯矩设计值，

$M_{cu2}^{b'}$ 为调整后二层柱下端弯矩设计值，$M_{cu1}^{t'}$ 为调整后首层柱上端弯矩设计值。

表 9 - 18　　　　　　　　　　　　　　调整后框架柱弯矩设计值　　　　　　　　　　　　　　kN·m

	层数	M_{cu}^{t}	M_{cu}^{b}	$\sum M_b$	$\sum M_b'$	$M_{cu}^{t'}$	$M_{cu}^{b'}$
A 柱	8	101.15	−54.5	101.15	—	89.64	−81.72
	6	109.54	−74.01	164.04	246.06	164.31	−105.41
	5	127.92	−93.17	201.93	302.90	191.88	−139.25
	2	127.92	−93.17	221.09	331.64	191.88	−133.41
	1	140.86	−180.79	223.42	335.13	201.71	−220.63
	层数	M_{cu}^{t}	M_{cu}^{b}	$\sum M_b$	$\sum M_b'$	$M_{cu}^{t'}$	$M_{cu}^{b'}$
B 柱	8	−86.92	67.49	93.26	—	−93.2	101.24
	6	−122.67	121.24	190.16	285.24	−184.00	138.63
	5	−151.09	138.03	272.33	408.5	−226.64	207.05
	2	−151.09	136.65	289.12	433.68	−226.14	185.38
	1	−182.52	200.14	287.82	431.73	−246.37	335.64

注　M_{cu}^{b}——调整前柱下端弯矩设计值；

　　M_{cu}^{t}——调整前柱上端弯矩设计值；

　　$M_{cu}^{b'}$——调整后柱下端弯矩设计值；

　　$M_{cu}^{t'}$——调整后柱上端弯矩设计值。

9.9.2　强剪弱弯

1. 框架梁

$$V_b = \eta_{vb} \frac{M_b^l + M_b^r}{l_n} + V_{Gb}, \text{ 其中 } \eta_{vb} = 1.2, V_{Gb} = \frac{恒 + 0.5 活}{2}$$

AB 跨：屋面

$$V_{Gb} = \frac{6.6 \times 4.19 + 1.8 \times 20.56 + 3 \times 20.56 + 0.5 \times (1.8 + 3) \times 3.6 \times 0.45}{2} = 65.12 \text{kN}$$

楼面

$$V_{Gb} = \frac{6.6 \times 9.23 + 1.8 \times 13.54 + 3 \times 13.54 + 0.5 \times (1.8 + 3) \times 7.2}{2} = 71.60 \text{kN}$$

BC 跨：屋面 $V_{Gb} = \dfrac{3 \times 3.37 + 3/2 \times 17.13 + 0.5 \times 3 \times 1.5 \times 0.45}{2} = 18.24 \text{kN}$

楼面 $V_{Gb} = \dfrac{3 \times 3.37 + 3/2 \times 11.28 + 0.5 \times 3 \times 7.5}{2} = 19.14 \text{kN}$

调整后框架梁剪力设计值见表 9 - 19。

表 9 - 19　　　　　　　　　　　　　　调整后框架梁剪力设计值

楼层	边跨 AB					中跨 BC				
	M_b^l (kN·m)	M_b^r (kN·m)	l_n (m)	V_{Gb} (kN)	V (kN)	M_b^l (kN·m)	M_b^r (kN·m)	l_n (m)	V_{Gb} (kN)	V (kN)
8	83.25	89.51	6.1	65.12	99.10	49.68	49.68	2.5	18.24	65.93

楼层	边跨 AB					中跨 BC				
	M_b^l (kN·m)	M_b^r (kN·m)	l_n (m)	V_{Gb} (kN)	V (kN)	M_b^l (kN·m)	M_b^r (kN·m)	l_n (m)	V_{Gb} (kN)	V (kN)
6	145.73	122.76	6.1	71.60	124.42	96.42	96.42	2.5	19.14	111.70
5	164.18	140.59	6.05	71.60	132.03	117.15	117.15	2.45	19.14	114.77
1	198.88	165.19	6.0	71.60	144.41	142.32	142.32	2.4	19.14	161.46

注 M_b^l——框架梁左端弯矩设计值；

M_b^r——框架梁右端弯矩设计值；

l_n——框架梁净跨；

V——调整后剪力设计值。

2. 框架柱

$V_c = \eta_{vC} \dfrac{M_b^l + M_b^r}{H_n}$，其中 $\eta_{vc} = 1.2$，调整后框架柱剪力设计值见表 9 - 20。

表 9 - 20   调整后框架柱剪力设计值

层数	边柱 A				中柱 B			
	M_c^t (kN·m)	M_c^b (kN·m)	H_n (m)	V_c (kN)	M_c^t (kN·m)	M_c^b (kN·m)	H_n (m)	V_c (kN)
8	101.15	54.5	3.0	62.26	86.92	67.49	3.0	61.76
6	109.54	74.01	3.0	73.42	122.67	121.24	3.0	97.56
5	127.92	93.17	3.0	88.44	151.09	138.03	3.0	115.65
1	113.05	180.79	4.9	71.96	136.65	200.14	4.9	82.48

注 M_c^t——框架柱顶部弯矩设计值；

M_c^b——框架柱下部弯矩设计值；

H_n——框架柱净高；

V_c——调整后剪力设计值。

9.10 框 架 截 面 设 计

9.10.1 截面尺寸验算

1. 抗剪截面尺寸要求

（1）无地震组合时，$V \leqslant 0.25 \beta_c f_c b h_0$

（2）有地震组合时，对 $\dfrac{l_0}{h} > 2.5$ 的梁及 $\lambda > 2$ 的柱，$V \leqslant \dfrac{1}{\gamma_{RE}} (0.2 \beta_c f_c b h_0)$

其他 $V \leqslant \dfrac{1}{\gamma_{RE}} (0.15 \beta_c f_c b h_0)$

考虑地震组合时，对梁，$V_{max} = 161.46 \text{kN} < \dfrac{1}{\gamma_{RE}} (0.2 \beta_c f_c b h_0) = \dfrac{1}{0.85} \times (0.2 \times 1.0 \times 11.9 \times 300 \times 560) = 470.40 \text{kN}$

对柱，$V_{max} = 82.48 \text{kN} < \dfrac{1}{\gamma_{RE}} (0.2 \beta_c f_c b h_0) = \dfrac{1}{0.85} \times (0.2 \times 1.0 \times 21.1 \times 600 \times 560) =$

1668.14kN

2. 轴压比验算

根据 $n=\dfrac{N_{max}}{f_cA}\leqslant[n]$ （$[n]=0.75$）进行轴压比验算：

底层柱 $N_{max}=3880.81$kN，

则轴压比 $n=\dfrac{N_{max}}{f_cA}=\dfrac{3880.81\times10^3}{21.1\times600^2}=0.51<[n]=0.75$，满足要求。

3. P-Δ 效应验算

公式为 $D_i\geqslant20\sum\limits_{i=i}^{n}\dfrac{G_i}{h_i}$

5 层：$704\,353>20\times\left(\dfrac{6687}{3600}+\dfrac{6984}{3600}+\dfrac{7079}{3600}\times2\right)\times10^3=154\,078$，满足要求。

2 层：$704\,353>154\,078+20\times\left(\dfrac{7175}{3600}\times3\right)\times10^3=273\,661$，满足要求。

1 层：$680\,800>273\,661+20\times\dfrac{7735}{3900}\times10^3=313\,328$，满足要求。

9.10.2 框架梁截面设计

以顶层 AB 跨梁为例，说明计算方法和过程。

1. 梁的正截面受弯承载力计算

从框架梁内力组合表中选出 AB 跨跨间截面及支座截面的最不利内力，并将支座中心处的弯矩算换算为支座边缘控制截面的弯矩进行配筋计算，见图 9-15。

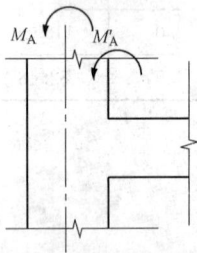

$M_A=83.25$kN・m　相应的剪力 $V=99.47$kN

$M_B=89.51$kN・m　相应的剪力 $V=103.12$kN

支座边缘处：$M_B=89.51-103.12\times0.25=63.73$kN・m（B 支座图略）A 节点为顶层边节点，此处弯矩连续，不应取支座边缘，仍按 84.72kN・m 进行设计。

跨内截面梁下部受拉，可按 T 形截面进行配筋计算，支座边缘截面梁上部受拉，应按矩形截面计算。翼缘计算宽度：

按跨度考虑：$b_f=L/3=6600$mm$/3=2200$mm

图 9-15　框架梁、柱受弯示意图

按梁间距考虑：$b_{fl}=b+s_{nl}=300+(3600-300/2-200/2)=3650$mm

按翼缘厚度考虑：$h_0=h-a_s=600-40=560$mm

因 $h_f/h_0=100/560=0.179>0.1$，此种情况不起控制作用，故取 $b_f=2300$mm

梁内纵向钢筋选项用 HRB335 级钢（$f_y=f'_y=300$N/mm²），$\xi_b=0.518$，下部跨间截面按单筋 T 型截面计算。

因为 $\alpha_1 f_c b'_f h'_f(h_0-h'_f/2)=1.0\times11.9\times2200\times100\times(560-100/2)$

$=1355.18\times10^6$N・mm$=1335.18$kN・m>117.22kN・m

属于第一类 T 型截面。

$$\alpha_s=\dfrac{M}{\alpha_1 f_c b'_f h_0^2}=\dfrac{117.22\times10^6}{1.0\times11.9\times2200\times(560)^2}=0.014$$

$$\xi=1-\sqrt{1-2\alpha_s}=1-\sqrt{1-2\times0.014}=0.014<\xi_b=0.518$$

$$A_s = \frac{\alpha_1 f_c b'_f \xi h_0}{f_y} = \frac{1.0 \times 11.9 \times 2200 \times 0.014 \times 560}{300} = 684.17 \text{mm}^2$$

$$0.45 f_t / f_y = 0.45 \times \frac{1.27}{360} = 0.0016 < 0.002, \text{取} \rho_{min} = 0.002$$

$$A_{smin} = 0.002 \times 300 \times 600 = 360 \text{mm}^2$$

实配：3 Φ 18，（$A_s = 763 \text{mm}^2 > A_{svmin}$）

将下部跨间截面的钢筋全部伸入支座，则支座截面可按已知受压钢筋的双筋截面计算受拉钢筋，采用单筋矩形截面计算。

A 支座截面

$$\alpha_s = \frac{M}{\alpha_1 f_c b'_f h_0^2} = \frac{83.25 \times 10^6 \text{N} \cdot \text{mm}}{1.0 \times 11.9 \text{N/mm}^2 \times 300 \text{mm} \times (560 \text{mm})^2} = 0.074$$

$$\xi = 1 - \sqrt{1 - 2\alpha_s} = 1 - \sqrt{1 - 2 \times 0.074} = 0.077 < \xi_b = 0.518$$

$$A_s = \frac{\alpha_1 f_c b'_f \xi h_0}{f_y} = \frac{1.0 \times 11.9 \times 300 \times 0.077 \times 560}{300} = 513.13 \text{mm}^2$$

实配：2 Φ 16＋2 Φ 14 （$A_s = 710 \text{mm}^2 > A_{smin}$），满足要求。

B 支座截面：同理可得 $A_s = 359.7 \text{mm}^2$，实配 2 Φ 16＋2 Φ 14 （$A_s = 710 \text{mm}^2 > A_{smin}$）。

其他层梁的配筋计算结果见表 9-21。

表 9-21　　框架梁纵向钢筋计算表

层次	截面		M(kN·m)	$b(b_f)$(mm)	h_0(mm)	α_s	ξ	A_s(mm²)	实配钢筋 A_s(mm²)	配筋率（%）
8	支座	A	83.25	300	560	0.076	0.079	513.12	2Φ16+2Φ14 (710)	0.36
		$B_{左}$	89.51	300	560	0.063	0.065	393.12	2Φ16+2Φ14 (710)	0.45
	AB 跨		117.22	2200	560	0.016	0.016	684.18	3Φ18 (763)	0.36
	支座 $B_{右}$		49.68	300	460	0.063	0.065	297.4	2Φ14 (308)	0.29
	BC 跨		12.62	1000	460	0.005	0.005	76.4	2Φ14 (308)	0.29
5	支座	A	145.73	300	560	0.126	0.135	882.93	4Φ18 (1018)	0.45
		$B_{左}$	96.42	300	560	0.097	0.102	568.2	3Φ18 (763)	0.45
	AB 跨		116.77	2200	560	0.012	0.012	684.10	3Φ18 (763)	0.45
	支座 $B_{右}$		96.42	300	460	0.129	0.139	760.81	3Φ18 (763)	0.55
	BC 跨		7.00	1000	460	0.003	0.003	50.3	2Φ14 (308)	0.29
1	支座	A	223.42	300	560	0.177	0.197	1465.9	4Φ22 (1140)	0.68
		$B_{左}$	165.22	300	560	0.130	0.140	775.9	3Φ20 (942)	0.56
	AB 跨		120.43	2200	560	0.014	0.014	587.9	3Φ18 (763)	0.45
	支座 $B_{右}$		165.22	300	460	0.196	0.220	1002.1	2Φ20+2Φ22 (1388)	0.83
	BC 跨		7.00	1000	460	0.003	0.003	50.3	2Φ14 (308)	0.29

注　表中所有钢筋配筋率均满足要求。

2. 梁斜截面受剪承载力计算

AB 跨（以底层为例计算）

$$V = 144.41\text{kN} < 0.25\beta_c f_c b h_0 = 0.25 \times 1.0 \times 11.9 \times 300 \times 560 = 499.8\text{kN}$$

故截面尺寸满足要求。

$$\frac{A_{sv}}{s} = \frac{V - 0.7 f_t b h_0}{f_{yv} h_0} = \frac{144.41 \times 10^3 - 0.7 \times 0.6 \times 1.27 \times 300 \times 560}{270 \times 560} = 0.36\text{mm}$$

选用双肢 $\phi 8$，$A_{sv1} = 50.3\ \text{mm}^2$，可求得：

$$s \leqslant \frac{2 \times 50.3}{0.09} = 1117.78\text{mm} > 200\text{mm}$$

按构选要求配箍，取双肢箍 $\varphi 8@200$。

BC 跨

$$\frac{A_{sv}}{s} = \frac{V - 0.7 \times 0.6 f_t b h_0}{f_{yv} h_0} = \frac{161.46 \times 10^3 - 0.7 \times 0.6 \times 1.27 \times 300 \times 460}{270 \times 460} = 0.71\text{mm}$$

选用双肢 $\phi 8$，$A_{sv1} = 50.3\ \text{mm}^2$，可求得：

$$s \leqslant \frac{2 \times 50.3}{0.312} = 322\text{mm} > 200\text{mm}$$

则按构选要求配箍，取双肢箍 $\varphi 8@200$。

其他层梁的斜截面受剪力承载力配筋计算结果见表 9-22。

表 9-22　　　　　　　　　　　框架梁斜截面配筋计算表

层次	截面	剪力 V (kN)	$0.25\beta_c f_c b h_0$ (kN)	$\dfrac{A_{sv}}{s} = \dfrac{V - 0.7 f_t b h_0}{f_{yv} h_0}$	实配钢筋 $A_{sv}(s)$
8	梁左	97.7	499.8	<0	双肢 $\varphi 8@200(0.50)$
	梁右	65.93	410.6	<0	双肢 $\varphi 8@200(0.50)$
5	梁左	117.15	499.8	<0	双肢 $\varphi 8@200(0.50)$
	梁右	114.77	410.6	<0	双肢 $\varphi 8@200(0.50)$
1	梁左	144.41	499.8	0.029	双肢 $\varphi 8@200(0.50)$
	梁右	161.46	410.6	0.220	双肢 $\varphi 8@200(0.50)$

9.10.3　框架柱的截面设计

1. 截面尺寸复核

6~8 层：

边柱 $h_0 = 500 - 40 = 460\text{mm}$　$V_{max} = 62.60\text{kN}$，则

$0.25\beta_c f_c b h_0 = 0.25 \times 1.0 \times 21.1 \times 500 \times 460 = 1213.3\text{kN} > V_{max}$，满足要求。

中柱 $h_0 = 500 - 40 = 460\text{mm}$　$V_{max} = 61.76\text{kN}$，则

$0.25\beta_c f_c b h_0 = 0.25 \times 1.0 \times 21.1 \times 500 \times 460 = 1213.3\text{kN} > V_{max}$，满足要求。

2~5 层：

边柱 $h_0 = 550 - 40 = 510\text{mm}$　$V_{max} = 88.44\text{kN}$，则

$0.25\beta_c f_c b h_0 = 0.25 \times 1.0 \times 21.1 \times 550 \times 510 = 1479.6\text{kN} > V_{max}$，满足要求。

中柱 $h_0 = 500 - 40 = 460\text{mm}$　$V_{max} = 115.65$，则

$0.25\beta_c f_c b h_0 = 0.25 \times 1.0 \times 21.1 \times 550 \times 510 = 1479.6\text{kN} > V_{max}$，满足要求。

1 层：

边柱 $h_0 = 600 - 40 = 560\text{mm}$　$V_{max} = 71.96\text{kN}$，则

$0.25\beta_c f_c bh_0 = 0.25 \times 1.0 \times 21.1 \times 600 \times 560 = 1772.4\text{kN} > V_{max}$，满足要求。

中柱 $h_0 = 600 - 40 = 560\text{mm}$　$V_{max} = 82.48\text{kN}$，则

$0.25\beta_c f_c bh_0 = 0.25 \times 1.0 \times 21.1 \times 600 \times 560 = 1772.4\text{kN} > V_{max}$，满足要求。

2. 框架柱正截面承载力计算

判断大小偏心

6～8 层，柱截面尺寸 500×500：

$$N_b = \alpha f_c bh_0 \xi_b = 1.0 \times 21.1 \times 500 \times 460 \times 0.518 = 2514\text{kN}$$

2～5 层，柱截面尺寸 550×550：

$$N_b = \alpha f_c bh_0 \xi_b = 1.0 \times 21.1 \times 550 \times 510 \times 0.518 = 3066\text{kN}$$

1 层，柱截面尺寸 600×600：

$$N_b = \alpha f_c bh_0 \xi_b = 1.0 \times 21.1 \times 600 \times 560 \times 0.518 = 3672\text{kN}$$

对 A 柱，$N < N_b$，故均为大偏压。

对 B 柱，除 1 层、2 层 $N > N_b$，出现小偏压，其余均为大偏压。

判断是否考虑轴向压力在挠曲构件中产生的附加弯矩影响。

1 层，$i = \dfrac{h}{\sqrt{12}} = \dfrac{0.6}{\sqrt{12}} = 0.173, \dfrac{l}{i} = \dfrac{5.5}{0.173} = 31.8$，由于 $\dfrac{M_1}{M_2} < 0$，故 $\dfrac{l}{i} < 34 - 12\dfrac{M_1}{M_2}$；

2～5 层，$i = \dfrac{h}{\sqrt{12}} = \dfrac{0.55}{\sqrt{12}} = 0.159, \dfrac{l}{i} = \dfrac{3.6}{0.159} = 22.6$，由于 $\dfrac{M_1}{M_2} < 0$，故 $\dfrac{l}{i} < 34 - 12\dfrac{M_1}{M_2}$；

6～8 层，$i = \dfrac{h}{\sqrt{12}} = \dfrac{0.50}{\sqrt{12}} = 0.144, \dfrac{l}{i} = \dfrac{3.6}{0.144} = 25$，由于 $\dfrac{M_1}{M_2} < 0$，故 $\dfrac{l}{i} < 34 - 12\dfrac{M_1}{M_2}$；

故不需考虑轴向压力在挠曲构件中产生的附加弯矩的影响。

框架柱危险截面内力设计值计算见表 9-23。

表 9-23　　　　　　　　　　考虑抗震要求截面危险内力设计值

层次	梁编号	截面位置	内力	截面危险内力的设计值		
				$\lvert M \rvert_{max}$ 及相应的 N，V	N_{max} 及相应的 M，V	N_{min} 及相应的 M，V
顶层	A柱	上	M (kN·m)	105.15	97.90	30.39
			N (kN)	331.66	343.63	215.08
		下	M (kN·m)	−60.67	−57.88	−18.02
			N (kN)	415.38	421.41	307.36
			V (kN)	41.84	39.71	24.48
	B柱	上	M (kN·m)	−93.20	−67.94	−93.20
			N (kN)	253.93	410.91	253.93
		下	M (kN·m)	67.26	41.61	67.26
			N (kN)	289.84	470.40	289.84
			V (kN)	−5.77	33.02	−5.77
二层	A柱	上	M (kN·m)	118.61	82.29	−50.29
			N (kN)	1975.74	2625.86	1578.56

续表

层次	梁编号	截面位置	内力	截面危险内力的设计值		
				$\|M\|_{max}$及相应的 N,V	N_{max}及相应的 M, V	N_{min}及相应的 M, V
二层	A柱	下	M (kN·m)	−110.44	−80.05	32.87
			N (kN)	2004.10	2705.16	1624.92
			V (kN)	71.33	47.59	−28.34
	B柱	上	M (kN·m)	181.43	−2.62	−181.43
			N (kN)	1874.58	3290.71	1874.58
		下	M (kN·m)	175.88	−3.34	175.88
			N (kN)	1920.94	3370.01	1920.94
			V (kN)	−63.55	58.00	−63.55
底层	A柱	上	M (kN·m)	140.86	98.35	−49.43
			N (kN)	2392.36	3048.15	1936.02
		下	M (kN·m)	−245.69	−54.69	199.97
			N (kN)	2477.18	3192.29	2025.56
			V (kN)	−40.52	30.80	−75.69
	B柱	上	M (kN·m)	182.52	92.07	−135.65
			N (kN)	2899.59	3736.29	2267.64
		下	M (kN·m)	−277.15	−116.31	253.71
			N (kN)	2984.41	3880.81	2357.17
			V (kN)	−86.07	−41.33	−68.24

以底层边柱（A）为例计算。柱同一截面分别承受正反向弯矩，故采用对称配筋。对于底层，从柱的内力组合表可见 $N_b < N$，为小偏压，所选最不利组合为

$M = 116.31$kN/m，$N = 3880.81$kN

取 $a_s = a_s' = 40$mm，$f_y = f_y' = 360$N/mm²，$f_c = 21.1$N/mm²，$\alpha_1 = 1.0$，$\xi_b = 0.518$，$\beta_1 = 0.8$，$e_0 = \dfrac{M}{N} = \dfrac{116.31 \times 10^6}{3880.81 \times 10^3} = 29.97$mm

附加偏心距：$e_a = \max(20\text{mm}, h/30 = 600/30 = 20\text{mm}) = 20$mm，取 $e_a = 20$mm

$$e_i = e_0 + e_a = 29.97 + 20 = 49.97\text{mm}$$

$$\xi_c = \frac{0.5 f_c A}{N} = \frac{0.5 \times 21.1 \times 600^2}{3880.81 \times 10^3} = 0.98$$

$$C_m = 0.7 + 0.3 M_1/M_2 = 0.94$$

$$i = \sqrt{\frac{I}{A}} = \frac{600}{2\sqrt{3}} = 173.2\text{mm}$$

$l_0/i = \dfrac{5500}{173.21} = 31.75 < 34 - 12(M_1/M_2) = 44.92$，故不考虑附加弯矩的影响。

$$e = e_i + \frac{h}{2} - a_s = 49.97 + \frac{600}{2} - 40 = 309.97\text{mm}$$

$$\xi = \frac{N - \xi_b \alpha_1 f_c b h_0}{\dfrac{Ne - 0.43\alpha_1 f_c b h_0^2}{(\beta_1 - \xi_b)(h_0 - a_s')} + \alpha_1 f_c b h_0} + \xi_b = 0.575$$

$$A_s' = A_s = \frac{Ne - \alpha_1 f_c b h_0^2 \xi (1 - 0.5\xi)}{f_y'(h_0 - a_s')}$$

$$= \frac{3880.581 \times 10^3 \times 309.97 - 21.1 \times 600 \times 560^2 \times 0.518 \times (1 - 0.5 \times 0.575)}{360 \times (560 - 40)} < 0$$

按构造配筋，由于纵向受力钢筋采用 HRB400，全部纵筋最小总配筋率。

$\rho_{min} = 0.7\%(0.8\%)$（括号内的数值代表边柱配筋率，括号外的数值代表中柱的配筋率）。单侧配筋率，$A_{smin} = A_{smax} = 0.2\% \times 600^2 = 720 mm^2$。每侧实配（4 Φ 16）（804 mm^2），则全部配筋率为 $\rho = \dfrac{12 \times 201 \ mm^2}{(600mm)^2} = 0.67\% < \rho_{max} = 5\%$，满足要求。

其他楼层框架柱计算结果见表 9 - 24、表 9 - 25。

表 9 - 24　　　　　　　　　　　　　A 轴框架柱正截面配筋

柱名	内力组	控制内力值		柱截面对称配筋的计算					
		M (kN·m)	N (kN)	e (mm)	ξ	$A_s(A_s')$ (mm^2)	实际配筋 (mm^2)		配筋率 (%)
A8 ~ A7	1	105.15	331.66	230.3	0.072	0	4 Φ 16	$A_s = 804$	0.96
	2	97.9	343.63	230.1	0.057	0	4 Φ 16	$A_s = 804$	0.96
	3	30.39	215.08	230.2	0.075	0	4 Φ 16	$A_s = 804$	0.96
A5 ~ A4	1	127.92	1129.65	255.1	0.331	0	4 Φ 16	$A_s = 804$	0.80
	2	78.38	1463.66	255.0	0.267	0	4 Φ 16	$A_s = 804$	0.80
	3	14.4	982.47	255.0	0.444	0	4 Φ 16	$A_s = 804$	0.80
A1 ~ A0	1	140.86	2392.36	280.1	0.331	0	4 Φ 16	$A_s = 804$	0.67
	2	98.35	3048.15	280.1	0.264	0	4 Φ 16	$A_s = 804$	0.67
	3	49.43	1936.02	280.0	0.382	0	4 Φ 16	$A_s = 804$	0.67

（表中均为大偏压）

表 9 - 25　　　　　　　　　　　　　B 轴框架柱正截面配筋

柱名	内力组	控制内力值		柱截面对称配筋的计算					
		M (kN·m)	N (kN)	e (mm)	ξ	$A_s(A_s')$ (mm^2)	实际配筋 (mm^2)		配筋率 (%)
B8 ~ B7	1	93.2	275.6	230.2	0.057	0	4 Φ 16	$A_s = 804$	0.96
	2	67.3	289.8	230.2	0.060	0	4 Φ 16	$A_s = 804$	0.96
	3	67.9	410.9	230.2	0.085	0	4 Φ 16	$A_s = 804$	0.96
B2 ~ B1	1	181.4	2456.8	255.1	0.415	0	4 Φ 16	$A_s = 804$	0.80
	2	181.4	1874.6	255.1	0.317	0	4 Φ 16	$A_s = 804$	0.80
	3	3.34	3370.0	255.0	0.635	0	4 Φ 16	$A_s = 804$	0.80

柱名	内力组	控制内力值		柱截面对称配筋的计算					
		M (kN·m)	N (kN)	e (mm)	ξ	$A_s(A_s')$ (mm^2)	实际配筋 (mm^2)		配筋率 (%)
B1 ~ B0	1	230.6	2931.1	280.1	0.413	0	4 Φ 16	$A_s=804$	0.67
	2	230.0	2204.3	280.1	0.311	0	4 Φ 16	$A_s=804$	0.67
	3	61.03	3932.6	280.1	0.606	0	4 Φ 16	$A_s=804$	0.67

（表中第一层，第二层内力组 3 为小偏压，其余均为大偏压）

3. 垂直于弯矩作用平面的受压承载力验算

按轴心受压构件验算

6～8 层，$N_{max}=1386.52$kN，$l_0/b=3.6/0.5=7.2$，查表得 $\varphi=1.0$

$0.9\varphi(f_cA+f_y'A_s')=0.9\times1.0\times(21.1\times500^2+360\times12\times201)=5529kN>N_{max}$，满足承载力要求；

2～5 层，$N_{max}=3370.01$kN，$l_0/b=3.6/0.55=6.55$，查表得 $\varphi=1.0$

$0.9\varphi(f_cA+f_y'A_s')=0.9\times1.0\times(21.1\times550^2+360\times12\times201)=6526kN>N_{max}$，满足承载力要求；

底层，$N_{max}=3880.81$kN，$l_0/b=5.5/0.6=9.2$ 查表得 $\varphi=0.99$

$0.9\varphi(f_cA+f_y'A_s')=0.9\times0.99\times(21.1\times600^2+360\times12\times201)=7542kN>N_{max}$，满足承载力要求。

4. 斜截面受剪承载力计算（以 A 轴柱为例）

1 层最不利内力组合：$M=199.97$kN·m，$N=2984.41$kN，$V=-86.7$kN

因为剪跨比 $\lambda=\dfrac{H_n}{2h_0}=\dfrac{4900}{2\times560}=4.38>3$，取 $\lambda=3$

故 $0.3f_cA=0.3\times21.1\times600^2=2278.8kN<2984.41$kN，取 $N=2278.8$kN

$$\frac{A_{sv}}{s}=\frac{V-\dfrac{1.05}{\lambda+1}f_tbh_0-0.056N}{f_{yv}h_0}$$

$$=\frac{86.7\times10^3-\dfrac{1.05}{3+1}\times1.80\times600\times560-0.056\times2278.8}{360\times560}<0$$

体积配箍率应满足抗震要求，取井字形复式箍 $\varphi8@200$。

其余各柱斜截面受剪承载力计算见表 9-26。

表 9-26　　　　　　　　　　**框架柱斜截面配筋**

柱名	控制内力				斜截面抗剪承载力计算	
	V (kN)	N (kN)	H_n (m)	λ	A_{sv} (s)	实际配箍情况
A_8A_7	45.70	215.08	3.0	3	0	$\varphi8@200(n=4)$ 加密区 $\varphi8@100$
A_2A_1	52.92	742.37	3.0	3	0	$\varphi10@200(n=4)$ 加密区 $\varphi10@100$
A_1A_0	67.04	982.47	4.9	3	0	$\varphi10@200(n=4)$ 加密区 $\varphi10@100$
B_8B_7	2.93	257.3	3.0	3	0	$\varphi8@200(n=4)$ 加密区 $\varphi8@100$

柱名	控制内力				斜截面抗剪承载力计算	
	V (kN)	N (kN)	H_n (m)	λ	A_{sv} (s)	实际配箍情况
B_2B_1	34.72	881.73	3.0	3	0	$\varphi10@200(n=4)$ 加密区 $\varphi10@100$
B_1B_0	86.7	2267.64	4.9	3	0	$\varphi10@200(n=4)$ 加密区 $\varphi10@100$

体积配箍率验算，以第一层为例

第一层，$\rho_v = \dfrac{A_{sv1}(nl_1 + nl_2)}{A_{cor}s} = \dfrac{78.5 \times (4 \times 560 + 4 \times 560)}{550 \times 550 \times 200} = 0.58\% < 0.6\%$，

不满足要求。

9.11 强节点验算

9.11.1 节点剪力

对二级框架，由 $V_j = \dfrac{\eta_{jb}\sum M_b}{h_{b0} - a'_s}\left(1 - \dfrac{h_{b0} - a'_s}{H_c - h_b}\right)$，其中 $\eta_{jb} = 1.2$，表 9 - 27 为节点剪力计算。

表 9 - 27 　　　　　　　　　　　　 **节 点 剪 力 计 算**

截面	层数	$\sum M_b$(kN·m)	h_b (mm)	a'_s(mm)	h_{b0}(mm)	H_c(m)	V_j(kN)
边柱	8	101.15	500	40	560	2.33	187.98
	5	201.93	550	40	560	3.60	434.86
	1	223.42	600	40	560	3.17	462.67
中柱	8	93.26	500	40	510	2.07	187.68
	5	272.33	550	40	510	3.56	660.08
	1	287.82	600	40	510	3.52	693.65

9.11.2 抗剪承载力验算

二级框架，由 $V_j \leqslant \dfrac{1}{\gamma_{RE}}\left(1.1\eta_j f_t b_j h_j + 0.5\eta_j N\dfrac{b_j}{b_c} + f_{yv}A_{svj}\dfrac{h_{b0} - a'_s}{s}\right)$，其中，对边柱，$\eta_j = 1.0$，对中柱，由于梁柱中线重合，$b_b = 300\text{mm} \geqslant \dfrac{1}{2}b_c = \dfrac{1}{2} \times 600 = 300\text{mm}$，$h_b = 600\text{mm} \geqslant \dfrac{3}{4}h_c = \dfrac{3}{4} \times 600 = 450\text{mm}$，故 $\eta_j = 1.5$；对 b_j，由于 $b_b \geqslant \dfrac{1}{2}b_c$，故取 $b_j = b_b$；对 N，由 $0.5f_c b_c h_c = 0.5 \times 21.1 \times 600 \times 600 = 3798\text{kN}$，当 N 大于 $0.5f_c b_c h_c$ 时，取 $0.5f_c b_c h_c$。表 9 - 26 为抗剪承载力计算表。通过表 9 - 27 与表 9 - 28 对比观察，节点受剪承载力一、二层中柱不满足要求，节点核心区内改为 $\varphi12@100$ 的箍筋，验算满足要求。

表 9 - 28　　　　　　　　　　　　　抗剪承载力计算表

截面	层数	$N(kN)$	η_j	$b_j(mm)$	$h_j(mm)$	$a'_s(mm)$	$h_{b0}(mm)$	$A_{svj}(mm^2)$	$s(mm)$	$V_j(kN)$
边柱	8	250.98	1.0	300	500	40	560	101	100	589.40
	5	789.19	1.0	300	550	40	560	101	100	550.75
	1	2124.2	1.0	300	600	40	560	157	100	679.25
中柱	8	243.2	1.5	300	500	40	510	101	100	499.67
	5	1211.32	1.5	300	550	40	510	226	100	722.41
	1	2357.17	1.5	300	600	40	510	226	100	757.69

9.11.3　框架梁、柱配筋图

框架梁配筋图见图 9 - 16，框架柱配筋图见图 9 - 17。

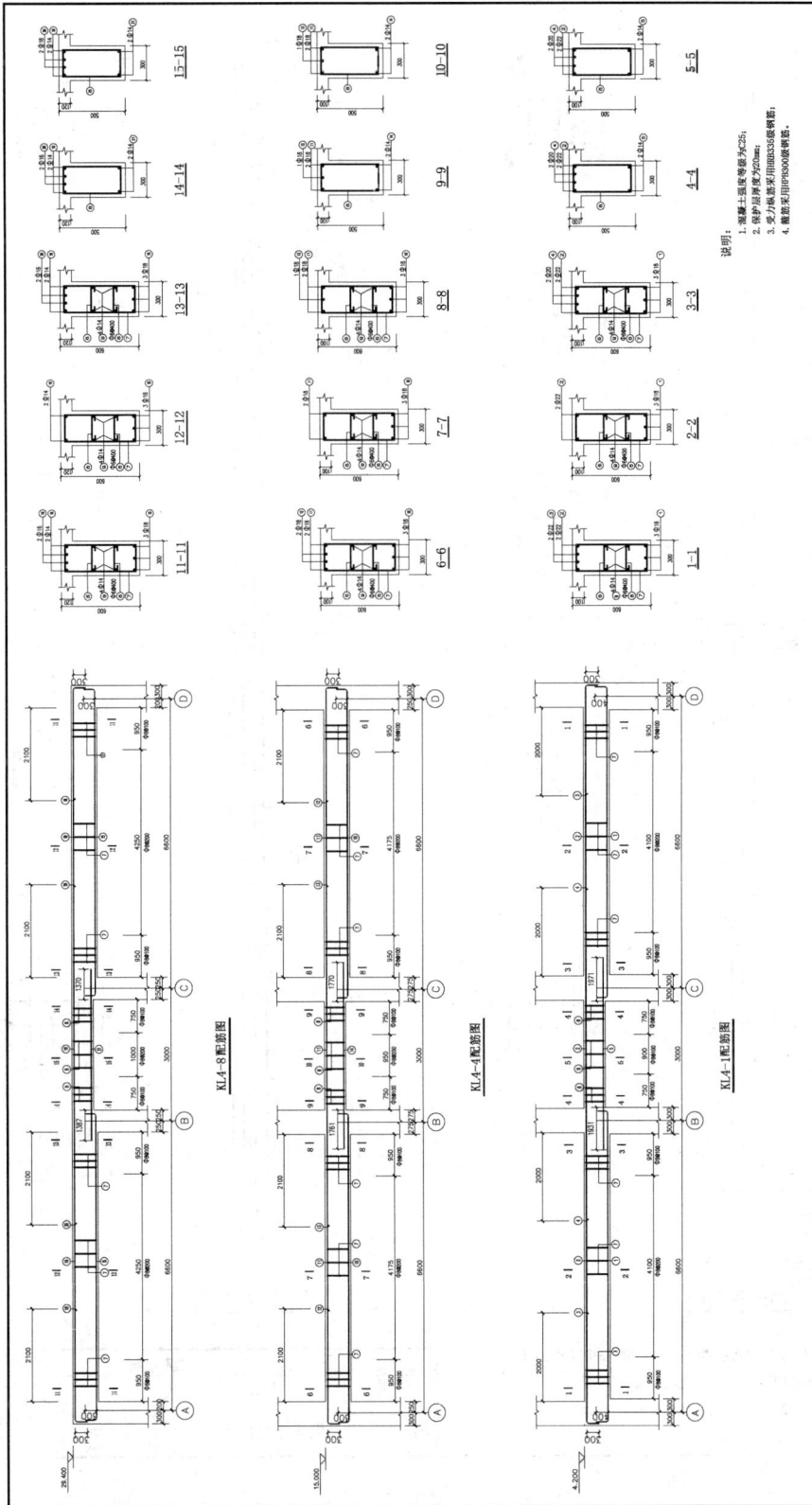

图 9-16

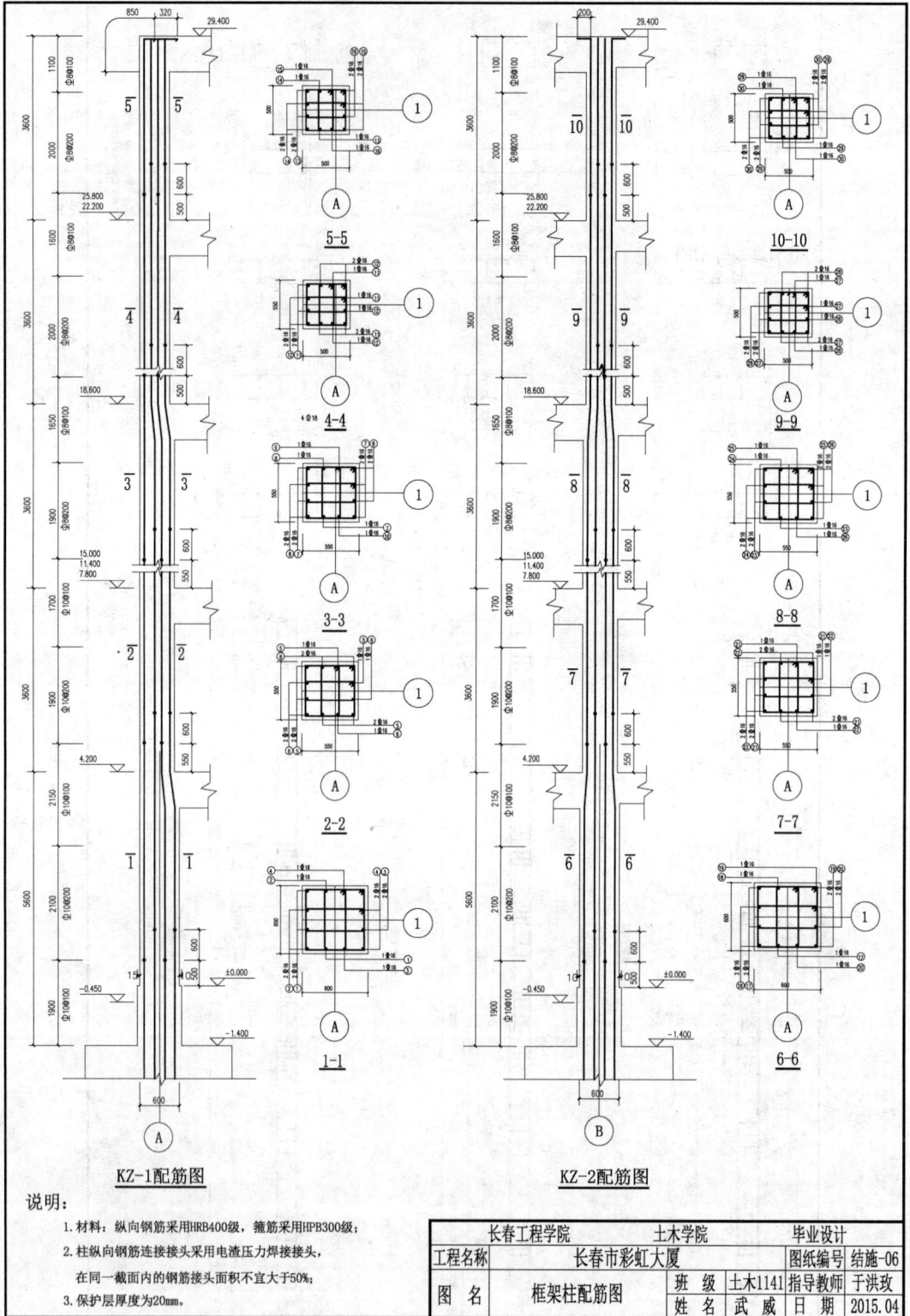

KZ-1配筋图

KZ-2配筋图

说明：
1. 材料：纵向钢筋采用HRB400级，箍筋采用HPB300级；
2. 柱纵向钢筋连接接头采用电渣压力焊接接头，
   在同一截面内的钢筋接头面积不宜大于50%；
3. 保护层厚度为20mm。

长春工程学院		土木学院		毕业设计	
工程名称		长春市彩虹大厦		图纸编号	结施-06
图 名		框架柱配筋图	班 级	土木1141	指导教师	于洪玫
			姓 名	武 威	日 期	2015.04

图 9-17

第 10 章　框架-剪力墙结构设计实例

10.1　工　程　概　况

本工程为长春市某办公楼，框架-剪力墙结构房屋，10 层，抗震设防烈度 7 度，场地类别 II 类，设计地震分组为第一组。基本雪压 $s_0 = 0.45kN/m^2$，基本风压 $\omega_0 = 0.65kN/m^2$；地面粗糙度为 C 类；该房屋抗震设防类别为标准设防类。

10.1.1　结构布置及计算简图

根据对结构使用功能要求及技术经济指标等因素的综合分析，本建筑采用钢筋混凝土框架-剪力墙结构，标准层平面图见图 10-1，剖面图见图 10-2，标准层结构平面布置图见图 10-3。

10.1.2　梁、板截面尺寸

梁的截面尺寸应满足承载力、刚度及延性要求。主梁的截面高度 $h = (1/10 \sim 1/18)L$，次梁的截面高度 $h = (1/12 \sim 1/18)L$，L 为梁的跨度，梁的截面宽度 $b = (1/2 \sim 1/3.5)h$，负荷面积较大时宜取上限值。单向板厚度可取 1/40 板短边长度。因此估算的梁截面尺寸见表 10-1。梁、板混凝土采用 C30。

表 10-1　　　　　　　　　　　　　梁、板截面尺寸　　　　　　　　　　　　　　　mm

主梁	走道梁	次梁	板
300×650	300×350	250×550	100（顶层 120）

10.1.3　柱截面设计

柱截面尺寸可根据轴压比限值确定，房屋高度为 36.6m，本框架-剪力墙结构中的框架为三级抗震等级，轴压比限值 $[\mu_N]$ 为 0.9。单位面积上重力荷载代表值近似取 $13kN/m^2$，柱、墙混凝土强度 C40（$f_c = 19.1N/mm^2$，$f_t = 1.71N/mm^2$），底层中柱及边柱的截面面积为

中柱 $A_c = \dfrac{N}{[\mu_N]f_c} = \dfrac{7.2 \times 5.4 \times 13 \times 10 \times 1.2 \times 10^3}{0.9 \times 19.1} = 352\ 838mm^2$

柱截面尺寸可取为 650mm×650mm

边柱 $A_c = \dfrac{N}{[\mu_N]f_c} = \dfrac{3.6 \times 5.4 \times 13 \times 10 \times 1.2 \times 10^3}{0.9 \times 19.1} = 254\ 827mm^2$

边柱截面尺寸也取为 650mm×650mm

另外，柱的截面高度不宜小于 400mm，宽度不宜小于 350mm，柱净高与截面长边尺寸之比宜大于 4。经综合分析，本工程各层柱截面尺寸及混凝土强度等级按表 10-2 采用。

表 10-2　　　　　　　　　　各层柱截面尺寸及混凝土强度等级　　　　　　　　　　　mm

底层	2 层～6 层	7 层～10 层	混凝土强度等级
650×650	600×600	550×550	C40

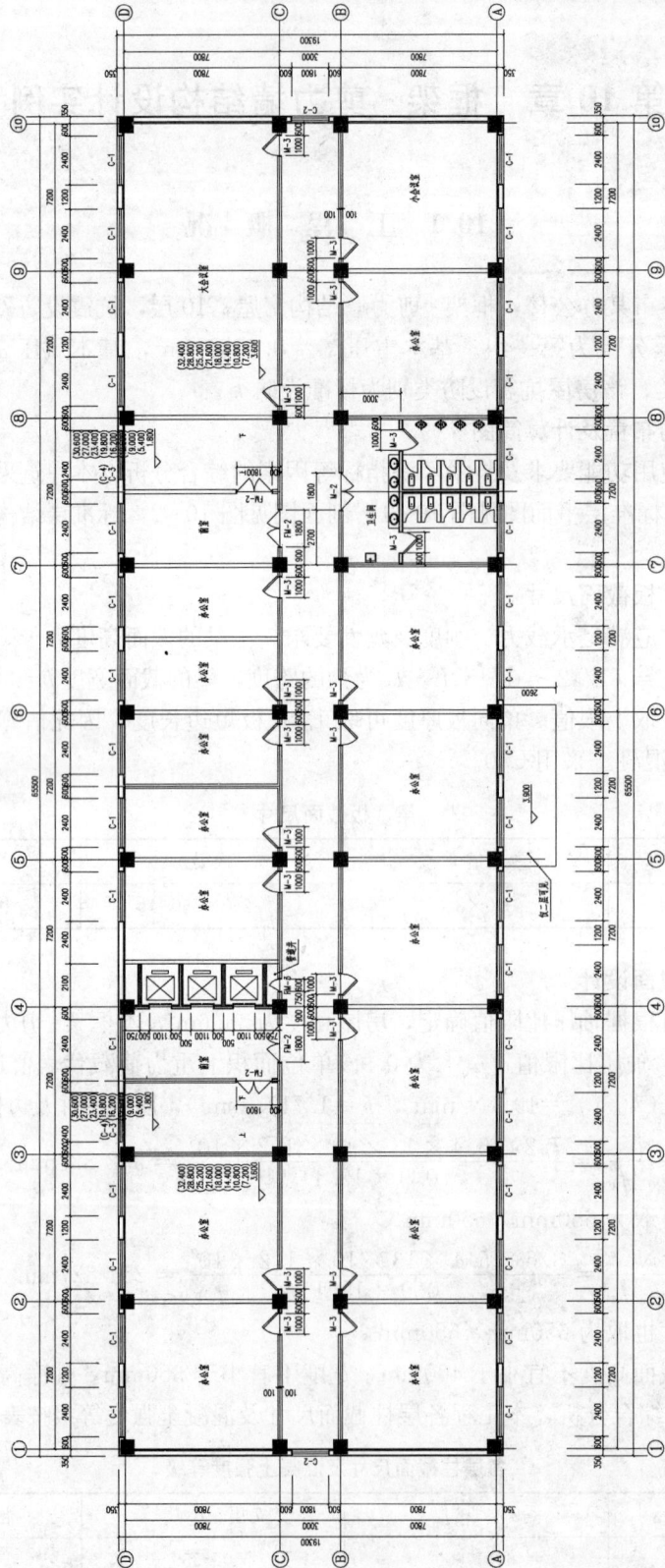

图 10-1 标准层平面图

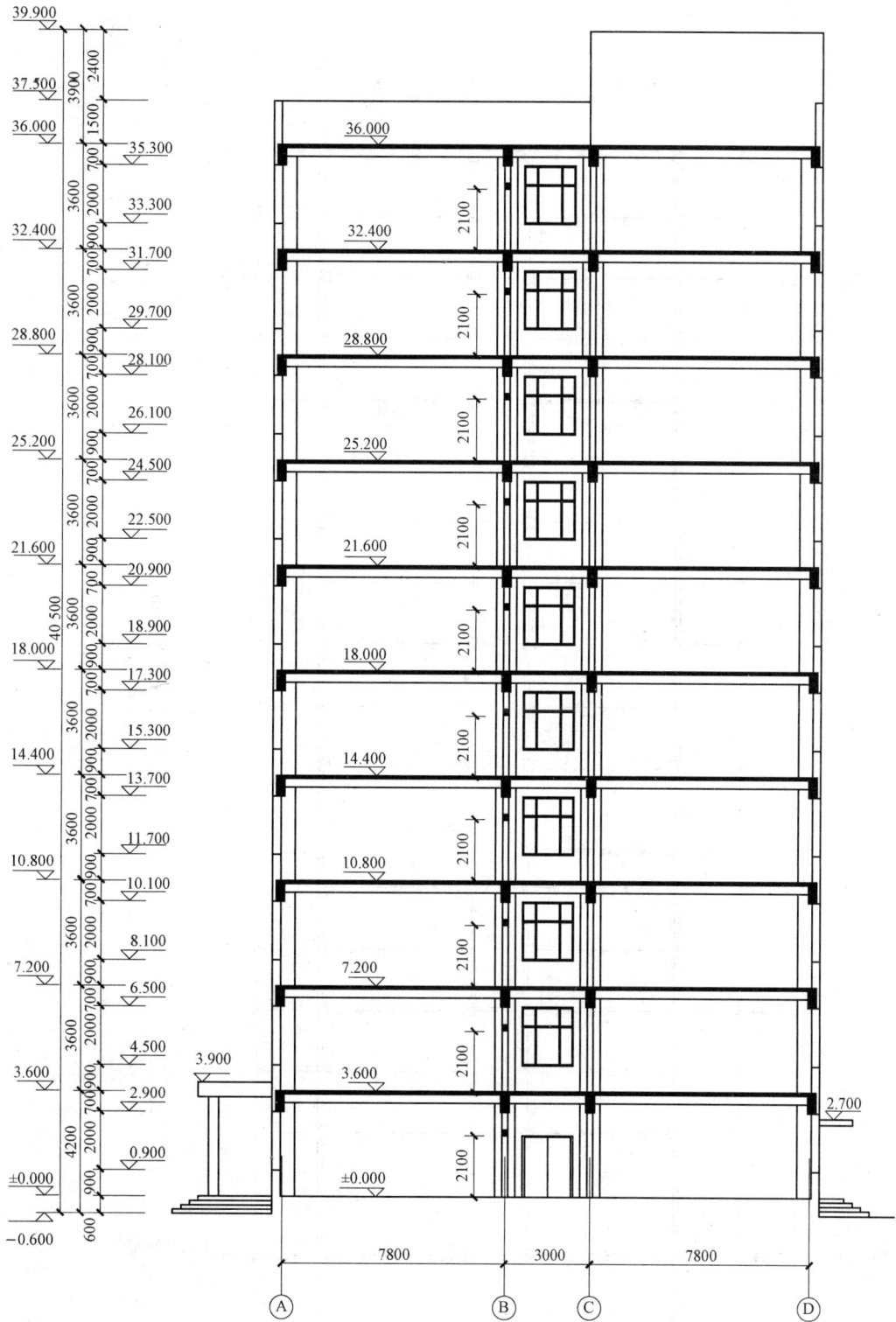

图 10 - 2　1 - 1 剖面图

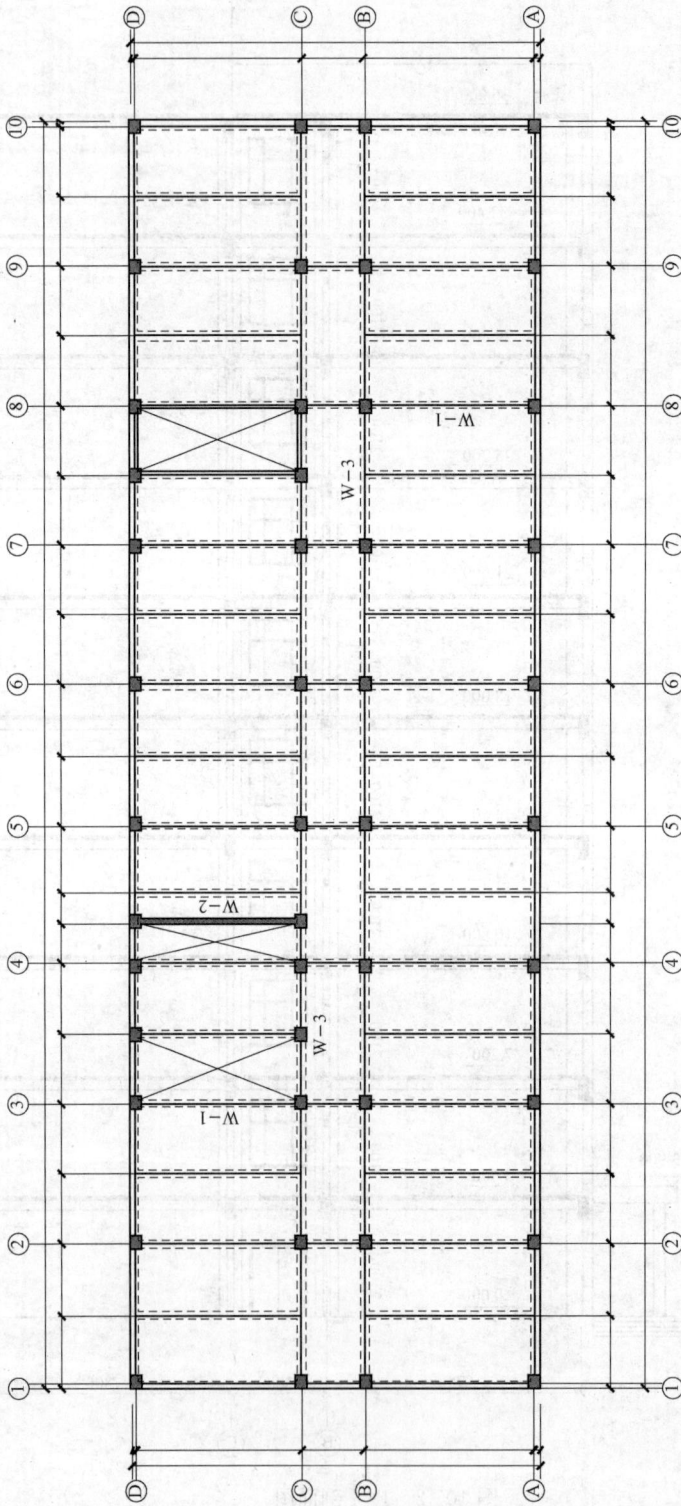

图 10 - 3 标准层结构平面布置图

10.1.4 剪力墙布置

对于带边框的剪力墙，抗震设计时，一、二级剪力墙的底部加强部位均不应小于 200mm，且不应小于层高的 1/16；其他情况下墙板厚度不应小于 160mm 且不应小于层高的 1/20，其混凝土强度等级与柱相同。1 层为底部加强层，层高为 4800mm，故墙板厚度不应小于 300mm，取 300mm，2～10 层取 260mm。

10.1.5 计算简图

结构平面布置情况如图 10 - 3 所示，无论是横向还是纵向，均可按连梁刚接考虑，其计算简图如图 10 - 4 所示。对于横向总剪力墙代表 W - 1、W - 2 共 3 片剪力墙的综合；对于纵向，总剪力墙代表 W - 3 共 2 片剪力墙的综合。底层柱的下端取至承台顶部；因梁板现浇，所以其他各层均取板底为梁截面的形心线。

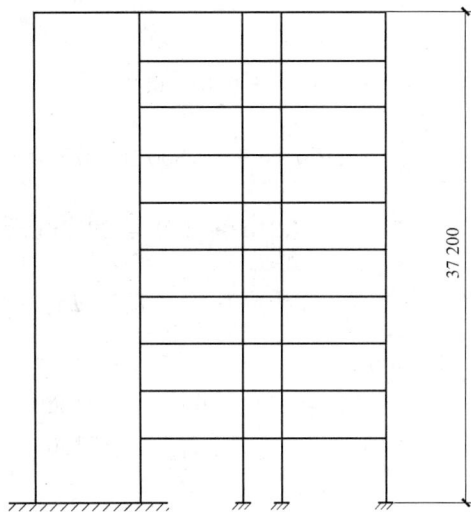

图 10 - 4　框架 - 剪力墙结构协同工作计算简图

10.2　剪力墙、框架及连梁的刚度计算

10.2.1 剪力墙的刚度计算

W - 1，W - 2 为横向剪力墙，W - 1 墙为带翼缘的整截面墙，其有效翼缘宽度取 7 倍的翼缘厚度，即 2100mm（1820mm）。W - 1 墙截面图见图 10 - 5。（柱中心距根据建筑图确定）

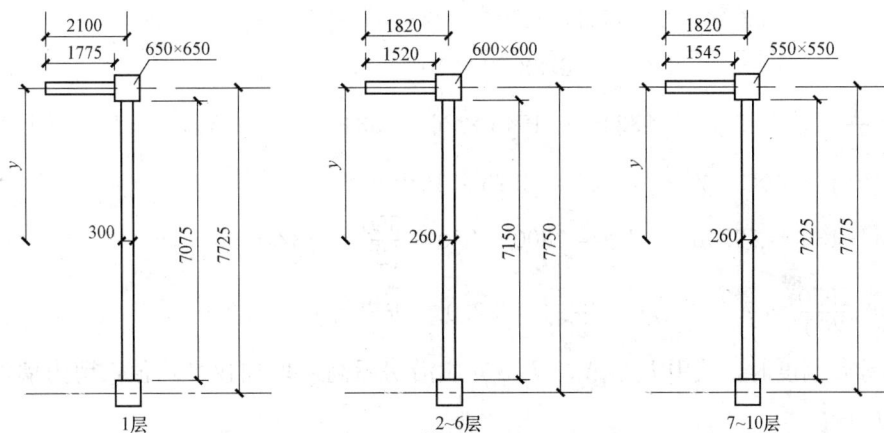

图 10 - 5　W - 1 墙考虑翼缘作用的截面图（mm）

1 层

$$A_\omega = 650 \times 650 \times 2 + 300 \times 7075 + 300 \times 1775 = 3.5 \times 10^6 \, \text{mm}^2$$

$$y = \frac{300 \times 7075 \times \left(\frac{7075}{2} + \frac{650}{2}\right) + 650 \times 650 \times 7725}{3.5 \times 10^6} = 3275\text{mm}$$

$$I_\omega = \frac{1}{12} \times 650^4 + 650 \times 650 \times 3275^2 + 300 \times 1775 \times 3275^2 + \frac{1}{12} \times 650^4 + 650 \times 650$$

$$\times 4450^2 + \frac{1}{12} \times 300 \times 7075^3 + 300 \times 7075 \times 587.5^2 = 2.82 \times 10^{13}\text{mm}^4$$

$$b_f = 2100 + 150 = 2250\text{mm} \quad h_w = 7800 + \frac{650}{2} + 250 = 8375\text{mm}$$

$$b_f/t = \frac{2250}{300} = 7.5 \quad h_w/t = \frac{8375}{300} = 27.9 \quad 查表得 \mu = 1.407$$

2～6 层

$$A_\omega = 600 \times 600 \times 2 + 1520 \times 260 + 260 \times 7150 = 2.97 \times 10^6\text{ mm}^2$$

$$y = \frac{260 \times 7150 \times \left(\frac{7150}{2} + 300\right) + 600 \times 600 \times 7750}{2.9742 \times 10^6} = 3360\text{mm}$$

$$I_\omega = \frac{1}{12} \times 600^4 + 600 \times 600 \times 3360^2 + 1520 \times 260 \times 3360^2 + \frac{1}{12} \times 600^4 + 600^2 \times 4390^2$$

$$+ \frac{1}{12} \times 260 \times 7150^3 + 260 \times 7150 \times 515^2 = 2.39 \times 10^{13}\text{mm}^4$$

$$b_f = 1820 + 130 = 1950\text{mm} \quad h_w = 7800 + 250 + 300 = 8350\text{mm}$$

$$b_f/t = \frac{1950}{260} = 7.5 \quad h_w/t = \frac{8350}{260} = 32.1 \quad 查表得 \mu = 1.369$$

7～10 层

$$A_\omega = 550 \times 550 \times 2 + 260 \times 1545 + 260 \times 7225 = 2.88 \times 10^6\text{ mm}^2$$

$$y = \frac{550 \times 550 \times 7775 + 260 \times 7225 \times \left(\frac{7225}{2} + \frac{550}{2}\right)}{2.8852 \times 10^6} = 3346\text{mm}$$

$$I_\omega = \frac{1}{12} \times 550^4 + 550^2 \times 3346^2 + 1545 \times 260 \times 3346^2 + \frac{1}{12} \times 550^4 + 550^2 \times 4429^2 + \frac{1}{12} \times$$

$$260 \times 7225^3 + 260 \times 7225 \times 541.5^2 = 2.25 \times 10^{13}\text{mm}^4$$

$$b_f = 1820 + 130 = 1950\text{mm} \quad h_w = 7800 + 250 + \frac{550}{2} = 8325\text{mm}$$

$$b_f/t = \frac{1950}{260} = 7.5 \quad h_w/t = \frac{8325}{260} = 32.0 \quad 查表得 \mu = 1.369$$

计算等效刚度时，式中 E_c、A_w、I_w、μ 应沿房屋高度取加权平均值，剪力墙混凝土采用C40，故得

$$E_c = 3.25 \times 10^4\text{N/mm}^2$$

$$A_\omega = \frac{(3.5 \times 4.8 + 2.97 \times 3.6 \times 5 + 2.88 \times 3.6 \times 4) \times 10^6}{37.2} = 3.01 \times 10^6\text{mm}^2$$

$$I_\omega = \frac{(2.82 \times 4.8 + 2.39 \times 3.6 \times 5 + 2.25 \times 3.6 \times 4) \times 10^{13}}{37.2} = 2.39 \times 10^{13}\text{mm}^4$$

$$\mu = \frac{1.407 \times 4.8 + 1.369 \times 3.6 \times 9}{37.2} = 1.374$$

将以上数据代入公式

$$E_c I_{eq} = \frac{E_c I_w}{1 + \dfrac{9\mu I_w}{A_w H^2}} = \frac{3.25 \times 10^4 \times 2.39 \times 10^{13}}{1 + \dfrac{9 \times 1.374 \times 2.39 \times 10^{13}}{3.01 \times 10^6 \times 37\ 200^2}} = 7.26 \times 10^{17} \text{N} \cdot \text{mm}^2$$

W - 2 墙为不带翼缘的整截面墙，截面图见图 10 - 6。

1 层

$$A_\omega = 650 \times 650 \times 2 + 300 \times 7075 = 2.9 \times 10^6 \text{mm}^2$$

$$I_\omega = \left(\frac{1}{12} \times 650^4 + 650^2 \times 3862.5^2\right) \times 2 + \frac{1}{12} \times 300 \times 7075^3 = 2.15 \times 10^{13} \text{mm}^4$$

$$b_f = 650\text{mm}$$

$$h_w = 7725 + 650 = 8375\text{mm}$$

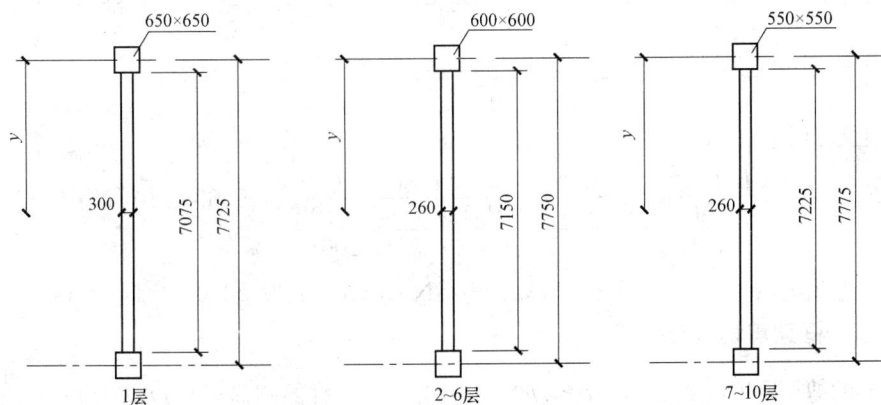

图 10 - 6　W - 2 墙截面图（mm）

$$I_\omega = \left(\frac{1}{12} \times 650^4 + 650^2 \times 3862.5^2\right) \times 2 + \frac{1}{12} \times 300 \times 7075^3 = 2.15 \times 10^{13} \text{mm}^4$$

$$b_f/t = 650/300 = 2.2$$

$$h_w/t = 8375/300 = 27.9$$

查表得 $\mu = 1.223$

2~6 层

$$A_\omega = 600 \times 600 \times 2 + 260 \times 7150 = 2.58 \times 10^6 \text{mm}^2$$

$$I_\omega = \left(\frac{1}{12} \times 600^4 + 600^2 \times 3875^2\right) \times 2 + \frac{1}{12} \times 260 \times 7150^3 = 1.87 \times 10^{13} \text{mm}^4$$

$$b_f = 600\text{mm}$$

$$h_w = 7750 + 600 = 8350\text{mm}$$

$$b_f/t = 600/260 = 2.3$$

$$h_w/t = 8350/260 = 32.1$$

查表得 $\mu = 1.273$

7~10 层

$$A_\omega = 550 \times 550 \times 2 + 260 \times 7225 = 2.48 \times 10^6 \text{mm}^2$$

$$I_\omega = \left(\frac{1}{12} \times 550^4 + 550^2 \times 3887.5^2\right) \times 2 + \frac{1}{12} \times 260 \times 7225^3 = 1.73 \times 10^{13}\,\text{mm}^4$$

$$b_f = 550\,\text{mm}$$

$$h_w = 7775 + 550 = 8325\,\text{mm}$$

$$b_f/t = 550/260 = 2.1$$

$$h_w/t = 8325/260 = 32.0$$

查表得 $\mu = 1.233$

剪力墙混凝土采用 C40

$$E_c = 3.25 \times 10^4\,\text{N/mm}^2$$

$$A_\omega = \frac{(2.97 \times 4.8 + 2.58 \times 3.6 \times 5 + 2.48 \times 3.6 \times 4) \times 10^6}{37.2} = 2.59 \times 10^6\,\text{mm}^2$$

$$I_\omega = \frac{(2.15 \times 4.8 + 1.87 \times 3.6 \times 5 + 1.733 \times 3.6 \times 4) \times 10^{13}}{37.2} = 1.86 \times 10^{13}\,\text{mm}^4$$

$$\mu = \frac{1.223 \times 4.8 + 1.273 \times 3.6 \times 5 + 1.233 \times 3.6 \times 4}{37.2} = 1.251$$

将以上数据代入公式

$$E_c I_{eq} = \frac{E_c I_w}{1 + \dfrac{9\mu I_w}{A_w H^2}} = \frac{3.25 \times 10^4 \times 1.86 \times 10^{13}}{1 + \dfrac{9 \times 1.251 \times 1.86 \times 10^{13}}{2.59 \times 10^6 \times 37\,200^2}} = 5.69 \times 10^{17}\,\text{N}\cdot\text{mm}^2$$

$$\sum E_c I_{eq} = (7.26 \times 2 + 5.69) \times 10^{17}\,\text{N}\cdot\text{mm}^2 = 20.22 \times 10^{17}\,\text{N}\cdot\text{mm}^2$$

10.2.2 框架剪切刚度计算

总框架的剪切刚度按式 $C_f = Dh = h\sum D_{ij}$ 计算，其中柱的侧移刚度 D_{ij} 按式 $D = \alpha_c \dfrac{12 i_c}{h^2}$ 计算。

1. 梁线刚度 i_b 和柱线刚度 i_c

各层各跨梁线刚度 i_b 计算结果见表 10 - 3。表中 I_0 表示按矩形截面所计算的惯性矩；$2E I_0/l$、$1.5E I_0/l$ 分别表示中框架梁和边框架梁的线刚度。各层柱的线刚度 i_c 计算结果见表 10 - 4。

表 10 - 3 　横梁线刚度 i_b 计算

类别	层数	E_c ($\times 10^4\,\text{N/mm}^2$)	$b \times h$(mm)	l(mm)	I_0($\times 10^9\,\text{mm}^4$)	i_b($\times 10^{10}\,\text{N}\cdot\text{mm}$)		
						$E_c I_0 (l)$	$1.5 E_c I_0 (l)$	$2 E_c I_0 (l)$
AB跨、CD跨	1~10	3.0	300×650	7775	6.87	2.65	3.97	5.30
BC跨	1~10	3.0	300×350	3000	1.07	1.07	1.61	2.14

表 10 - 4 　各层柱线刚度 i_c 计算

类别	层次	E_c($\times 10^4\,\text{N/mm}^2$)	$b \times h$（mm）	h（mm）	I_0（$\times 10^9\,\text{mm}^4$）	i_c（$\times 10^{10}\,\text{N}\cdot\text{mm}$）
A、B、C D 列柱	1	3.25	650×650	4800	14.88	10.07
	2 - 6	3.25	600×600	3600	10.80	9.75
	7 - 10	3.25	550×550	3600	7.63	6.88

2. 柱侧移刚度

柱侧移刚度按式 $D = \alpha_c \dfrac{12i_c}{h^2}$ ，各层柱的侧移刚度计算结果见表 10 - 5 和表 10 - 6。

表 10 - 5　　　　　　　　A、D 列柱侧移刚度 *D* 计算　　　　　　　　N/mm

层次	1、10 轴			2 - 9 轴间			$\sum D_{ij}$
	k	α_c	D	k	α_c	D	
7~10	0.577	0.224	14 280	0.769	0.278	17 723	340 688
2~6	0.408	0.169	15 257	0.543	0.214	19 319	370 132
1	0.395	0.374	19 619	0.526	0.406	21 298	419 244

表 10 - 6　　　　　　　　B、C 列柱侧移刚度 *D* 计算　　　　　　　　N/mm

层次	1、10 轴间			2 - 9 轴间			$\sum D_{ij}$
	k	α_c	D	k	α_c	D	
7~10	0.811	0.289	18 424	1.081	0.351	22 376	431 712
2~6	0.573	0.223	20 132	0.763	0.276	24 917	479 200
1	0.554	0.413	21 665	0.739	0.452	23 711	466 036

3. 总框架的侧移刚度 C_f

总框架的侧移刚度计算公式如下，过程见表 10 - 7。

$$C_{fi} = Dh = h\sum D_{ij}$$

$$C_f = (C_{f_1}h_1 + C_{f_2}h_2 + \cdots + C_{fn}h_n)/(h_1 + h_2 + \cdots + h_n)$$

表 10 - 7　　　　　　　　　总 框 架 侧 移 刚 度

层数	框架		
	h_i(mm)	D_i(N/mm)	$D_i h_i$(N)
7~10	3600	772 400	2 780 640 000
2~6	3600	849 332	3 057 595 200
1	4800	885 280	4 249 344 000
C_f	3 104 161 000		

10.2.3　连梁的约束刚度

为简化计算，计算连梁的约束刚度时，可不考虑剪力墙翼缘的影响，另外本例中各梁净跨长与截面高度之比均大于 4，故不考虑剪切变形的影响。

1 层连梁，计算简图见图 10 - 7。

$$al = 4187.5 - 350/4 = 4100\text{mm}$$
$$a = 4100/10\ 725 = 0.382$$
$$b = 0$$

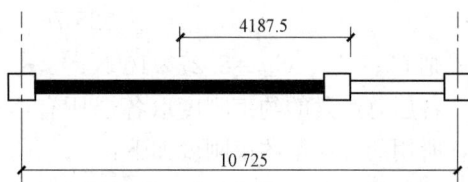

图 10 - 7　1 层连梁约束刚度计算简图

$$S_{12} = \frac{6 \times 3.0 \times 10^4 \times 2 \times 1.072 \times 10^9}{10\,725} \times \frac{1+0.382}{(1-0.382)^3} = 2.11 \times 10^{11}\,\text{N} \cdot \text{mm/rad}$$

$$S_{21} = \frac{6 \times 3.0 \times 10^4 \times 2 \times 1.072 \times 10^9}{10725} \times \frac{1}{(1-0.382)^2} = 0.94 \times 10^{11}\,\text{N} \cdot \text{mm/rad}$$

$$C_{12} = 2.106\,98 \times 10^{11}/4800 = 4.39 \times 10^7\,\text{N}$$

$$C_{21} = 0.942\,16 \times 10^{11}/4800 = 1.96 \times 10^7\,\text{N}$$

则 $C_b = C_{12} + C_{21} = 6.35 \times 10^7\,\text{N}$

2～6 层连梁，计算简图见图 10-8。

$$al = 4175 - 350/4 = 4087.5\text{mm}$$

$$a = 4087.5/10\,750 = 0.380$$

$$b = 0$$

$$S_{12} = \frac{6 \times 3.0 \times 10^4 \times 2 \times 1.072 \times 10^9}{10\,750} \times \frac{1+0.380}{(1-0.380)^3} = 2.08 \times 10^{11}\,\text{N} \cdot \text{mm/rad}$$

$$S_{21} = \frac{6 \times 3.0 \times 10^4 \times 2 \times 1.072 \times 10^9}{10\,750} \times \frac{1}{(1-0.380)^2} = 0.93 \times 10^{11}\,\text{N} \cdot \text{mm/rad}$$

$$C_{12} = 2.078\,70 \times 10^{11}/3600 = 5.77 \times 10^7\,\text{N}$$

$$C_{21} = 0.933\,91 \times 10^{11}/3600 = 2.59 \times 10^7\,\text{N}$$

则 $C_b = C_{12} + C_{21} = 8.368\,36 \times 10^7\,\text{N}$

7～10 层连梁，计算简图见图 10-9。

$$al = 4162.5 - 350/4 = 4075\text{mm}$$

$$a = 4075/10\,775 = 0.378$$

$$b = 0$$

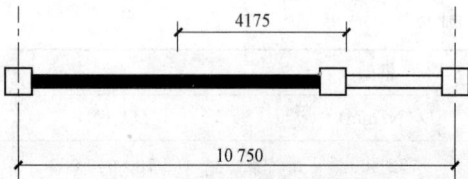

图 10-8　2～6 层连梁约束刚度计算简图　　图 10-9　7～10 层连梁约束刚度计算简图

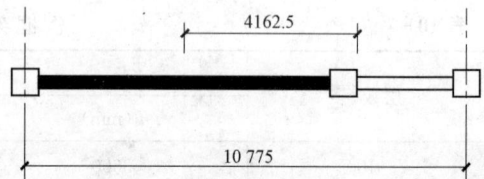

$$S_{12} = \frac{6 \times 3.0 \times 10^4 \times 2 \times 1.072 \times 10^9}{10\,775} \times \frac{1+0.378}{(1-0.378)^3} = 2.05 \times 10^{11}\,\text{N} \cdot \text{mm/rad}$$

$$S_{21} = \frac{6 \times 3.0 \times 10^4 \times 2 \times 1.072 \times 10^9}{10\,775} \times \frac{1}{(1-0.378)^2} = 0.92 \times 10^{11}\,\text{N} \cdot \text{mm/rad}$$

$$C_{12} = 2.050\,96 \times 10^{11}/3600 = 5.69 \times 10^7\,\text{N}$$

$$C_{21} = 0.925\,76 \times 10^{11}/3600 = 2.57 \times 10^7\,\text{N}$$

则 $C_b = C_{12} + C_{21} = 8.27 \times 10^7\,\text{N}$

各层总连梁的约束刚度取各层所有连梁刚度之和，在框架-剪力墙结构协同工作分析中，所用的总连梁约束刚度如下：

$$C_b = (6.352\,18 \times 2 \times 4.8 + 8.368\,36 \times 2 \times 5 \times 3.6 + 8.268\,67 \times 2 \times 4 \times 3.6) \times 10^7/37.2$$
$$= 16.14 \times 10^7\,\text{N}$$

10.2.4　结构刚度特征值 λ

结构刚度特征值 $\lambda = II\sqrt{\dfrac{C_f + \eta C_b}{E_c I_{eq}}}$，$\eta$ 为连梁的刚度折减系数，当设防烈度为 6 度时折减系数不宜小于 0.7，7、8、9 度时折减系数不宜小于 0.5。计算地震作用下框架 - 剪力墙结构的内力和位移时，式中的 η 可取 0.7，即

$$\lambda = 37\,200 \times \sqrt{\dfrac{31.041\,61 \times 10^8 + 0.7 \times 16.139\,24 \times 10^7}{20.224\,89 \times 10^{17}}} = 1.484$$

计算风荷载作用下框架 - 剪力墙结构的内力和位移时，式中的 η 可取 1.0，即

$$\lambda = 37\,200 \times \sqrt{\dfrac{31.041\,61 \times 10^8 + 1.0 \times 16.139\,24 \times 10^7}{20.224\,89 \times 10^{17}}} = 1.495$$

10.3　重力荷载及水平荷载计算

10.3.1　重力荷载

1. 屋面荷载（上人屋面）

现浇 40mm 厚 C20 细石混凝土保护层	$0.04\text{m} \times 24\text{kN/m}^3 = 0.96\text{kN/m}^2$
10mm 厚低标号水泥砂浆隔离层	$0.01\text{m} \times 20\text{kN/m}^3 = 0.2\text{kN/m}^2$
4mm 厚 SBS 改性沥青防水卷材	0.3kN/m^2
20mm 厚 1：3 水泥砂浆找平层	$0.02\text{m} \times 20\text{kN/m}^3 = 0.4\text{kN/m}^2$
100mm 厚阻燃聚苯乙烯泡沫塑料保温层	$0.1\text{m} \times 0.5\text{kN/m}^3 = 0.05\text{kN/m}^2$
1：8 水泥炉渣找坡 2‰（最薄处不小于 20mm 厚）	$0.1\text{m} \times 14\text{kN/m}^3 = 1.4\text{kN/m}^2$
2mm 厚 SBS 改性沥青防水卷材隔汽层	0.15kN/m^2
20mm 厚 1：3 水泥砂浆找平层	$0.02\text{m} \times 20\text{kN/m}^3 = 0.4\text{kN/m}^2$
现浇钢筋混凝土屋面板	$0.12\text{m} \times 25\text{kN/m}^3 = 3\text{kN/m}^2$
20mm 厚混合砂浆抹面刮大白	$0.02\text{m} \times 17\text{kN/m}^3 = 0.34\text{kN/m}^2$
恒荷载标准值	$g_k = 7.2\text{kN/m}^2$
活荷载标准值	$q_k = 2\text{kN/m}^2$
屋面雪荷载标准值	0.35kN/m^2

2. 楼面荷载

10mm 厚 1：1 水泥细砂浆，贴地面砖	$0.01\text{m} \times 20\text{kN/m}^3 = 0.2\text{kN/m}^2$
20mm 厚 1：3 水泥砂浆找平层	$0.02\text{m} \times 20\text{kN/m}^3 = 0.4\text{kN/m}^2$
100mm 厚现浇钢筋混凝土楼板	$0.1\text{m} \times 25\text{kN/m}^3 = 2.5\text{kN/m}^2$
20mm 厚混合砂浆抹面刮大白	$0.02\text{m} \times 17\text{kN/m}^3 = 0.34\text{kN/m}^2$
恒荷载标准值	$g_k = 3.44\text{kN/m}^2$
楼面活荷载标准值（走道、前室、卫生间）	2.5kN/m^2
楼面活荷载标准值（除走道、前室、卫生间）	2.0kN/m^2

3. 梁、柱、墙及门、窗重力荷载

计算梁重力荷载时应从梁截面高度中减去板厚，横梁、次梁、纵梁重力荷载计算结果见表 10-8～表 10-10，表中 h_n、l_n 分别表示梁截面净高度和净跨长，g 表示单位长度梁重力

荷载。为了简化计算，计算梁、柱重力荷载时近似取 1.1 倍梁、柱自重以考虑梁、柱面粉刷的重力荷载。柱净高可取层厚减去板厚。柱重力荷载计算结果见表 10-11。

表 10-8　　　　　　　　　　横梁重力荷载计算（一层）

类别	层数	$b \times h_n$(m)	$g/(kN/m)$	l_n(m)	n（根数）	$1.1G_i$(kN)	$\sum G_i$(kN)
AB、CD 跨	10	0.3×0.53	3.98	7.23	20	633.06	
	7～9	0.3×0.55	4.13	7.23	20	655.67	
	2～6	0.3×0.55	4.13	7.15	20	648.86	
	1	0.3×0.55	4.13	7.08	20	642.05	2774.63
BC 跨	10	0.3×0.23	1.73	2.45	10	46.49	
	7～9	0.3×0.25	1.88	2.45	10	50.53	
	2～6	0.3×0.25	1.88	2.40	10	49.50	
	1	0.3×0.25	1.88	2.35	10	48.47	

表 10-9　　　　　　　　　　次梁重力荷载计算（一层）

类别	层数	$b \times h_n$(m)	$g(kN/m)$	l_n(m)	n（根数）	$1.1G_i$(kN)	$\sum G_i$(kN)
AB、CD 跨	10	0.25×0.43	2.69	7.57	16	358.06	732.78
	1～9	0.25×0.45	2.81	7.57	16	374.72	

表 10-10　　　　　　　　　　纵梁重力荷载计算（一层）

类别	层数	$b \times h_n$(m)	$g(kN/m)$	l_n(m)	n（根数）	$1.1G_i$(kN)	$\sum G_i$(kN)
1～2、9～10 轴梁	10	0.3×0.53	3.98	6.63	8	231.74	
	7～9	0.3×0.55	4.12	6.62	8	240.49	
	2～6	0.3×0.55	4.12	6.55	8	237.76	
	1	0.3×0.55	4.125	6.475	8	235.04	4036.95
其余梁	10	0.3×0.53	3.98	6.65	26	756.00	
	7～9	0.3×0.55	4.12.	6.65	26	784.53	
	2～6	0.3×0.55	4.12.	6.65	26	778.63	
	1	0.3×0.55	4.12.	6.55	26	772.74	

表 10-11　　　　　　　　　　柱 重 力 荷 载 计 算

类别	层数	$b \times h_n$(m)	$g(kN/m)$	l_n(m)	n（根数）	$1.1G_i$(kN)	$\sum G_i$(kN)
A、B、C、D 列柱	10	0.55×0.55	7.56	3.48	40	1157.97	
	7～9	0.55×0.55	7.56	3.5	40	1164.62	
	2～6	0.6×0.6	9	3.5	40	1386.00	5892.92
	1	0.65×0.65	10.56	4.7	40	2184.32	

　　内、外墙及钢筋混凝土剪力墙单位面积上的重力荷载如下：

内墙

　　200mm 厚陶粒混凝土空心砌块墙体　　　　　$0.2m×6kN/m^3=1.2kN/m^2$

　　两侧各 20mm 厚混合砂浆抹面刮大白　　　　$0.04m×20kN/m^3=0.8kN/m^2$

　　合计　　　　　　　　　　　　　　　　　　$g_k=2.0kN/m^2$

外墙

　　20mm 厚混合砂浆抹面刮大白　　　　　　　$0.02m×20kN/m^3=0.4kN/m^2$

　　200mm 厚陶粒混凝土空心砌块墙体　　　　　$0.2m×6kN/m^3=1.2kN/m^2$

　　20mm 厚 1：2.5 水泥砂浆找平层　　　　　　$0.02m×20kN/m^3=0.4kN/m^2$

　　80mm 厚 EPS 板保温层　　　　　　　　　　$0.08m×0.5kN/m^3=0.04kN/m^2$

　　合计　　　　　　　　　　　　　　　　　　$g_k=2.04kN/m^2$

钢筋混凝土剪力墙（一层）

　　300mm 厚钢筋混凝土　　　　　　　　　　　$0.3m×25kN/m^3=7.5kN/m^2$

　　两侧各 20mm 厚混合砂浆抹面刮大白　　　　$0.04m×20kN/m^3=0.8kN/m^2$

　　合计　　　　　　　　　　　　　　　　　　$g_k=8.3kN/m^2$

钢筋混凝土剪力墙（其他层）

　　260mm 厚钢筋混凝土　　　　　　　　　　　$0.26m×25kN/m^3=6.5kN/m^2$

　　两侧各 20mm 厚混合砂浆抹面刮大白　　　　$0.04m×20kN/m^3=0.8kN/m^2$

　　合计　　　　　　　　　　　　　　　　　　$g_k=7.3kN/m^2$

铝合金玻璃门、窗　　　　　　　　　　　　　　$0.45kN/m^2$

木　门　　　　　　　　　　　　　　　　　　　$0.2kN/m^2$

女儿墙

　　20mm 厚混合砂浆抹面　　　　　　　　　　　$0.02m×20kN/m^3=0.4kN/m^2$

　　60mm 厚黏土实心砖　　　　　　　　　　　　$0.06m×18kN/m^3=1.08kN/m^2$

　　4mm 厚 SBS 改性沥青防水卷材　　　　　　　$0.3kN/m^2$

　　10mm 厚聚合物砂浆找平　　　　　　　　　　$0.01m×20kN/m^3=0.2kN/m^2$

　　30mm 厚 EPS 板保温层　　　　　　　　　　　$0.03m×0.5kN/m^3=0.015kN/m^2$

　　150mm 厚钢筋混凝土女儿墙　　　　　　　　　$0.15m×25kN/m^3=3.75kN/m^2$

　　20mm 厚 1：2.5 水泥砂浆找平层　　　　　　　$0.02m×20kN/m^3=0.4kN/m^2$

　　110mm 厚 EPS 板保温层　　　　　　　　　　　$0.11m×0.5kN/m^3=0.055kN/m^2$

　　合计　　　　　　　　　　　　　　　　　　　$g_k=6.2kN/m^2$

　4. 重力荷载代表值

　　结构抗震分析时所采用的计算简图如图 10 - 10。集中于各质点的重力荷载代表值 G_i 为计算单元范围内各层楼面上的重力荷载代表值及上下各半层的墙、柱等重力荷载，屋面上的可变荷载取雪荷载，各质点的重力荷载代表值见表 10 - 12。

表 10 - 12　　　　　　　　　　　各质点的重力荷载代表值 G_i(kN)

质点	1	2	3	4	5
G_i	12 452.33	11 275.593	11 275.59	11 275.59	11 275.59
质点	6	7	8	9	10
G_i	11 275.593	11 070.34	11 070.34	11 070.34	13 778.68

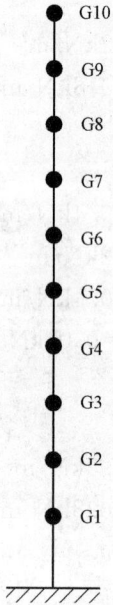

图 10-10　动力计算简图

10.3.2　横向风荷载

垂直于建筑物表面上的风荷载标准值按式 $w_k = \beta_z u_s u_z w_0$ 计算。其中基本风压 $w_0 = 0.65\text{kN/m}^2$，对本工程，风载体型系数 μ_s 可按图 10-11 采用。

因房屋计算高度 $H = 37.2\text{m} > 30\text{m}$，且 $H/B = 37.2/18.6 = 2 > 1.5$，因此应考虑风压脉动的影响。框剪结构基本自振周期：

$$T_1 = 0.25 + 0.53 \times 10^{-3} H^2 / \sqrt[3]{B}$$

$$= 0.25 + 0.53 \times 10^{-3} \times 37.2^2 / \sqrt[3]{18.6} = 0.527\text{s}$$

$$w_0 T_1^2 = 0.65 \times 0.527^2 = 0.18\text{kN} \cdot \text{s}^2/\text{m}^2$$

由《荷载规范》查得 $u_s = 0.8$（迎风面）和 $u_s = -0.5$（背风面）

$$q_1(z) = (0.65 \times 0.8 \times \mu_z \beta_z) \times 64.8 = 33.69\mu_z\beta_z$$

$$q_2(z) = (0.65 \times 0.5 \times \mu_z \beta_z) \times 64.8 = 21.06\mu_z\beta_z$$

总风荷载为 $q(z) = 54.75\mu_z\beta_z$

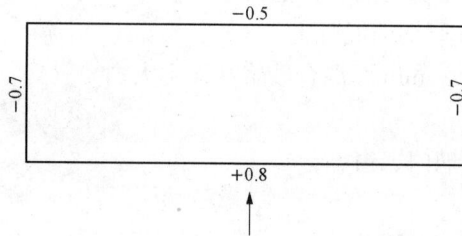

图 10-11　风载体型系数

$$\rho_x = \frac{10\sqrt{B + 50e^{-B/50} - 50}}{B} = \frac{10 \times \sqrt{64.8 + 50 \times e^{-64.8/50} - 50}}{64.8} = 0.824$$

$$\rho_z = \frac{10\sqrt{H + 60e^{-H/60} - 60}}{H} = \frac{10 \times \sqrt{37.2 + 60 \times e^{-37.2/60} - 60}}{37.2} = 0.828$$

$$B_z = kH^{\alpha_1}\rho_x\rho_z\frac{\varphi_{1z}}{\mu_z} = 0.295 \times 37.2^{0.261} \times 0.824 \times 0.828\frac{\varphi_{1z}}{\mu_z} = 0.517\frac{\varphi_{1z}}{\mu_z}$$

$$x_1 = \frac{30f_1}{\sqrt{k_w w_0}} = \frac{30}{0.527 \times \sqrt{0.54 \times 0.65}} = 96.085$$

$$R = \sqrt{\frac{\pi}{6\xi_1} \times \frac{x_1^2}{(1 + x_1^2)^{4/3}}} = \sqrt{\frac{\pi}{6 \times 0.05} \times \frac{96.085^2}{(1 + 96.085^2)^{4/3}}} = 0.706$$

$$\beta_z = 1 + 2gI_{10}B_z\sqrt{1 + R^2} = 1 + 2 \times 2.5 \times 0.23 \times B_z\sqrt{1 + 0.706^2} = 1 + 1.407B_z$$

风振系数 β_z 计算见表 10-13。

表 10-13　　　　　　　　　　　　　风振系数 β_z 计算

层次	10	9	8	7	6	5	4	3	2	1
H_i/H	1.00	0.90	0.81	0.71	0.61	0.52	0.42	0.32	0.23	0.13

续表

层次	10	9	8	7	6	5	4	3	2	1
φ_{1z}	1.00	0.86	0.74	0.67	0.45	0.38	0.27	0.17	0.08	0.02
μ_z	0.97	0.92	0.88	0.83	0.78	0.73	0.66	0.65	0.65	0.65
B_z	0.54	0.48	0.44	0.42	0.30	0.27	0.21	0.14	0.06	0.02
β_z	1.75	1.68	1.61	1.59	1.42	1.38	1.30	1.19	1.09	1.02

各楼层标高处的横向风荷载标准值计算见表 10-14。

表 10-14　　　　　　　　　　　　　横 向 风 荷 载 计 算

层次	$H_i(m)$	$H_i(H)$	μ_z	β_z	$q(z)(kN/m)$	$F_i(kN)$	$F_iH_i(kN/m)$
女儿墙	38.70		0.98	1.75	94.45		
10	37.20	1.00	0.97	1.75	92.72	303.86	11 303.55
9	33.60	0.90	0.92	1.68	84.86	305.89	10 278.04
8	30.00	0.81	0.88	1.61	77.68	280.61	8418.24
7	26.40	0.71	0.83	1.59	72.13	256.07	6760.32
6	22.80	0.61	0.78	1.42	60.61	221.69	5054.41
5	19.20	0.52	0.73	1.38	54.90	196.29	3768.78
4	15.60	0.42	0.66	1.30	46.94	171.02	2667.84
3	12.00	0.32	0.65	1.19	42.35	153.09	1837.10
2	8.40	0.23	0.65	1.09	38.80	140.37	1179.07
1	4.80	0.13	0.65	1.02	36.41	176.68	848.04
$\sum$						2205.56	52 115.39
β_z	1.75	1.68	1.61	1.59	1.42	1.38	1.30	1.19	1.09	1.02

按照底部弯矩相等的原则，折算成倒三角形分布荷载和均布荷载，其最大值计算如下：

$$V_0 = \sum F_i = 2205.557 \text{kN}$$

$$M_0 = \sum F_i H_i = 52\ 115.39 \text{kN} \cdot \text{m}$$

$$q_{max} = \frac{12M_0}{H^2} - \frac{6V_0}{H} = \frac{12 \times 52\ 115.389}{37.2^2} - \frac{6 \times 2205.557}{37.2} = 96.18 \text{kN/m}$$

$$q = \frac{4V_0}{H} - \frac{6M_0}{H^2} = \frac{4 \times 2205.557}{37.2} - \frac{6 \times 52\ 115.389}{37.2^2} = 11.20 \text{kN/m}$$

10.3.3　横向水平地震作用

（1）结构基本自振周期。

将各楼层重力荷载代表值视为假想水平荷载，作用于各质点计算其顶点位移；按照底部弯矩相等、剪力相等的原则，参照风荷载作用下的折算方法，将各质点假想水平荷载 G_i 折算成均匀荷载和倒三角荷载；

根据均布荷载、倒三角荷载作用下框架-剪力墙结构顶点位移公式，计算得顶点位移 $u_T = 0.272 \text{m}$

取 $\varphi_T = 0.7$ $T_1 = 1.7\psi_T\sqrt{\upsilon_T} = 1.7 \times 0.7 \times \sqrt{0.272\,20} = 0.62\text{s}$

（2）水平地震作用。

该房屋主体结构高度不超过 40m，且质量和刚度沿高度分布比较均匀，故可采用底部剪力法计算水平地震作用，结构等效总重力荷载 $G_{eq} = 0.85\sum\limits_{i=1}^{10}G_i = 0.85 \times 115\,819.99 = 98\,446.99\text{kN}$，根据场地类别Ⅱ类，设计地震分组为第一组，特征周期 $T_g = 0.35\text{s}$，根据抗震设防烈度 7 度，多遇地震，设计基本地震加速度 0.1g，$\alpha_{max} = 0.08$。

$$T_g = 0.35\text{s} < T_1 = 0.61\text{s} < 5T_g = 5 \times 0.35 = 1.75\text{s}$$

所以 $\alpha_1 = \left(\dfrac{T_g}{T_1}\right)^\gamma \eta_2\alpha_{max} = \left(\dfrac{0.35}{0.62}\right)^{0.9} \times 1.0 \times 0.08 = 0.048$

水平地震作用标准值即底部剪力为：

$$F_{Ek} = \alpha_1 \times G_{eq} = 0.049 \times 98\,446.990 = 4823.90\text{kN}$$

因为 $T_1 = 0.61\text{s} > 1.4T_g = 1.4 \times 0.35 = 0.48\text{s}$，所以需要考虑顶部附加地震作用

$$\delta_n = 0.08T_1 + 0.07 = 0.08 \times 0.61 + 0.07 = 0.1188$$

$$\Delta F_n = \delta_n F_{Ek} = 0.118\,8 \times 4823.90 = 573.08\text{kN}$$

质点 i 的水平地震作用 F_i 按下式计算，计算结果见表 10-15。

$$F_i = \frac{G_iH_i}{\sum G_jH_j}F_{Ek}(1-\delta n) = 4250.823\frac{G_iH_i}{\sum G_jH_j}$$

表 10-15　　　　　　　　　　横向水平地震作用计算

层次	$H_i(\text{m})$	$G_i(\text{kN})$	$G_iH_i(\text{kN}\cdot\text{m})$	$G_iH_i/\sum G_jH_j$	$F_i(\text{kN})$	$F_iH_i(\text{kN}\cdot\text{m})$
10	37.2	13 778.68	512 566.71	0.21	1463.07	54 426.02
9	33.6	11 070.34	371 963.36	0.15	645.85	21 700.61
8	30	11 070.34	332 110.14	0.14	576.65	17 299.59
7	26.4	11 070.34	292 256.92	0.12	507.46	13 396.80
6	22.8	11 275.59	257 083.54	0.11	446.38	10 177.51
5	19.2	11 275.59	216 491.41	0.09	375.90	7217.29
4	15.6	11 275.59	175 899.27	0.07	305.42	4764.54
3	12	11 275.59	135 307.13	0.06	234.94	2819.26
2	8.4	11 275.59	94 714.99	0.04	164.46	1381.44
1	4.8	12 452.33	59 771.18	0.02	103.78	498.16
$\sum$		115 819.99	2 448 164.64	1.00	4823.90	79 255.18

框架-剪力墙结构协同工作分析时，可将各质点的水平地震作用折算为倒三角形分布荷载和顶点集中荷载，其中 q_{max} 和 F 计算如下：

$$V_0 = \sum_{i=1}^{10}F_i = 4823.90\text{kN}$$

$$M_0 = \sum_{i=1}^{10}F_iH_i = 133\,681.20\text{kN}\cdot\text{m}$$

$$q_{\max} = \frac{6 \times (V_0 H - M_0)}{H^2} = \frac{6 \times (4823.903 \times 37.2 - 133\,681.202)}{37.2^2} = 198.44 \text{kN/m}$$

$$F = \frac{3M_0}{H} - 2V_0 = \frac{3 \times 133\,681.202}{37.2} - 2 \times 4823.903 = 1132.94 \text{kN}$$

10.4 水平荷载作用下框架 - 剪力墙结构内力与位移计算

10.4.1 位移计算与验算

由于风荷载值远小于水平地震作用，故只需进行水平地震作用下的位移验算。计算水平地震作用下的侧移时，应取倒三角形分布荷载与顶点集中荷载产生的侧移之和，计算结果见表 10 - 16。计算侧移时，水平地震作用取标准值，框架和剪力墙的刚度均取弹性刚度。u_{1i}、u_{2i} 分别表示倒三角形荷载和顶点集中荷载作用下各层的侧移，$u_i = u_{1i} + u_{2i}$，$\Delta u_i = u_i - u_{i-1}$。

表 10 - 16　　　　　　　　　横向水平地震作用下结构侧移计算

层次	H_i(m)	H_i/H	h_i(m)	u_{1i}(mm)	u_{2i}(mm)	u_i(mm)	$h_i/\Delta u_i$
10	37.2	1	3.6	9.35	5.13	14.48	1964
9	33.6	0.903	3.6	8.24	4.41	12.65	1962
8	30	0.806	3.6	7.11	3.70	10.81	1991
7	26.4	0.71	3.6	5.98	3.02	9.00	2007
6	22.8	0.613	3.6	4.84	2.37	7.21	2090
5	19.2	0.516	3.6	3.72	1.77	5.49	2246
4	15.6	0.419	3.6	2.66	1.23	3.89	2553
3	12	0.323	3.6	1.71	0.77	2.48	3060
2	8.4	0.226	3.6	0.90	0.40	1.30	4256
1	4.8	0.129	4.8	0.32	0.14	0.45	10 591

由表 10 - 16 可见，各层层间位移角均小于 1/800，满足要求。

10.4.2 总框架、总剪力墙、总连梁内力计算

1. 横向风荷载作用下

计算风荷载作用下框架 - 剪力墙结构内力时，结构刚度特征值应取 $\lambda = 1.495$。应分别计算倒三角形分布（$q_{\max} = 96.18 \text{kN/m}$）和均布荷载（$q = 11.19 \text{kN/m}$）作用下的内力。计算结果见表 10 - 17 和表 10 - 18。

表 10 - 17　　　　横向风荷载（均布荷载和倒三角形分布荷载）作用下内力计算

层次	H_i	均布荷载作用						倒三角形分布荷载作用					
		$M_{\omega i}$	$V'_{\omega i}$	V'_{fi}	V_{fi}	m_i	$V_{\omega i}$	$M_{\omega i}$	$V'_{\omega i}$	V'_{fi}	V_{fi}	m_i	$V_{\omega i}$
10	37.2	0	−74.04	74.04	70.34	3.70	−70.34	0	−482.94	482.91	458.77	24.15	−458.80
9	33.6	195.66	−34.28	74.69	70.95	3.73	−30.55	1710.20	−156.60	486.81	462.47	24.34	−132.26
8	30	248.85	4.76	76.05	72.25	3.80	8.56	1758.96	132.72	494.07	469.37	24.70	157.42

层次	H_i	均布荷载作用						倒三角形分布荷载作用					
		$M_{\omega i}$	$V'_{\omega i}$	V'_{fi}	V_{fi}	m_i	$V_{\omega i}$	$M_{\omega i}$	$V'_{\omega i}$	V'_{fi}	V_{fi}	m_i	$V_{\omega i}$
7	26.4	162.85	43.49	77.31	73.44	3.86	47.35	354.74	388.58	498.58	473.65	24.93	413.51
6	22.8	−65.93	83.54	77.66	73.78	3.88	87.42	−23 809.9	621.72	495.03	470.28	24.75	646.47
5	19.2	−442.14	125.35	76.25	72.44	3.81	129.16	−6316.62	834.24	478.44	454.52	23.92	858.16
4	15.6	−973.71	169.80	72.20	68.59	3.61	173.41	−11 353.12	1030.60	444.34	422.12	22.22	1052.81
3	12	−1663.75	217.31	64.68	61.44	3.23	220.54	−17 347.14	1213.09	389.28	369.82	19.46	1232.56
2	8.4	−2541.20	269.88	52.52	49.89	2.63	272.50	−24 369.68	1389.37	308.27	292.86	15.41	1404.78
1	4.8	−3618.22	328.12	34.67	32.94	1.73	329.86	−32 329.48	1561.20	198.05	188.15	9.90	1571.10
	0	−5399.42	416.53	0	0	0	416.53	−44 345.52	1789.02	0	0	0	1789.02

表 10 - 18　　横向风荷载作用下总框架、总剪力墙和总连梁内力

层次	H_i(m)	$M_{\omega i}$(kN)	$V'_{\omega i}$(kN)	m_i(kN)	$V_{\omega i}$(kN)	V_{fi}(kN)
10	37.2	0.00	−556.99	27.85	−529.14	529.11
9	33.6	1905.85	−190.89	28.08	−162.81	533.42
8	30	2007.81	137.47	28.51	165.98	541.62
7	26.4	517.59	432.07	28.79	460.86	547.09
6	22.8	−2446.91	705.26	28.63	733.90	544.05
5	19.2	−6758.75	959.58	27.74	987.32	526.96
4	15.6	−12 326.83	1200.40	25.83	1226.22	490.72
3	12	−19 010.89	1430.40	22.70	1453.10	431.26
2	8.4	−26 910.88	1659.25	18.0	1677.29	342.75
1	4.8	−35 947.71	1889.32	11.64	1900.96	221.09
	0	−49 744.94	2205.55		2205.55	0

2. 横向水平地震作用下

计算水平地震作用下框架-剪力墙结构内力时，结构刚度特征值取 $\lambda = 1.484$。应分别计算倒三角形分布（$q_{max} = 198.44 \text{kN/m}$）和均布荷载（$F = 1132.94 \text{kN}$）作用下的内力，计算结果见表 10 - 19 和表 10 - 20。

表 10 - 19　　横向水平地震作用（倒三角形分布荷载和顶点集中荷载）下内力计算

层次	H_i(m)	倒三角形分布荷载作用						顶点集中荷载作用					
		$M_{\omega i}$(kN)	$V'_{\omega i}$(kN)	V'_{fi}(kN)	V_{fi}(kN)	m_i(kN)	$V_{\omega i}$(kN)	$M_{\omega i}$(kN)	$V'_{\omega i}$(kN)	V'_{fi}(kN)	V_{fi}(kN)	m_i(kN)	$V_{\omega i}$(kN)
10	37.2	0.00	−989.88	989.83	940.34	49.49	−940.38	0.00	489.13	643.81	611.62	32.19	521.32
9	33.6	2329.64	−316.39	997.67	947.79	49.88	−266.51	−1756.79	494.13	638.81	606.87	31.94	526.07
8	30	2372.45	280.95	1012.20	961.59	50.61	331.56	−3564.19	509.38	623.56	592.38	31.18	540.55

续表

层次	H_i (m)	倒三角形分布荷载作用						顶点集中荷载作用					
		$M_{\omega i}$ (kN)	$V'_{\omega ii}$ (kN)	V'_{fi} (kN)	V_{fi} (kN)	m_i (kN)	$V_{\omega i}$ (kN)	$M_{\omega i}$ (kN)	$V'_{\omega ii}$ (kN)	V'_{fi} (kN)	V_{fi} (kN)	m_i (kN)	$V_{\omega i}$ (kN)
7	26.4	408.57	809.33	1021.00	969.95	51.05	860.38	−5425.66	534.88	598.06	568.16	29.90	564.78
6	22.8	−3394.82	1290.74	1013.26	962.59	50.66	1341.40	−7418.70	571.69	561.24	533.18	28.06	599.76
5	19.2	−8855.28	1729.37	978.84	929.90	48.94	1778.31	−9565.73	620.38	512.56	486.93	25.63	646.00
4	15.6	−15 835.08	2134.32	908.65	863.22	45.43	2179.75	−11 911.31	681.94	451.00	428.45	22.55	704.49
3	12	−24 134.59	2510.18	795.71	755.92	39.79	2549.96	−14 475.96	756.79	376.15	357.34	18.81	775.60
2	8.4	−33 850.39	2872.60	629.84	598.35	31.49	2904.09	−17 366.44	848.06	284.88	270.63	14.24	862.30
1	4.8	−44 853.76	3225.07	404.48	384.25	20.22	3245.29	−20 617.40	956.93	176.00	167.20	8.80	965.73
	0	−61 446.65	3690.97	0.00	0.00	0.00	3690.97	−25 616.57	1132.94	0.00	0.00	0.00	1132.94

表 10 - 20　　　　　横向水平地震荷载作用下总框架、总剪力墙和总连梁内力

层次	H_i(m)	$M_{\omega i}$(kN)	$V'_{\omega ii}$(kN)	m_i(kN)	$V_{\omega i}$(kN)	V_{fi}(kN)
10	37.2	0.00	−500.75	81.68	−419.06	1551.96
9	33.6	572.85	177.73	81.82	259.56	1554.66
8	30	−1191.74	790.32	81.79	872.11	1553.98
7	26.4	−5017.09	1344.20	80.95	1425.16	1538.10
6	22.8	−10 813.52	1862.43	78.73	1941.16	1495.77
5	19.2	−18 421.00	2349.74	74.57	2424.31	1416.83
4	15.6	−27 746.39	2816.25	67.98	2884.24	1291.67
3	12	−38 610.55	3266.97	58.59	3325.56	1113.26
2	8.4	−51 216.84	3720.66	45.74	3766.40	868.98
1	4.8	−65 471.16	4182.00	29.02	4211.03	551.46
	0	−87 063.21	4823.91	0.00	4823.91	0.00

　　在横向水平地震作用下，总剪力墙的弯矩、剪力、总框架以及总连梁的约束弯矩沿房屋高度分布规律如图 10 - 12 所示。

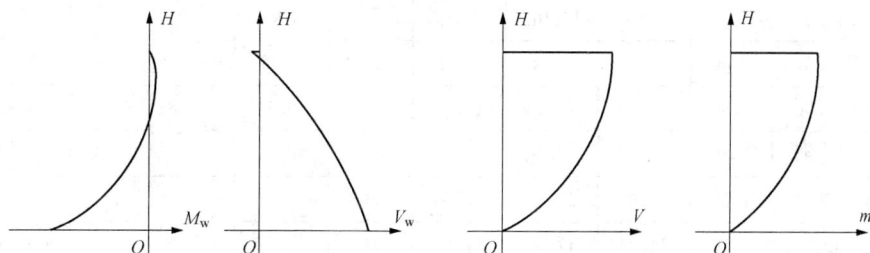

图 10 - 12　总剪力墙、总框架及总连梁内力图

10.4.3 横向风荷载作用下构件内力计算

1. 框架梁、柱内力

以 2 轴线横向框架梁、柱内力计算为例，按式 $V_{ij} = \dfrac{D_{ij}}{\sum\limits_{j=1}^{s} D_{ij}} V_i$ 计算各柱的剪力，然后按

$M_{ij}^b = V_{ij} \cdot yh$；$M_{ij}^u = V_{ij} \cdot (1-y)h$ 计算柱端弯矩，梁端弯矩按 $M_b^l = \dfrac{i_b^l}{i_b^l + i_b^r}(M_{i+1,j}^b + M_{ij}^u)$，

$M_b^r = \dfrac{i_b^r}{i_b^l + i_b^r}(M_{i+1,j}^b + M_{ij}^u)$ 计算，然后由梁的平衡条件（即 $V_b = \dfrac{M_b^l + M_b^r}{l}$）确定梁端剪力，

再由节点两端梁端剪力计算柱轴力，即 $N_i = \sum\limits_{k=i}^{n} (V_b^l - V_b^r)k$，计算结果见表 10 - 21 和表 10 -

22，风荷载作用下 2 轴线框架弯矩图见图 10 - 13。

表 10 - 21　　　　　　　　　　　风荷载作用下 2 轴线横向框架柱端弯矩计算

层次	h_i (m)	V_{fi} (kN)	$\sum D_{ij}$ (kN/m)	A、D轴柱							B、C轴柱					
				D_{ij} (kN/m)	V_{i1} (kN)	$\overline{K}$	y	M_{i1}^b (kN·m)	M_{i1}^u (kN·m)		D_{i2}	V_{i2}	K	y	M_{i2}^b	M_{i2}^u
10	3.6	529.11	772 400.00	17 723.00	12.14	0.77	0.34	14.86	28.85		22 376.00	15.33	1.08	0.40	22.07	33.11
9	3.6	533.43	772 400.00	17 723.00	12.24	0.77	0.40	17.63	26.44		22 376.00	15.45	1.08	0.45	25.03	30.60
8	3.6	541.62	772 400.00	17 723.00	12.43	0.77	0.45	20.13	24.61		22 376.00	15.69	1.08	0.45	25.42	31.07
7	3.6	547.09	772 400.00	17 723.00	12.55	0.77	0.45	20.34	24.86		22 376.00	15.85	1.08	0.50	28.53	28.53
6	3.6	544.05	849 332.00	19 319.00	12.38	0.54	0.45	20.05	24.50		24 917.00	15.96	0.76	0.45	25.86	31.60
5	3.6	526.96	849 332.00	19 319.00	11.99	0.54	0.45	19.42	23.73		24 917.00	15.46	0.76	0.48	26.71	28.94
4	3.6	490.72	849 332.00	19 319.00	11.16	0.54	0.50	20.09	20.09		24 917.00	14.40	0.76	0.50	25.91	25.91
3	3.6	431.26	849 332.00	19 319.00	9.81	0.54	0.50	17.66	17.66		24 917.00	12.65	0.76	0.50	22.77	22.77
2	3.6	342.75	849 332.00	19 319.00	7.80	0.54	0.59	16.56	11.51		24 917.00	10.06	0.76	0.56	20.27	15.93
1	4.8	221.09	885 280.00	21 298.00	5.32	0.53	0.78	19.91	5.62		23 711.00	5.92	0.74	0.73	20.75	7.67

表 10 - 22　　　　　　　　　　　风荷载作用下梁端弯矩、剪力及柱轴力计算

层次	AB跨梁				BC跨梁				柱轴力 (kN)			
	M_b^l (kN/m)	M_b^r (kN/m)	l (m)	V_b (kN)	M_b^l (kN/m)	M_b^r (kN/m)	l (m)	V_b (kN)	A柱	B柱	C柱	D柱
10	28.85	23.57	7.80	6.72	9.54	9.54	3.00	6.36	-6.72	0.36	-0.36	6.72
9	41.30	37.50	7.80	10.10	15.17	15.17	3.00	10.11	-16.82	0.35	-0.35	16.82
8	42.23	39.94	7.80	10.54	16.16	16.16	3.00	10.77	-27.36	0.12	-0.12	27.36
7	44.99	38.41	7.80	10.69	15.54	15.54	3.00	10.36	-38.05	0.45	-0.45	38.05
6	44.84	42.81	7.80	11.24	17.32	17.32	3.00	11.55	-49.29	0.14	-0.14	49.29
5	43.78	39.02	7.80	10.62	15.78	15.78	3.00	10.52	-59.90	0.24	-0.24	59.90

| 层次 | AB 跨梁 | | | | BC 跨梁 | | | | 柱轴力（kN） | | | |
	M_b^l (kN/m)	M_b^r (kN/m)	l(m)	V_b (kN)	M_b^l (kN/m)	M_b^r (kN/m)	l(m)	V_b (kN)	A 柱	B 柱	C 柱	D 柱
4	39.51	37.47	7.80	9.87	15.16	15.16	3.00	10.10	−69.77	0.00	0.00	69.77
3	37.75	34.67	7.80	9.28	14.02	14.02	3.00	9.35	−79.06	−0.06	0.06	79.06
2	29.16	27.56	7.80	7.27	11.15	11.15	3.00	7.43	−86.33	−0.22	0.22	86.33
1	22.18	19.90	7.80	5.39	8.05	8.05	3.00	5.37	−91.72	−0.19	0.19	91.72

2. 连梁内力

以 10 层连梁内力计算为例，计算 3 轴剪力墙和相应的连梁内力，其他各层连梁计算结果见表 10 - 23。

$$M_{12} = \frac{S_{ij}}{\sum S_{ij}} m(z) h = 0.5 \times 27.848 \times 3.6 = 50.13 \text{kN} \cdot \text{m}$$

$$M_{21} = \left(\frac{1-a}{1+a}\right) M_{12} = \left(\frac{1-0.378}{1+0.378}\right) \times 50.126 = 22.61 \text{kN} \cdot \text{m}$$

由式 $M_{12}^c = M_{12} - a(M_{12} + M_{21})$ 得连梁刚域端的弯矩

$$M_{12}^c = 50.126 - 0.378 \times (50.126 + 22.607) = 22.63 \text{kN} \cdot \text{m}$$

连梁剪力 $V_b = \dfrac{M_{12} + M_{21}}{l} = \dfrac{50.126 + 22.607}{10.775} = 6.75 \text{kN}$

表 **10 - 23**　　　　　　　　　　**风荷载作用下连梁内力及剪力墙轴力计算**

层次	h_i(m)	m_i(kN)	$m_i h_i$ (kN·m)	$\dfrac{S_{ij}}{\sum S_{ij}}$	$\dfrac{1-a}{1+a}$	M_{12} (kN·M)	M_{21} (kN·M)	M_{12}^c (kN·M)	V_{bi}(kN)	N_{wi}(kN)
10	3.6	27.85	100.25	0.50	0.45	50.13	22.61	22.63	6.75	6.75
9	3.6	28.08	101.07	0.50	0.45	50.54	22.79	22.82	6.81	13.56
8	3.6	28.51	102.62	0.50	0.45	51.31	23.14	23.17	6.91	20.47
7	3.6	28.79	103.66	0.50	0.45	51.83	23.38	23.40	6.98	27.45
6	3.6	28.63	103.08	0.50	0.45	51.54	23.14	23.16	6.95	34.39
5	3.6	27.74	99.85	0.50	0.45	49.92	22.42	22.43	6.73	41.12
4	3.6	25.83	92.98	0.50	0.45	46.49	20.87	20.89	6.27	47.39
3	3.6	22.70	81.71	0.50	0.45	40.86	18.35	18.36	5.51	52.89
2	3.6	18.04	64.94	0.50	0.45	32.47	14.58	14.59	4.38	57.27
1	4.8	11.64	55.85	0.50	0.45	27.93	12.48	12.49	3.77	61.04

注　1 层，$a=0.382$，$l=10.725$m；2～6 层，$a=0.38$，$l=10.75$m；7～10 层，$a=0.378$，$l=10.775$m。

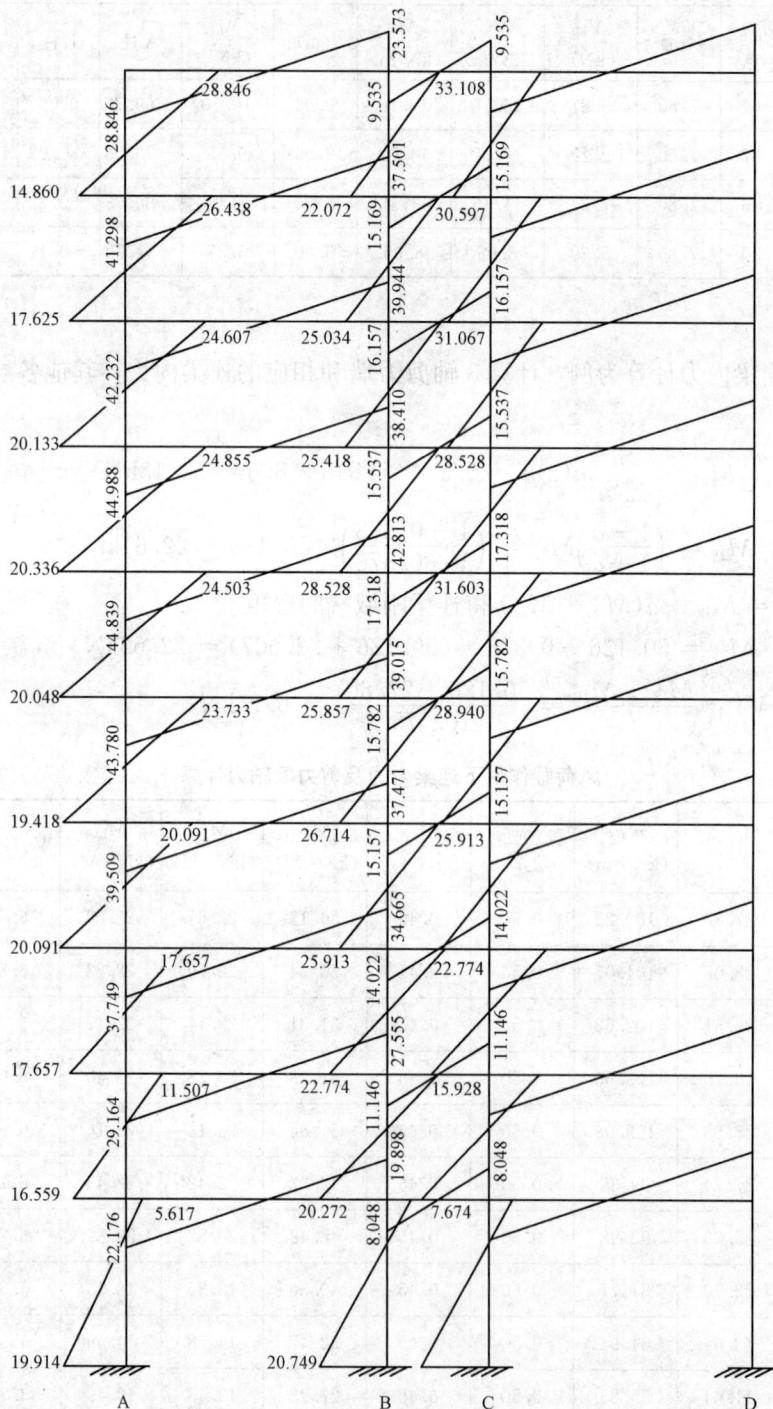

图 10-13　横向风荷载作用下框架弯矩图（kN·m）

3. 剪力墙内力

下面以 3 轴线剪力墙第 9 层的内力计算为例，其他各层内力计算结果见表 10 - 24。

$$M_{wij} = \frac{(E_c I_{eq})_{ij}}{\sum_j (E_c I_{eq})_{ij}} M_{wi} = \frac{7.263\ 31}{20.224\ 89} \times 1905.857 = 684.203 \text{kN} \cdot \text{m}$$

$$m_{ij} = \frac{M_{12}}{h_i} = \frac{50.535}{3.6} = 14.038 \text{kN}$$

$$V_{wij} = \frac{(E_c I_{eq})_{ij}}{\sum_j (E_c I_{eq})_{ij}} (V_{wi} - m_i) + m_{ij} = 0.359 \times (-190.886) + 14.038 = -54.490 \text{kN}$$

表 10 - 24　　　　　　　　　　风荷载作用下①轴线剪力墙弯矩和剪力计算

层次	H_i(m)	M_{wi}(kN·m)	V'_{wi}(kN)	$\dfrac{(E_c I_{eq})_{ij}}{\sum (E_c I_{eq})_{ij}}$	M_{wij}(kN·m)	m_{ij}(kN)	V_{wij}(kN)
10	37.2	0.00	−556.99	0.36	0.00	13.92	−186.04
9	33.6	1905.86	−190.89	0.36	684.20	14.04	−54.49
8	30	2007.81	137.47	0.36	720.80	14.25	63.61
7	26.4	517.59	432.07	0.36	185.82	14.40	169.51
6	22.8	−2446.91	705.26	0.36	−878.44	14.32	267.51
5	19.2	−6758.75	959.58	0.36	−2426.39	13.87	358.36
4	15.6	−12 326.83	1200.40	0.36	−4425.33	12.91	443.86
3	12	−19 010.89	1430.40	0.36	−6824.91	11.35	524.86
2	8.4	−26 910.88	1659.25	0.36	−9661.01	9.02	604.69
1	4.8	−35 947.71	1889.32	0.36	−12 905.23	5.82	684.08
	0	−49 744.94	2205.55	0.36	−17 858.44	0.00	791.79

10.4.4　横向水平地震作用下构件内力计算

1. 框架梁、柱内力

计算水平地震作用下框架梁、柱内力时，应对框架各层剪力 V_{fi} 进行调整。本结构底部总剪力 $V_0 = 4823.903 \text{kN}$，$0.2V_0 = 0.2 \times 4823.903 = 964.781 \text{kN}$，则第 3 层及第 3 层以上各层不需调整，1 层和 2 层框架总剪力应予以调整。由 $1.5V_{max,f} = 1.5 \times 868.983 = 1303.475 \text{kN} > 0.2V_0$，所以 1、2 层调整后的总框架剪力应取为 $0.2V_0$。各层框架总剪力调整后，按调整前后总剪力的比值调整柱和梁的剪力及端部弯矩，柱的轴力不必调整。框架梁柱内力计算过程与风荷载作用下的相同，计算结果见表 10 - 25 和表 10 - 26，横向水平地震作用下 2 轴线框架弯矩图见图 10 - 14。

表 10-25　横向水平地震荷载作用下①轴线横向框架柱端弯矩计算

层次	h_i(m)	V_{fi}(kN)	$\sum D_{ij}$ (kN/m)	B柱					C柱				
				D_{ij} (kN/m)	V_{i1} (kN)	y	M_{i1}^{b} (kN·m)	M_{i1}^{u} (kN·m)	D_{ij} (kN/m)	V_{i1} (kN)	y	M_{i1}^{b} (kN·m)	M_{i1}^{u} (kN·m)
10	3.6	1551.96	772 400.00	17 723.00	35.61	0.34	43.59	84.61	22 376.00	44.96	0.40	64.74	97.11
9	3.6	1554.66	772 400.00	17 723.00	35.67	0.40	51.37	77.05	22 376.00	45.04	0.45	72.96	89.18
8	3.6	1553.98	772 400.00	17 723.00	35.66	0.45	57.76	70.60	22 376.00	45.02	0.45	72.93	89.14
7	3.6	1538.10	772 400.00	17 723.00	35.29	0.45	57.17	69.88	22 376.00	44.56	0.50	80.20	80.20
6	3.6	1495.77	849 332.00	19 319.00	34.02	0.45	55.12	67.37	24 917.00	43.88	0.45	71.09	86.89
5	3.6	1416.83	849 332.00	19 319.00	32.23	0.45	52.21	63.81	24 917.00	41.57	0.48	71.83	77.81
4	3.6	1291.67	849 332.00	19 319.00	29.38	0.50	52.89	52.89	24 917.00	37.89	0.50	68.21	68.21
3	3.6	1113.26	849 332.00	19 319.00	25.32	0.50	45.58	45.58	24 917.00	32.66	0.50	58.79	58.79
2	3.6	868.98	849 332.00	19 319.00	19.77	0.59	41.98	29.18	24 917.00	25.49	0.56	51.40	40.38
1	4.8	551.46	885 280.00	21 298.00	13.27	0.78	49.67	14.01	23 711.00	14.77	0.73	51.75	19.14
2×	3.6	964.78	849 332.00	19 319.00	21.95	0.59	46.61	32.39	24 917.00	28.30	0.56	57.06	44.83
1×	4.8	964.78	885 280.00	21 298.00	23.21	0.78	86.90	24.51	23 711.00	25.84	0.73	90.54	33.49

表 10 - 26　　横向水平地震作用下梁端弯矩、剪力和柱轴力计算

层次	AB 跨梁端弯矩、剪力						CE 跨梁端弯矩、剪力						柱轴力			
	l(m)	调整前			调整后		l(m)	调整前			调整后		A 柱	B 柱	C 柱	D 柱
		M_b^l (kN/m)	M_b (kN/m)	V_b (kN)	M_b (kN/m)	V_b (kN)		M_b^l (kN/m)	M_b (kN/m)	V_b (kN)	M_b (kN/m)	V_b (kN)				
10	7.8	84.61	69.14	19.71	84.61	19.71	3	27.97	27.97	18.65	27.97	18.65	-19.71	1.07	-1.07	19.71
9	7.8	120.64	109.59	29.52	120.64	29.52	3	44.33	44.33	29.55	44.33	29.55	-49.23	1.03	-1.03	49.23
8	7.8	121.97	115.41	30.43	121.97	30.43	3	46.68	46.68	31.12	46.68	31.12	-79.66	0.34	-0.34	79.66
7	7.8	127.64	109.03	30.34	127.64	30.34	3	44.10	44.10	29.40	44.10	29.40	-110.00	1.28	-1.28	110.00
6	7.8	124.54	118.97	31.22	124.54	31.22	3	48.12	48.12	32.08	48.12	32.08	-141.22	0.42	-0.42	141.22
5	7.8	118.93	106.02	28.84	118.93	28.84	3	42.88	42.88	28.59	42.88	28.59	-170.06	0.67	-0.67	170.06
4	7.8	105.09	99.71	26.26	105.09	26.26	3	40.33	40.33	26.89	40.33	26.89	-196.32	0.04	-0.04	196.32
3	7.8	98.47	90.42	24.22	98.47	24.22	3	36.58	36.58	24.38	36.58	24.38	-220.54	-0.13	0.13	220.54
2	7.8	74.76	70.61	18.64	77.97	19.46	3	28.56	28.56	19.04	29.84	19.90	-239.99	-0.53	0.53	239.99
1	7.8	55.99	50.22	13.62	71.12	17.38	3	20.32	20.32	13.54	26.08	17.39	-257.37	-0.46	0.46	257.37

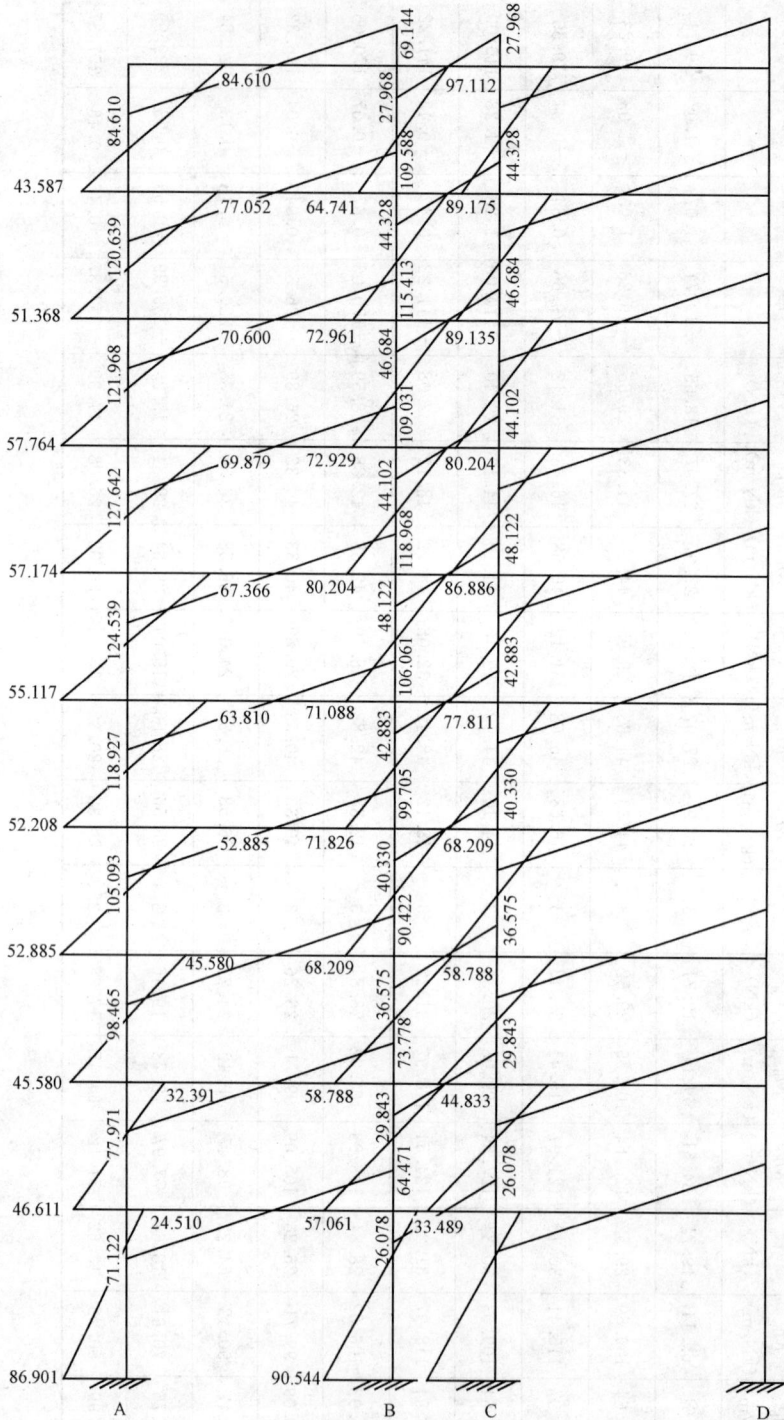

图 10-14 横向水平地震作用下框架弯矩图（kN·m）

2. 连梁内力

水平地震作用下连梁内力计算方法与风荷载作用下的相同，3 轴线连梁，其内力计算结果见表 10-27，其中总连梁的约束弯矩 m_i 取自横向水平地震作用下总连梁内力。

表 10 - 27						横向水平地震荷载作用下连梁内力及剪力墙轴力计算				
层次	H_i(m)	m_i(kN)	$m_i h_i$ (kN·m)	$\frac{S_{ij}}{\sum S_{ij}}$	$\frac{1-a}{1+a}$	M_{12} (kN·m)	M_{21} (kN·m)	M_{21}^C (kN·m)	V_{bi}(kN)	$N_{\omega i}$(kN)
10	3.6	81.68	294.06	0.50	0.45	147.03	66.31	65.53	19.80	19.80
9	3.6	81.82	294.57	0.50	0.45	147.28	66.43	65.65	19.83	39.63
8	3.6	81.79	294.44	0.50	0.45	147.22	66.40	65.62	19.83	59.46
7	3.6	80.95	291.43	0.50	0.45	145.72	65.72	64.95	19.62	79.08
6	3.6	78.73	283.41	0.50	0.45	141.71	63.63	63.68	19.10	98.18
5	3.6	74.57	268.45	0.50	0.45	134.23	60.27	60.32	18.09	116.27
4	3.6	67.98	244.74	0.50	0.45	122.37	54.94	54.99	16.49	132.77
3	3.6	58.59	210.93	0.50	0.45	105.47	47.35	47.40	14.22	146.98
2	3.6	45.74	164.65	0.50	0.45	82.33	36.96	37.00	11.10	158.08
1	4.8	29.02	139.32	0.50	0.45	69.66	31.14	31.56	9.40	167.48

注　1层，$a=0.382$，$l=10.725$m；2～6层，$a=0.38$，$l=10.75$m；7～10层，$a=0.378$，$l=10.775$m。

3. 剪力墙内力

水平地震作用下剪力墙内力计算方法与风荷载作用下相同。3 轴线剪力墙的内力见表10-28。

表 10 - 28			水平地震作用下③轴线剪力墙弯矩和剪力计算			
层次	H_i(m)	$M_{\omega i}$(kN·m)	$V'_{\omega i}$(kN)	$\dfrac{(E_c I_{eq})_{ij}}{\sum (E_c I_{eq})_{ij}}$	$M_{\omega ij}$(kN·m)	m_{ij}(kN)	$V_{\omega ij}$(kN)
10	37.2	0.00	−500.75	0.36	0.00	40.84	−138.93
9	33.6	572.85	177.73	0.36	205.65	40.91	104.72
8	30	−1191.74	790.32	0.36	−427.84	40.89	324.62
7	26.4	−5017.09	1344.20	0.36	−1801.13	40.48	523.05
6	22.8	−10 813.52	1862.43	0.36	−3882.05	39.36	707.98
5	19.2	−18 421.00	2349.74	0.36	−6613.14	37.29	880.84
4	15.6	−27 746.39	2816.25	0.36	−9960.95	33.99	1045.03
3	12	−38 610.55	3266.97	0.36	−13861.19	29.30	1202.14
2	8.4	−51 216.84	3720.66	0.36	−18 386.84	22.87	1358.59
1	4.8	−65 471.16	4182.00	0.36	−23 504.15	14.51	1515.85
	0	−87 063.21	4823.91	0.36	−31 255.69	0.00	1731.78

10.5　竖向荷载作用下框架 - 剪力墙结构内力计算

10.5.1　计算单元及计算简图

取 2 轴线横向框架和 3 轴线剪力墙进行计算，由于楼面荷载分布均匀，故取相邻两轴线间距作为计算单元宽度，见图 10-15，负荷宽度图中阴影所示。

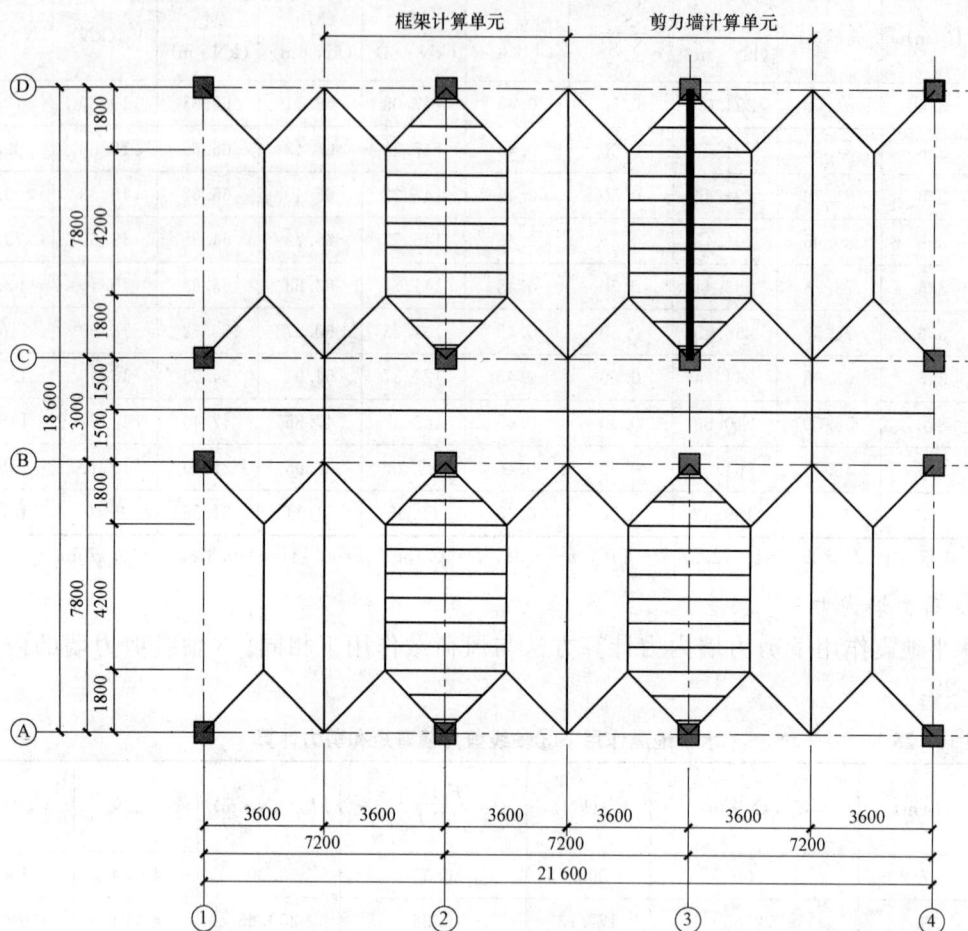

图 10-15 框架及剪力墙的计算单元

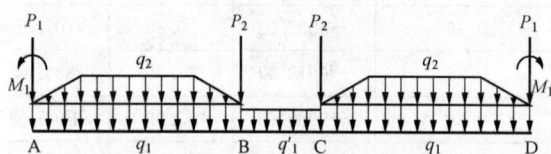

图 10-16 各层梁上作用的恒载

因梁板为整体现浇，AB、CD 跨为双向板，直接传给横梁的楼面荷载为梯形荷载，BC 跨为单向板，楼面荷载不直接传给横向框架梁，计算单元范围内阴影以外的荷载通过纵梁以集中荷载的形式传给框架柱。本结构中 A、D 轴上的纵梁轴线与柱轴线不重合，所以作用在框架上的荷载还有集中力矩，故 2 轴框架各层梁上作用的恒载、活载如图 10-16 和图 10-17 所示。3 轴 CD 跨剪力墙、AB 跨框架梁，直接承受楼面荷载的形式同 2 轴框架梁，仍为梯形荷载，通过纵梁传给剪力墙、框架柱的楼面荷载同样是集中荷载和集中力矩；另外 BC 跨连梁对剪力墙的作用，按图 10-27（b）中近似算出与剪力墙连接端

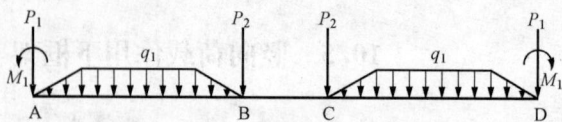

图 10-17 各层梁上作用的活载

的弯矩及剪力，然后反作用于剪力墙。作用于剪力墙上的荷载为上述两种情况三部分之和。活荷载作用下剪力墙受力情况与上述情况相似。

10.5.2　荷载计算

1. 恒载计算

10 层恒荷载：q_1 包括梁重（扣除板重）。

$$q_1 = 3.975 \text{kN/m} \quad q_1' = 1.725 \text{kN/m}$$

q_2 为板自重给横梁的梯形荷载峰值。

$$q_2 = 7.2 \times 3.6 = 25.92 \text{kN/m}$$

P_1、M_1、P_2 为通过纵梁传给柱的板自重、次梁自重、纵梁自重、纵墙自重所产生的集中荷载和集中力矩。根据负荷面积可得：

$$P_1 = \left(3.6 \times 1.8 \times \frac{1}{2} \times 2 + \frac{4.2+7.8}{2} \times 1.8\right) \times 7.2 + 3.975 \times 7.2 + 2.6875$$

$$\times \frac{7.8}{2} + 6.2 \times 1.5 \times 7.2 = 230.48 \text{kN}$$

$$P_2 = (3.6 \times 1.8 + 6 \times 1.8 + 3.6 \times 1.5 \times 2) \times 7.2 + 3.975 \times 7.2 + 2.6875 \times \frac{7.8}{2}$$

$$= 241.28 \text{kN}$$

$$M_1 = P_1 e_1 = 230.48 \times 0.095 = 21.90 \text{kN} \cdot \text{m}$$

7~9 层恒荷载：q_1 包括梁重（扣除板重）和隔墙重。

$$q_1 = 4.125 + 2.0 \times (3.6 - 0.65) = 10.025 \text{kN/m} \quad q_1' = 1.875 \text{kN/m}$$

q_2 为板自重给横梁的梯形荷载峰值。

$$q_2 = 3.44 \times 3.6 = 12.384 \text{kN/m}$$

P_1、M_1、P_2 为通过纵梁传给柱的板自重、次梁自重、纵梁自重、纵墙自重所产生的集中荷载和集中力矩。根据负荷面积可得：

$$P_1 = (3.6 \times 1.8 + 6 \times 1.8) \times 3.44 + 4.125 \times 7.2 + 2.8125 \times \frac{7.8}{2} +$$

$$(6.65 \times 2.95 - 2.4 \times 2 \times 2) \times 2.04 + 2.4 \times 2 \times 2 \times 0.45 = 124.39 \text{kN}$$

$$P_2 = (3.6 \times 1.8 + 6 \times 1.8 + 3.6 \times 1.5 \times 2) \times 3.44 + 4.125 \times 7.2 + 2.8125 \times$$

$$\frac{7.8}{2} + 2.0 \times 2.95 \times 6.65 = 176.50 \text{kN}$$

$$M_1 = P_1 e_1 = 124.39 \times 0.095 = 11.82 \text{kN} \cdot \text{m}$$

2~6 层恒荷载：

$$q_1 = 10.025 \text{kN/m} \quad q_1' = 1.875 \text{kN/m} \quad q_2 = 12.384 \text{kN/m}$$

$$P_1 = (3.6 \times 1.8 + 6 \times 1.8) \times 3.44 + 4.125 \times 7.2 + 2.8125 \times \frac{7.8}{2} +$$

$$(6.6 \times 2.95 - 2.4 \times 2 \times 2) \times 2.04 + 2.4 \times 2 \times 2 \times 0.45 = 124.09 \text{kN}$$

$$P_2 = (3.6 \times 1.8 + 6 \times 1.8 + 3.6 \times 1.5 \times 2) \times 3.44 + 4.125 \times 7.2 + 2.8125$$

$$\times \frac{7.8}{2} + 2.0 \times 2.95 \times 6.6 = 176.20 \text{kN}$$

$$M_1 = P_1 e_1 = 124.09 \times 0.12 = 14.89 \text{kN} \cdot \text{m}$$

1 层恒荷载：

$$q_1 = 10.025\text{kN/m} \quad q_1' = 1.875\text{kN/m} \quad q_2 = 12.384\text{kN/m}$$

$$P_1 = (3.6 \times 1.8 + 6 \times 1.8) \times 3.44 + 4.125 \times 7.2 + 2.8125 \times \frac{7.8}{2}$$

$$+ (6.55 \times 2.95 - 2.4 \times 2 \times 2) \times 2.04 + 2.4 \times 2 \times 2 \times 0.45 = 123.79\text{kN}$$

$$P_2 = (3.6 \times 1.8 + 6 \times 1.8 + 3.6 \times 1.5 \times 2) \times 3.44 + 4.125 \times 7.2 + 2.8125$$

$$\times \frac{7.8}{2} + 2.0 \times 2.95 \times 6.55 = 175.91\text{kN}$$

$$M_1 = P_1 e_1 = 123.79 \times 0.145 = 17.95\text{kN} \cdot \text{m}$$

2. 活载计算

7～10 层活荷载：

$$q_1 = 2.0 \times 3.6 = 7.2\text{kN/m}$$

$$P_1 = (3.6 \times 1.8 + 6 \times 1.8) \times 2.0 = 34.56\text{kN}$$

$$P_2 = (3.6 \times 1.8 + 6 \times 1.8 + 3.6 \times 1.5 \times 2) \times 2.0 = 56.16\text{kN}$$

$$M_1 = P_1 e_1 = 34.56 \times 0.095 = 3.28\text{kN} \cdot \text{m}$$

同理，在屋面雪荷载作用下

$$q_1 = 0.45 \times 3.6 = 1.62\text{kN/m}$$

$$P_1 = (3.6 \times 1.8 + 6 \times 1.8) \times 0.45 = 7.78\text{kN}$$

$$P_2 = (3.6 \times 1.8 + 6 \times 1.8 + 3.6 \times 1.5 \times 2) \times 0.45 = 12.64\text{kN}$$

$$M_1 = P_1 e_1 = 6.05 \times 0.095 = 0.74\text{kN} \cdot \text{m}$$

2～6 层活荷载：

$$q_1 = 7.2\text{kN/m} \quad P_1 = 34.56\text{kN} \quad P_2 = 56.16\text{kN}$$

$$M_1 = P_1 e_1 = 34.56 \times 0.12 = 4.15\text{kN} \cdot \text{m}$$

1 层活荷载：

$$q_1 = 7.2\text{kN/m} \quad P_1 = 34.56\text{kN} \quad P_2 = 56.16\text{kN}$$

$$M_1 = P_1 e_1 = 34.56 \times 0.145 = 5.01\text{kN} \cdot \text{m}$$

将以上计算结果汇总，见下表 10 - 29 和表 10 - 30。

表 10 - 29 框 架 恒 载 汇 总

层次	q_1(kN/m)	q_1'(kN/m)	q_2(kN/m)	P_1(kN)	P_2(kN)	M_1(kN · m)
10	3.98	1.73	25.92	230.48	241.28	21.90
7～9	10.03	1.88	12.38	124.39	176.50	11.82
2～6	10.03	1.88	12.38	124.09	176.20	14.89
1	10.03	1.88	12.38	123.79	175.91	17.95

表 10 - 30 框 架 活 载 汇 总

层次	q_1(kN/m)	P_1(kN)	P_2(kN)	M_1(kN · m)
屋面雪载	1.62	7.78	12.64	0.74
10	7.2	34.56	56.16	3.28
7～9	7.2	34.56	56.16	3.28

层次	q_1(kN/m)	P_1(kN)	P_2(kN)	M_1(kN・m)
2～6	7.2	34.56	56.16	4.15
1	7.2	34.56	56.16	5.01

3. 荷载折算

$$\alpha = \frac{a}{l} = \frac{1800}{7800} = 0.231$$

$$1 - 2\alpha^2 + \alpha^3 = 1 - 2 \times 0.231^2 + 0.231^3 = 0.906$$

恒载作用：10 层 $q_{2折} = 25.92 \times 0.906 = 23.484$kN/m

$$q_1 + q_{2折} = 3.975 + 23.484 = 27.459\text{kN/m}$$

1～9 层 $q_{2折} = 12.384 \times 0.906 = 11.220$kN/m

$$q_1 + q_{2折} = 10.025 + 11.220 = 21.245\text{kN/m}$$

活载作用：1～10 层 $q_{1折} = 7.2 \times 0.906 = 6.52$kN/m

10 层雪载作用 $q_{1折} = 1.62 \times 0.906 = 1.14$kN/m

10.5.3　②轴线框架内力计算（纯框架部分）

1. 固端弯矩

恒载作用：$\pm \dfrac{1}{12} \times 27.459 \times 7.8^2 = \pm 139.22$kN・m

$$\pm \frac{1}{12} \times 21.245 \times 7.8^2 = \pm 107.71\text{kN・m}$$

$$- \frac{1}{3} \times 1.725 \times 1.5^2 = -1.29\text{kN・m}$$

$$- \frac{1}{3} \times 1.875 \times 1.5^2 = -1.41\text{kN・m}$$

活载作用：$\pm \dfrac{1}{12} \times 6.52 \times 7.8^2 = \pm 33.06$kN・m

2. 分配系数

②轴线 A 柱分配系数计算简图见图 10 - 18，B 柱分配系数计算简图见图 10 - 19。

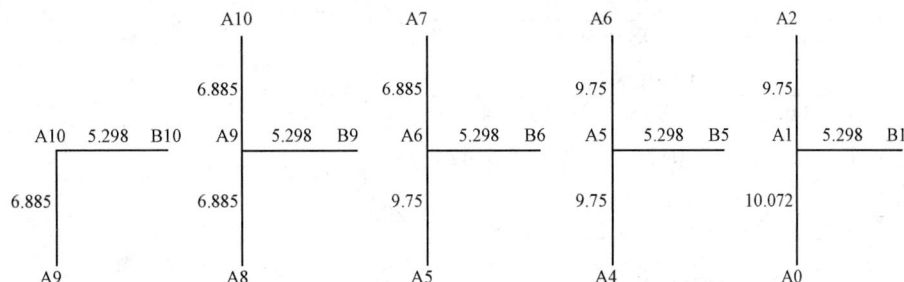

图 10 - 18　A 柱（②轴线）分配系数计算简图

A 柱：$\mu_{A10B10} = \dfrac{4 \times 5.298}{4 \times 5.298 + 4 \times 6.885} = 0.435$　　$\mu_{A10A9} = 1 - 0.435 = 0.565$

$$\mu_{A9A10} = \mu_{A9A8} = \frac{4 \times 6.885}{4 \times 6.885 \times 2 + 4 \times 5.298} = 0.361 \quad \mu_{A9B9} = 1 - 2 \times 0.361 = 0.278$$

$$\mu_{A6A7} = \frac{4 \times 6.885}{4 \times (6.885 + 5.298 + 9.75)} = 0.314 \quad \mu_{A6B6} = \frac{4 \times 5.298}{4 \times (6.885 + 5.298 + 9.75)} = 0.242$$

$$\mu_{A6A5} = 1 - 0.314 - 0.242 = 0.444$$

$$\mu_{A5A6} = \mu_{A5A4} = \frac{4 \times 9.75}{4 \times (9.75 \times 2 + 5.298)} = 0.393 \quad \mu_{A9B9} = 1 - 2 \times 0.393 = 0.214$$

$$\mu_{A1A2} = \frac{4 \times 9.75}{4 \times (10.072 + 5.298 + 9.75)} = 0.388 \quad \mu_{A1B1} = \frac{4 \times 5.298}{4 \times (10.072 + 5.298 + 9.75)} = 0.211$$

$$\mu_{A6A5} = 1 - 0.388 - 0.211 = 0.401$$

B柱：$$\mu_{B10A10} = \frac{4 \times 5.298}{4 \times 6.885 + 4 \times 5.298 + 4.288} = 0.400$$

$$\mu_{B10C10} = \frac{4.288}{4 \times 6.885 + 4 \times 5.298 + 4.288} = 0.081 \quad \mu_{B10B9} = 1 - 0.400 - 0.081 = 0.519$$

$$\mu_{B9A9} = \frac{4 \times 5.298}{4 \times 6.885 \times 2 + 4 \times 5.298 + 4.288} = 0.263$$

$$\mu_{B9C9} = \frac{4.288}{4 \times 6.885 \times 2 + 4 \times 5.298 + 4.288} = 0.053$$

$$\mu_{B9B10} = \mu_{B9B8} = \frac{1 - 0.263 - 0.053}{2} = 0.342$$

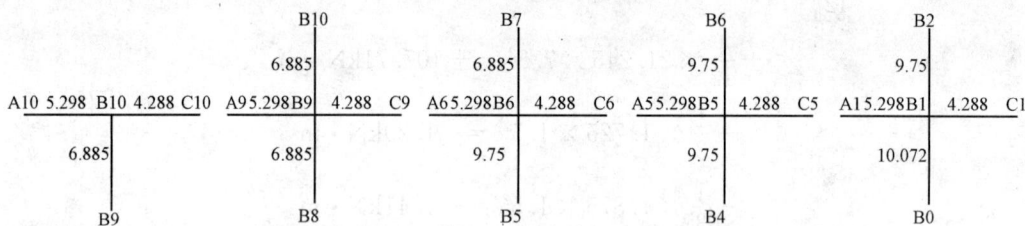

图 10-19　B柱（②轴线）分配系数计算简图

$$\mu_{B6A6} = \frac{4 \times 5.298}{4 \times (6.885 + 5.298 + 9.75) + 4.288} = 0.230$$

$$\mu_{B6C6} = \frac{4.288}{4 \times (6.885 + 5.298 + 9.75) + 4.288} = 0.047$$

$$\mu_{B6B7} = \frac{4 \times 6.885}{4 \times (6.885 + 5.298 + 9.75) + 4.288} = 0.299$$

$$\mu_{B6B5} = 1 - 0.230 - 0.047 - 0.299 = 0.424$$

$$\mu_{B5A5} = \frac{4 \times 5.298}{4 \times (5.298 + 9.75 \times 2) + 4.288} = 0.205$$

$$\mu_{B5C5} = \frac{4.288}{4 \times (5.298 + 9.75 \times 2) + 4.288} = 0.041$$

$$\mu_{B5B6} = \mu_{B5B4} = \frac{1 - 0.205 - 0.041}{2} = 0.377$$

$$\mu_{B1A1} = \frac{4 \times 5.298}{4 \times (5.298 + 9.75 + 10.072) + 4.288} = 0.202$$

$$\mu_{B1C1} = \frac{4.288}{4 \times (5.298 + 9.75 + 10.072) + 4.288} = 0.041$$

$$\mu_{B1B2} = \frac{4 \times 9.75}{4 \times (5.298 + 9.75 + 10.072) + 4.288} = 0.372$$

$$\mu_{B1B0} = 1 - 0.202 - 0.041 - 0.372 = 0.385$$

3. ②轴框架内力计算

竖向荷载作用下框架内力可采用弯矩二次分配法计算，恒荷载及活荷载作用下 2 轴线框架的计算过程见图 10 - 20 和图 10 - 21，恒荷载及活荷载作用下 2 轴线框架的弯矩图见图 10 - 22，梁端剪力、柱端剪力和轴力见表 10 - 31 和表 10 - 32。

表 10 - 31　　　　　恒荷载作用下②轴线框架梁端剪力、柱端剪力及轴力　　　　　kN

层次	荷载引起剪力		弯矩引起剪力		总剪力			柱剪力		柱轴力			
	AB 跨	BC 跨	AB 跨	BC 跨	AB 跨		BC 跨	A柱	B柱	A 柱		B 柱	
	VA=VB	VB=VC	VA=-VB	VB=VC	VA	VB	VB=VC			N顶	N底	N顶	N底
10	93.26	2.59	0.6	0	93.86	92.66	2.59	40.00	42.17	324.34	350.66	336.53	362.85
9	76.25	2.81	0.18	0	76.43	76.07	2.81	23.12	24.25	551.48	577.95	618.23	644.70
8	76.25	2.81	0.21	0	76.46	76.04	2.81	24.98	26.14	778.80	805.27	900.05	926.52
7	76.25	2.81	0.19	0	76.44	76.06	2.81	22.74	24.18	1006.10	1032.56	1181.89	1208.35
6	76.25	2.81	0.31	0	76.56	75.94	2.81	26.44	28.88	1233.21	1264.71	1463.30	1494.80
5	76.25	2.81	0.28	0	76.53	75.97	2.81	24.55	26.82	1465.33	1496.83	1749.78	1781.28
4	76.25	2.819	0.28	0	76.53	75.97	2.81	24.81	27.08	1697.45	1728.95	2036.26	2067.76
3	76.25	2.81	0.28	0	76.53	75.97	2.81	24.90	27.11	1929.57	1961.07	2322.74	2354.24
2	76.25	2.81	0.26	0	76.51	75.99	2.81	26.20	28.95	2161.67	2193.17	2609.24	2640.74
1	76.25	2.81	0.42	0	76.67	75.83	2.81	10.31	11.52	2393.63	2443.28	2895.29	2944.94

表 10 - 32　　　　　活荷载作用下②轴线框架梁端剪力、柱端剪力及轴力　　　　　kN

层次	荷载引起剪力		弯矩引起剪力		总剪力			柱剪力		柱轴力	
	AB 跨	BC 跨	AB 跨	BC 跨	AB 跨		BC 跨	A柱	B柱	A 柱	B 柱
	VA=VB	VB=VC	VA=-VB	VB=VC	VA	VB	VB=VC			N顶=N底	N顶=N底
10	21.6	0	0.03	0	21.63	21.57	0	10.74	11.02	56.19	77.73
9	21.6	0	0.08	0	21.68	21.52	0	7.37	7.78	112.43	155.41
8	21.6	0	0.07	0	21.67	21.53	0	7.76	8.13	168.66	233.1
7	21.6	0	0.06	0	21.66	21.54	0	7.07	7.52	224.88	310.8
6	21.6	0	0.09	0	21.69	21.51	0	8.24	8.98	281.13	388.47
5	21.6	0	0.09	0	21.69	21.51	0	7.65	8.34	337.38	466.14
4	21.6	0	0.09	0	21.69	21.51	0	7.73	8.42	393.63	543.81
3	21.6	0	0.09	0	21.69	21.51	0	7.75	8.43	449.88	621.48
2	21.6	0	0.08	0	21.68	21.52	0	8.17	9.01	506.12	699.16
1	21.6	0	0.12	0	21.72	21.48	0	3.22	3.58	562.4	776.8

上柱	下柱	右梁	左梁	上柱	下柱	右梁
	0.565	0.435	0.400		0.519	0.081
	21.900	−139.220	139.220			−1.290
	66.286	51.034	−55.172		−71.586	−11.172
	17.308	−27.586	25.517		−18.177	
	5.807	4.471	−2.936		−3.809	−0.595
	89.401	−111.301	106.629		−93.572	−13.057
0.361	0.361	0.278	0.263	0.342	0.342	0.053
	11.820	−107.710	107.710			−1.410
34.616	34.616	26.657	−27.957	−36.355	−36.355	−5.634
33.143	17.308	−13.978	13.329	−35.793	−18.177	
−13.167	−13.167	−10.139	10.689	13.899	13.899	2.154
54.593	38.758	−105.170	103.771	−58.248	−40.633	−4.890
0.361	0.361	0.278	0.263	0.342	0.342	0.053
	11.820	−107.710	107.710			−1.410
34.616	34.616	26.657	−27.957	−36.355	−36.355	−5.634
17.308	17.308	−13.978	13.329	−18.177	−18.177	
−7.450	−7.450	−5.737	6.056	7.875	7.875	1.220
44.474	44.474	−100.768	99.138	−46.657	−46.657	−5.824
0.361	0.361	0.278	0.263	0.342	0.342	0.053
	11.820	−107.710	107.710			−1.410
34.616	34.616	26.657	−27.957	−36.355	−36.355	−5.634
17.308	14.573	−13.978	13.329	−18.177	−15.892	
−6.463	−6.463	−4.977	5.455	7.093	7.093	1.099
45.462	42.726	−100.008	98.537	−47.439	−45.153	−5.945
0.314	0.444	0.242	0.230	0.299	0.424	0.047
	14.890	−107.710	107.710			−1.410
29.145	41.212	22.462	−24.449	−31.784	−45.071	−4.996
17.308	18.239	−12.225	11.231	−18.177	−20.038	
−7.323	−10.355	−5.644	6.206	8.068	11.441	1.268
39.130	49.096	−103.116	100.698	−41.893	−53.668	−5.138
0.393	0.393	0.214	0.205	0.377	0.377	0.041
	14.890	−107.710	107.710			−1.410
36.478	36.478	19.863	−21.792	−40.075	−40.075	−4.358
20.606	18.239	−10.896	9.932	−22.536	−20.038	
−10.984	−10.984	−5.981	6.691	12.306	12.306	1.338
46.100	43.733	−104.723	102.542	−50.305	−47.807	−4.430
0.393	0.393	0.214	0.205	0.377	0.377	0.041
	14.890	−107.710	107.710			−1.410
36.478	36.478	19.863	−21.792	−40.075	−40.075	−4.358
18.239	18.239	−10.896	9.932	−20.038	−20.038	
−10.054	−10.054	−5.475	6.179	11.364	11.364	1.236
44.663	44.663	−104.217	102.030	−48.749	−48.749	−4.532
0.393	0.393	0.214	0.205	0.377	0.377	0.041
	14.890	−107.710	107.710			−1.410
36.478	36.478	19.863	−21.792	−40.075	−40.075	−4.358
18.239	18.239	−10.896	9.932	−20.038	−20.038	
−10.054	−10.054	−5.475	6.179	11.364	11.364	1.236
44.663	44.663	−104.217	102.030	−48.749	−48.749	−4.532
0.393	0.393	0.214	0.205	0.377	0.377	0.041
	14.890	−107.710	107.710			−1.410
36.478	36.478	19.863	−21.792	−40.075	−40.075	−4.358
18.239	17.413	−10.896	9.932	−20.038	−19.772	
−9.729	−9.729	−5.298	6.125	11.264	11.264	1.225
44.988	44.162	−104.040	101.975	−48.849	−48.583	−4.543
0.388	0.401	0.211	0.202	0.372	0.385	0.041
	17.950	−107.710	107.710			−1.410
34.827	35.994	18.939	−21.473	−39.544	−40.926	−4.358
	18.239	−10.736	9.470	−20.038		
−2.911	−3.009	−1.583	2.135	3.931	4.069	0.433
50.155	32.985	−101.090	97.842	−55.650	−36.857	−5.335
	16.493			−18.428		

图 10-20 恒载作用下②轴线框架弯矩二次分配过程

0.565	0.435	0.400		0.519	0.081
3.280	−33.060	33.060			
16.826	12.954	−13.224		−17.158	−2.678
5.375	−6.612	6.477		−5.653	
0.699	0.538	−0.330		−0.428	−0.067
22.900	−26.180	25.984		−23.239	−2.745

0.361	0.361	0.278	0.263	0.342	0.342	0.053
	3.280	−33.060	33.060			
10.751	10.751	8.279	−8.695	−11.307	−11.307	−1.752
8.413	5.375	−4.347	4.139	−8.579	−5.653	
−3.408	−3.408	−2.625	2.654	3.452	3.452	0.535
15.755	12.718	−31.753	31.159	−16.434	−13.508	−1.217

0.361	0.361	0.278	0.263	0.342	0.342	0.053
	3.280	−33.060	33.060			
10.751	10.751	8.279	−8.695	−11.307	−11.307	−1.752
5.375	5.375	−4.347	4.139	−5.653	−5.653	
−2.312	−2.312	−1.780	1.885	2.451	2.451	0.380
13.814	13.814	−30.909	30.390	−14.509	−14.509	−1.372

0.361	0.361	0.278	0.263	0.342	0.342	0.053
	3.280	−33.060	33.060			
10.751	10.751	8.279	−8.695	−11.307	−11.307	−1.752
5.375	4.539	−4.347	4.139	−5.653	−4.942	
−2.010	−2.010	−1.548	1.698	2.208	2.208	0.342
14.116	13.280	−30.676	30.203	−14.752	−14.041	−1.410

0.314	0.444	0.242	0.230	0.299	0.424	0.047
	4.150	−33.060	33.060			
9.078	12.836	6.996	−7.604	−9.885	−14.017	−1.554
5.375	5.681	−3.802	3.498	−5.653	−6.232	
−2.278	−3.221	−1.756	1.929	2.508	3.556	0.394
12.175	15.296	−31.621	30.883	−13.030	−16.693	−1.160

0.393	0.393	0.214	0.205	0.377	0.377	0.041
	4.150	−33.060	33.060			
11.362	11.362	6.187	−6.777	−12.464	−12.464	−1.355
6.418	5.681	−3.389	3.093	−7.009	−6.232	
−3.423	−3.423	−1.864	2.080	3.825	3.825	0.416
14.357	13.619	−32.126	31.456	−15.647	−14.870	−0.939

0.393	0.393	0.214	0.205	0.377	0.377	0.041
	4.150	−33.060	33.060			
11.362	11.362	6.187	−6.777	−12.464	−12.464	−1.355
5.681	5.681	−3.389	3.093	−6.232	−6.232	
−3.133	−3.133	−1.706	1.921	3.533	3.533	0.384
13.909	13.909	−31.968	31.297	−15.163	−15.163	−0.971

0.393	0.393	0.214	0.205	0.377	0.377	0.041
	4.150	−33.060	33.060			
11.362	11.362	6.187	−6.777	−12.464	−12.464	−1.355
5.681	5.681	−3.389	3.093	−6.232	−6.232	
−3.133	−3.133	−1.706	1.921	3.533	3.533	0.384
13.909	13.909	−31.968	31.297	−15.163	−15.163	−0.971

0.393	0.393	0.214	0.205	0.377	0.377	0.041
	4.150	−33.060	33.060			
11.362	11.362	6.187	−6.777	−12.464	−12.464	−1.355
5.681	5.442	−3.389	3.093	−6.232	−6.149	
−3.039	−3.039	−1.655	1.904	3.501	3.501	0.381
14.003	13.764	−31.917	31.280	−15.194	−15.111	−0.975

0.388	0.401	0.211	0.202	0.372	0.385	0.041
	5.010	−33.060	33.060			
10.883	11.248	5.919	−6.678	−12.298	−12.728	−1.355
5.681		−3.339	2.959	−6.232		
−0.909	−0.939	−0.494	0.661	1.217	1.260	0.134
15.656	10.309	−30.975	30.002	−17.313	−11.468	−1.221

5.155		−5.734	

图 10 - 21　活载作用下②轴线框架弯矩二次分配过程

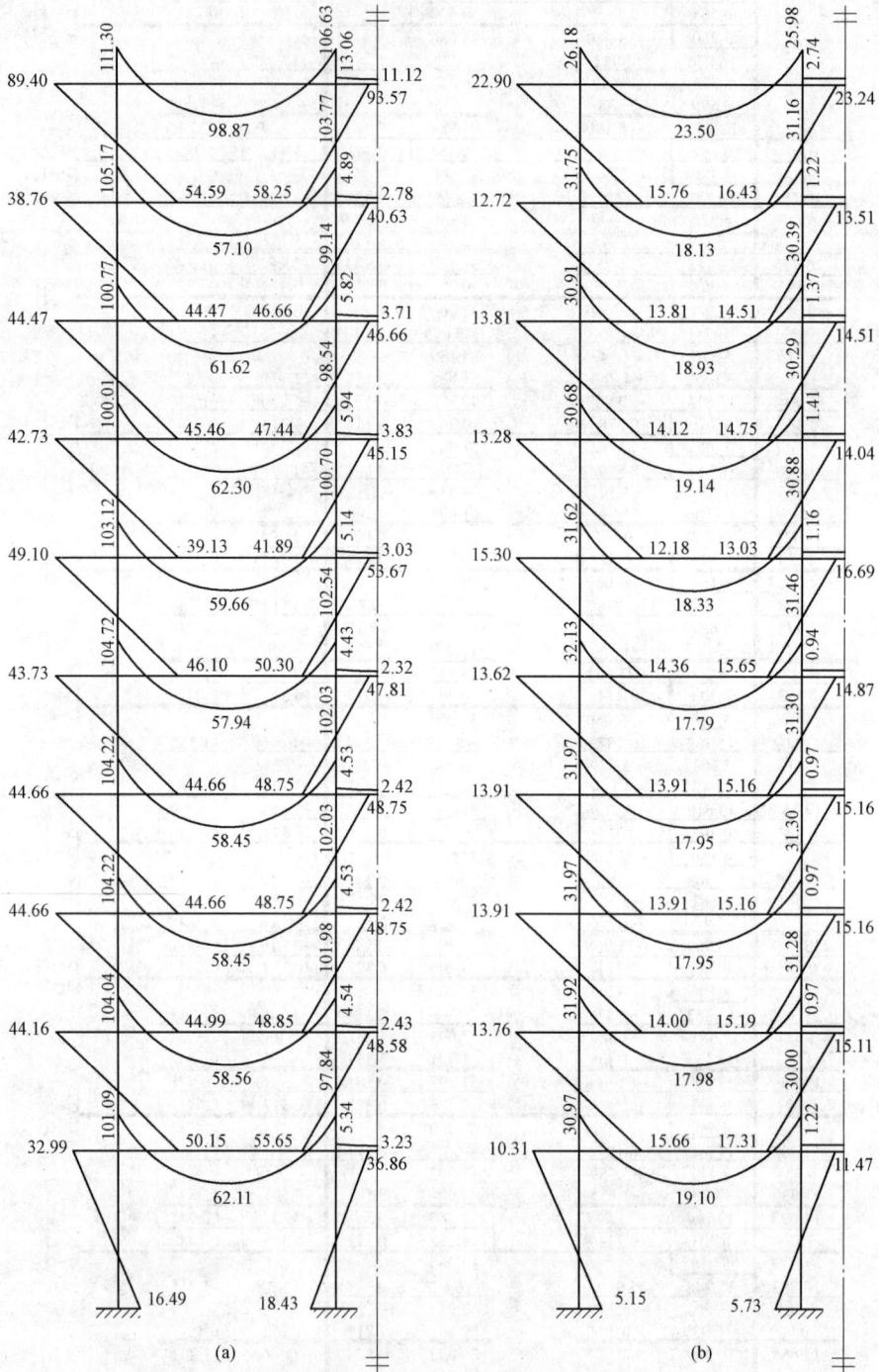

图 10-22 竖向荷载作用下②轴线框架弯矩图（kN·m）
(a) 恒载作用下；(b) 活载作用下

10.5.4　③轴线框架内力计算

1. 固端弯矩

恒载作用：$\pm \dfrac{1}{12} \times 27.459 \times 7.8^2 = \pm 139.22\text{kN} \cdot \text{m}$

$$\pm \dfrac{1}{12} \times 21.245 \times 7.8^2 = \pm 107.71\text{kN} \cdot \text{m}$$

$$\pm \dfrac{1}{12} \times 1.725 \times 3^2 = \pm 1.29\text{kN} \cdot \text{m}$$

$$\pm \dfrac{1}{12} \times 1.875 \times 3^2 = \pm 1.41\text{kN} \cdot \text{m}$$

活载作用：$\pm \dfrac{1}{12} \times 6.52 \times 7.8^2 = \pm 33.06\text{kN} \cdot \text{m}$

2. 分配系数

A 柱：与②轴线框架 A 柱相同；

B 柱：B 柱分配系数计算简图见图 10 - 23。

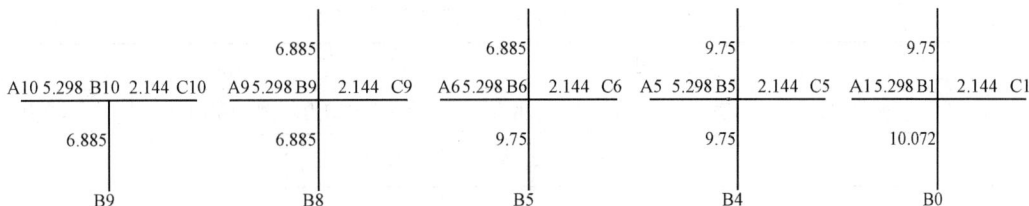

图 10 - 23　B柱（③轴线）分配系数计算简图

$$\mu_{B10A10} = \frac{4 \times 5.298}{4 \times 6.885 + 4 \times 5.298 + 4 \times 2.144} = 0.370$$

$$\mu_{B10C10} = \frac{4 \times 2.144}{4 \times 6.885 + 4 \times 5.298 + 4 \times 2.144} = 0.150$$

$$\mu_{B10B9} = 1 - 0.370 - 0.150 = 0.480$$

$$\mu_{B9A9} = \frac{4 \times 5.298}{4 \times 6.885 \times 2 + 4 \times 5.298 + 4 \times 2.144} = 0.250$$

$$\mu_{B9C9} = \frac{4 \times 2.144}{4 \times 6.885 \times 2 + 4 \times 5.298 + 4 \times 2.144} = 0.100$$

$$\mu_{B9B10} = \mu_{B9B8} = \frac{1 - 0.25 - 0.10}{2} = 0.325$$

$$\mu_{B6A6} = \frac{4 \times 5.298}{4 \times (6.885 + 5.298 + 9.75 + 2.144)} = 0.220$$

$$\mu_{B6C6} = \frac{4 \times 2.144}{4 \times (6.885 + 5.298 + 9.75 + 2.144)} = 0.089$$

$$\mu_{B6B7} = \frac{4 \times 6.885}{4 \times (6.885 + 5.298 + 9.75 + 2.144)} = 0.286$$

$$\mu_{B6B5} = 1 - 0.22 - 0.089 - 0.286 = 0.405$$

$$\mu_{B5A5} = \frac{4 \times 5.298}{4 \times (5.298 + 9.75 \times 2 + 2.144)} = 0.197$$

$$\mu_{B5C5} = \frac{4 \times 2.144}{4 \times (5.298 + 9.75 \times 2 + 2.144)} = 0.079$$

$$\mu_{B5B6} = \mu_{B5B4} = \frac{1 - 0.197 - 0.079}{2} = 0.362$$

$$\mu_{B1A1} = \frac{4 \times 5.298}{4 \times (5.298 + 9.75 + 10.072 + 2.144)} = 0.194$$

$$\mu_{B1C1} = \frac{4 \times 2.144}{4 \times (5.298 + 9.75 + 10.072 + 2.144)} = 0.079$$

$$\mu_{B1B2} = \frac{4 \times 9.75}{4 \times (5.298 + 9.75 + 10.072 + 2.144)} = 0.358$$

$$\mu_{B1B0} = 1 - 0.194 - 0.079 - 0.358 = 0.369$$

3. 框架内力计算

竖向荷载作用下框架内力采用弯矩二次分配法,恒荷载、活荷载内力计算过程见图 10-24 和图 10-25,恒荷载与活荷载作用下③轴线框架的弯矩图见图 10-26,梁端剪力(C端)见表 10-33。

表 10-33　　　　　　　　　　竖向荷载作用下③轴线框架梁端剪力 (C 端)

层次	恒载作用			活载作用		
	荷载引起剪力	弯矩引起剪力	总剪力	荷载引起剪力	弯矩引起剪力	总剪力
10	2.59	4.90	7.49	0	0.88	0.88
9	2.81	1.71	4.52	0	0.25	0.25
8	2.81	2.24	5.05	0	0.33	0.33
7	2.81	2.31	5.12	0	0.35	0.35
6	2.81	2.00	4.81	0	0.26	0.26
5	2.81	1.76	4.57	0	0.18	0.18
4	2.81	1.82	4.63	0	0.20	0.20
3	2.81	1.82	4.63	0	0.20	0.20
2	2.81	1.83	4.64	0	0.20	0.20
1	2.81	2.32	5.13	0	0.36	0.36

10.5.5　剪力墙内力计算

由图 10-15 可见,③轴线剪力墙及框架与②轴线框架的负载面积相同,因而二者所受荷载基本相同。因此图 10-27 (a)、(b) 中所示恒荷载值可按表 10-53 采用,同样,图 10-28 (a)、(b) 中所示的活荷载值可按表 10-54 采用。竖向荷载作用下剪力墙各截面内力可按图10-27 (c) (恒载作用) 和图 10-28 (c) (活载作用) 计算,为此,应将图 10-27 (a)、(b) 转化为图 10-27 (c),将图 10-28 (a)、(b) 转化为图 10-28 (c)。此处以图 10-27 的转化为例。

上柱	下柱	右梁	左梁	上柱	下柱	右梁	左梁
	0.565	0.435	0.370		0.480	0.150	
	21.900	−139.220	139.220			−1.290	1.290
	66.286	−51.034	−51.034		−66.206	−20.690	
	17.308	−25.517	25.517		−17.274	−0.645	−10.345
	4.638	3.571	−2.811		−3.647	−1.140	
	88.232	−110.132	110.892		−87.127	−23.764	−9.055
0.361	0.361	0.278	0.250	0.325	0.325	0.100	
	11.820	−107.710	107.710			−1.410	1.410
34.616	34.616	26.657	−26.575	−34.548	−34.548	−10.630	
33.143	17.308	−13.288	13.329	−33.103	−17.274	−0.705	−5.315
−13.416	−13.416	−10.331	9.438	12.270	12.270	3.705	
54.343	38.508	−104.672	103.902	−55.381	−39.551	−9.040	−3.905
0.361	0.361	0.278	0.250	0.325	0.325	0.100	
	11.820	−107.710	107.710			−1.410	1.410
34.616	34.616	26.657	−26.575	−34.548	−34.548	−10.630	
17.308	17.308	−13.288	13.329	−17.274	−17.274	−0.705	−5.315
−7.700	−7.700	−5.929	5.481	7.125	7.125	2.122	
44.225	44.225	−100.269	99.945	−44.696	−44.696	−10.623	−3.905
0.361	0.361	0.278	0.250	0.325	0.325	0.100	
	11.820	−107.710	107.710			−1.410	1.410
34.616	34.616	26.657	−26.575	−34.548	−34.548	−10.630	
17.308	14.573	−13.288	13.329	−17.274	−15.201	−0.705	−5.315
−6.712	−6.712	−5.169	4.963	6.452	6.452	1.915	
45.212	42.477	−99.509	99.426	−45.370	−43.297	−10.830	−3.905
0.314	0.444	0.242	0.220	0.286	0.405	0.089	
	14.890	−107.710	107.710			−1.410	1.410
29.145	41.212	22.462	−23.386	−30.402	−43.052	−9.461	
17.308	18.239	−11.693	11.231	−17.274	−19.240	−0.705	−4.730
−7.490	−10.591	−5.773	5.717	7.433	10.525	2.250	
38.963	48.860	−102.713	101.273	−40.243	−51.767	−9.326	−3.320
0.393	0.393	0.214	0.197	0.362	0.362	0.079	
	14.890	−107.710	107.710			−1.410	1.410
36.478	36.478	19.863	−20.941	−38.481	−38.481	−8.398	
20.606	18.239	−10.471	9.932	−21.526	−19.240	−0.705	−4.199
−11.151	−11.151	−6.072	6.213	11.417	11.417	2.436	
45.933	43.566	−104.389	102.914	−48.589	−46.304	−8.077	−2.789
0.393	0.393	0.214	0.197	0.362	0.362	0.079	
	14.890	−107.710	107.710			−1.410	1.410
36.478	36.478	19.863	−20.941	−38.481	−38.481	−8.398	
18.239	18.239	−10.471	9.932	−19.240	−19.240	−0.705	−4.199
−10.221	−10.221	−5.566	5.763	10.590	10.590	2.255	
44.496	44.496	−103.883	102.464	−47.131	−47.131	−8.257	−2.789
0.393	0.393	0.214	0.197	0.362	0.362	0.079	
	14.890	−107.710	107.710			−1.410	1.410
36.478	36.478	19.863	−20.941	−38.481	−38.481	−8.398	
18.239	18.239	−10.471	9.932	−19.240	−19.240	−0.705	−4.199
−10.221	−10.221	−5.566	5.763	10.590	10.590	2.255	
44.496	44.496	−103.883	102.464	−47.131	−47.131	−8.257	−2.789
0.393	0.393	0.214	0.197	0.362	0.362	0.079	
	14.890	−107.710	107.710			−1.410	1.410
36.478	36.478	19.863	−20.941	−38.481	−38.481	−8.398	
18.239	17.413	−10.471	9.932	−19.240	−19.028	−0.705	−4.199
−9.897	−9.897	−5.389	5.721	10.513	10.513	2.239	
44.821	43.995	−103.706	102.422	−47.208	−46.995	−8.274	−2.789
0.388	0.401	0.211	0.194	0.358	0.369	0.079	
	17.950	−107.710	107.710			−1.410	1.410
34.827	35.994	18.939	−20.622	−38.055	−39.225	−8.398	
18.239	0.000	−10.311	9.470	−19.240	0.000	−0.705	−4.199
−3.076	−3.179	−1.673	2.032	3.750	3.866	0.772	
49.990	32.815	−100.755	98.590	−53.545	−35.359	−9.741	−2.789
		16.407	−17.680				

图 10-24　恒载作用下③轴线框架弯矩二次分配过程

上柱	下柱	右梁	左梁	上柱	下柱	右梁	左梁
	0.565	0.435	0.370		0.480	0.150	
	3.280	-33.060	33.060			0.000	0
	16.826	12.954	-12.232		-15.869	-4.959	
	5.375	-6.116	6.477		-5.372	0.000	-2.479 5
	0.419	0.322	-0.409		-0.530	-0.166	
	22.620	-25.900	26.896		-21.771	-5.125	-2.479 5
0.361	0.361	0.278	0.250	0.325	0.325	0.100	
	3.280	-33.060	33.060			0.000	0
10.751	10.751	8.279	-8.265	-10.745	-10.745	-3.306	
8.413	5.375	-4.133	4.139	-7.934	-5.372	0.000	-1.653
-3.486	-3.486	-2.684	2.292	2.979	2.979	0.917	
15.678	12.640	-31.598	31.226	-15.700	-13.137	-2.389	-1.653
0.361	0.361	0.278	0.250	0.325	0.325	0.100	
	3.280	-33.060	33.060			0.000	0
10.751	10.751	8.279	-8.265	-10.745	-10.745	-3.306	
5.375	5.375	-4.133	4.139	-5.372	-5.372	0.000	-1.653
-2.389	-2.389	-1.840	1.651	2.147	2.147	0.661	
13.737	13.737	-30.753	30.586	-13.970	-13.970	-2.645	-1.653
0.361	0.361	0.278	0.250	0.325	0.325	0.100	
	3.280	-33.060	33.060			0.000	0
10.751	10.751	8.279	-8.265	-10.745	-10.745	-3.306	
5.375	4.539	-4.133	4.139	-5.372	-4.728	0.000	-1.653
-2.087	-2.087	-1.607	1.490	1.937	1.937	0.596	
14.039	13.202	-30.521	30.425	-14.180	-13.535	-2.710	-1.653
0.314	0.444	0.242	0.220	0.286	0.405	0.089	
	4.150	-33.060	33.060			0.000	0
9.078	12.836	6.996	-7.273	-9.455	-13.389	-2.942	
5.375	5.681	-3.637	3.498	-5.372	-5.984	0.000	-1.471 17
-2.330	-3.294	-1.796	1.729	2.247	3.182	0.699	
12.123	15.223	-31.496	31.014	-12.580	-16.191	-2.243	-1.471 17
0.393	0.393	0.214	0.197	0.362	0.362	0.079	
	4.150	-33.060	33.060			0.000	0
11.362	11.362	6.187	-6.513	-11.968	-11.968	-2.612	
6.418	5.681	-3.256	3.093	-6.695	-5.984	0.000	-1.305 87
-3.475	-3.475	-1.892	1.888	3.470	3.470	0.757	
14.305	13.567	-32.022	31.529	-15.193	-14.482	-1.855	-1.305 87
0.393	0.393	0.214	0.197	0.362	0.362	0.079	
	4.150	-33.060	33.060			0.000	0
11.362	11.362	6.187	-6.513	-11.968	-11.968	-2.612	
5.681	5.681	-3.256	3.093	-5.984	-5.984	0.000	-1.305 87
-3.185	-3.185	-1.735	1.748	3.213	3.213	0.701	
13.857	13.857	-31.864	31.389	-14.739	-14.739	-1.911	-1.305 87
0.393	0.393	0.214	0.197	0.362	0.362	0.079	
	4.150	-33.060	33.060			0.000	0
11.362	11.362	6.187	-6.513	-11.968	-11.968	-2.612	
5.681	5.681	-3.256	3.093	-5.984	-5.984	0.000	-1.305 87
-3.185	-3.185	-1.735	1.748	3.213	3.213	0.701	
13.857	13.857	-31.864	31.389	-14.739	-14.739	-1.911	-1.305 87
0.393	0.393	0.214	0.197	0.362	0.362	0.079	
	4.150	-33.060	33.060			0.000	0
11.362	11.362	6.187	-6.513	-11.968	-11.968	-2.612	
5.681	5.442	-3.256	3.093	-5.984	-5.918	0.000	-1.305 87
-3.091	-3.091	-1.683	1.735	3.189	3.189	0.696	
13.951	13.712	-31.813	31.376	-14.763	-14.697	-1.916	-1.305 87
0.388	0.401	0.211	0.194	0.358	0.369	0.079	
	5.010	-33.060	33.060			0.000	0
10.883	11.248	5.919	-6.414	-11.835	-12.199	-2.612	
5.681	0.000	-3.207	2.959	-5.984	0.000	0.000	-1.305 87
-0.960	-0.992	-0.522	0.587	1.083	1.116	0.239	
15.604	10.256	-30.870	30.192	-16.737	-11.083	-2.373	-1.305 87
	5.128				-5.542		

图 10-25　活载作用下③轴线框架弯矩二次分配过程

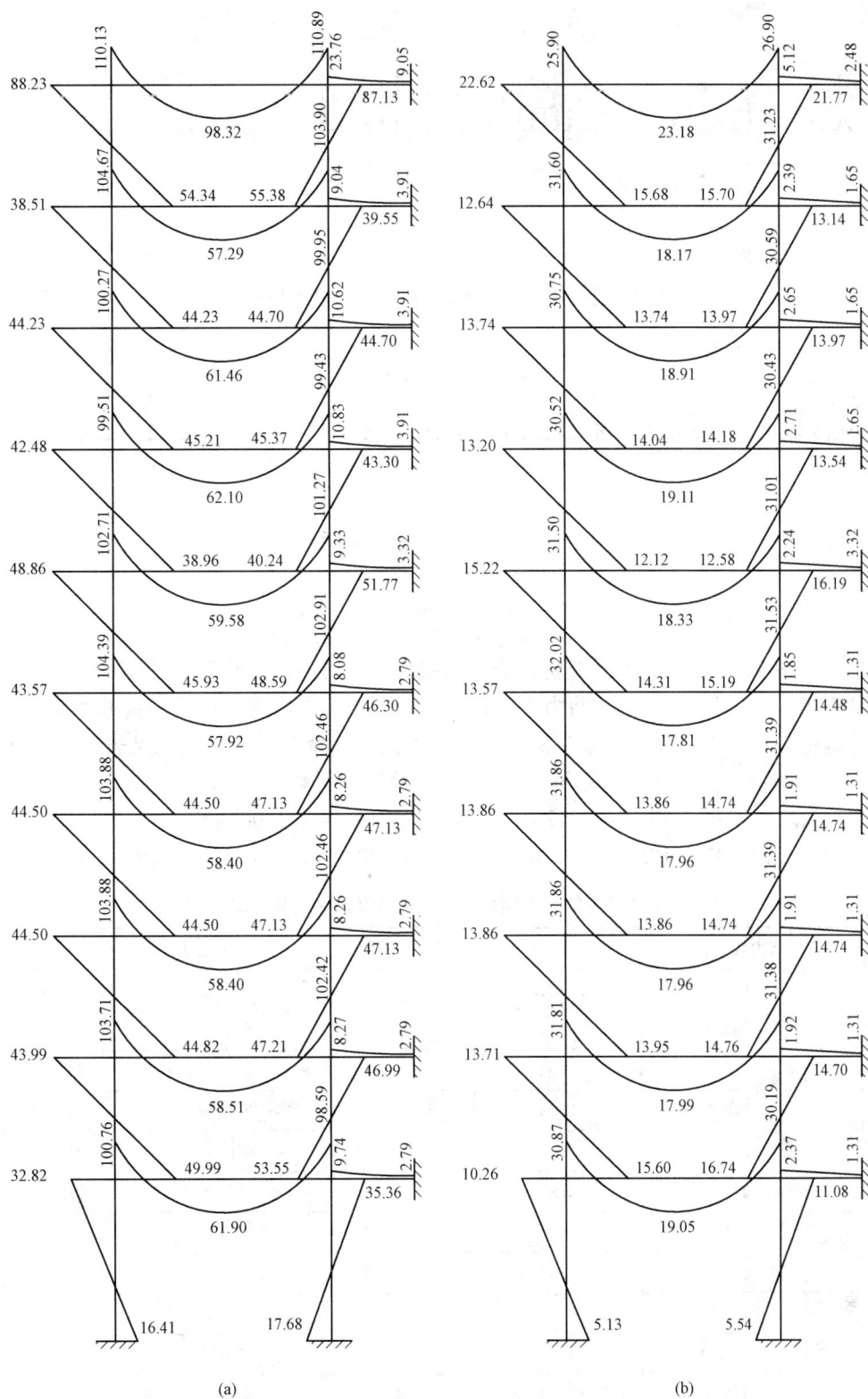

图 10 - 26　竖向荷载作用下③轴线框架弯矩图（单位：kN·m）

（a）恒载作用下；（b）活载作用下

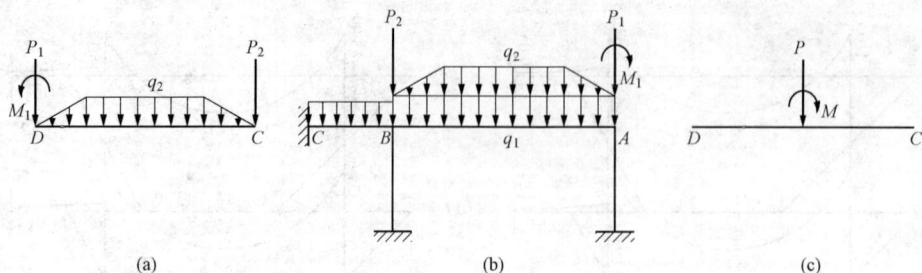

图 10-27 竖向恒荷载作用下剪力墙计算简图

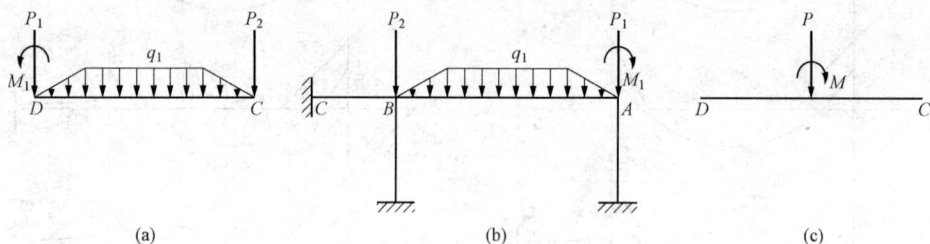

图 10-28 竖向活荷载作用下剪力墙计算简图

首先计算图 10-27（b）所示结构在竖向荷载作用下的内力，然后将 C 端的弯矩和剪力反向施加于图 10-27（a）所示的剪力墙上，再按静力等效方法将竖向集中荷载和集中力矩移至剪力墙形心处，下面以第 1 层为例说明计算方法，其余各层计算结果见表 10-34 和表 10-35。

$$P = 123.79 + 175.91 + 12.384 \times 6 = 374.004 \text{kN}$$

$$M = (175.91 - 123.79 + 5.13) \times 3.9 - 17.95 + 2.79 = 208.115 \text{kN} \cdot \text{m}$$

表 10-34　　　　　　　　恒荷载产生的剪力墙各层集中荷载及集中力矩计算

层次	剪力墙形心（a）	C 端剪力及弯矩（b）		剪力墙形心处（c）	
	$P(\text{kN})$	$P(\text{kN})$	$M(\text{kN} \cdot \text{m})$	$P(\text{kN})$	$M(\text{kN} \cdot \text{m})$
10	627.28	7.49	−9.05	634.77	58.48
9	375.19	4.52	−3.91	379.71	212.95
8	375.19	5.05	−3.91	380.24	215.01
7	375.19	5.12	−3.91	380.31	215.29
6	374.59	4.81	−3.32	379.40	210.42
5	374.59	4.57	−2.79	379.16	208.95
4	374.59	4.63	−2.79	379.22	209.19
3	374.59	4.63	−2.79	379.22	209.19
2	374.59	4.64	−2.79	379.23	209.23
1	374.00	5.13	−2.79	379.13	208.12

表 10 - 35　　　　　　　　　活荷载产生的剪力墙各层集中荷载和集中力矩计算

层次	剪力墙形心（a）	C 端剪力及弯矩（b）		剪力墙形心处（c）	
	P(kN)	P(kN)	M(kN·m)	P(kN)	M(kN·m)
10	30.14	0.07	−0.43	30.21	18.92
	133.92	0.88	−2.48	134.80	86.87
9	133.92	0.25	−1.65	134.17	83.59
8	133.92	0.33	−1.65	134.25	83.90
7	133.92	0.35	−1.65	134.27	83.98
6	133.92	0.26	−1.47	134.18	82.57
5	133.92	0.18	−1.31	134.1	82.10
4	133.92	0.2	−1.31	134.12	82.18
3	133.92	0.2	−1.31	134.12	82.18
2	133.92	0.2	−1.31	134.12	82.18
1	133.92	0.36	−1.31	134.28	81.94

竖向恒荷载和活荷载作用下剪力墙内力可按图 10 - 27（c）和图 10 - 28（c）进行近似计算。在图示荷载作用下，剪力墙各截面的弯矩和轴力可用平衡条件求出，剪力等于零。计算结果见图 10 - 29，其中恒载作用下的轴力图中未包括剪力墙自重。

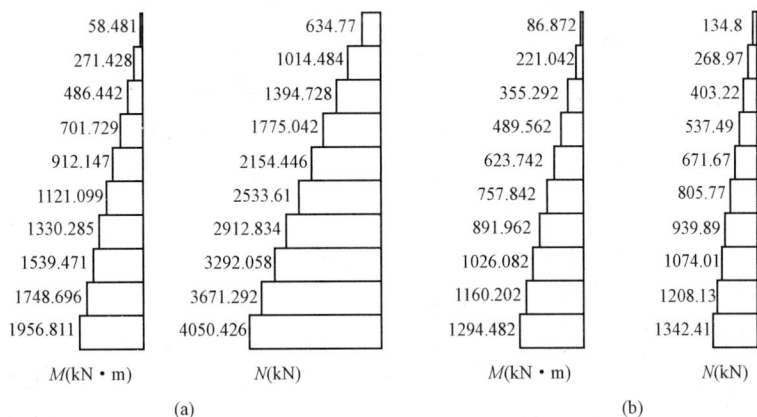

图 10 - 29　竖向荷载作用下剪力墙内力图
（a）恒载作用；（b）活载作用

10.6　作用效应组合（内力组合）

10.6.1　结构抗震等级

对框架 - 剪力墙结构还应判别总框架承受的地震倾覆力矩是否大于总地震倾覆力矩。总框架承受的地震倾覆力矩 $M_{0\mathrm{v}} = \sum_{i=1}^{10} V_{\mathrm{f}i} h_i = 47\,233.726\mathrm{kN \cdot m}$，$M_0 = 133\,681.202\ \mathrm{kN \cdot m}$，

则 $M_{0V}/M_0 = 47\,233.726/133\,681.202 = 0.35 < 0.5$。

因此，本工程应按框架 - 剪力墙结构中的框架确定其框架的抗震等级。查表可知，框架为三级抗震等级，剪力墙为二级抗震等级。

10.6.2 框架梁弯矩和剪力计算值

内力组合时，竖向荷载作用下的梁端弯矩乘以弯矩调幅系数 0.8，活荷载作用下的梁跨中弯矩乘以 1.2 的放大系数。以第一层梁边缘截面的弯矩和剪力计算为例，说明计算方法，其余计算过程略，框架梁内力组合见表 10 - 36（见文后插页）。

恒荷载作用下：

AB 跨，左支座 $M_A = (101.97 - 76.67 \times 0.4) \times 0.8 = 56.34$ kN·m

$$V_A = 76.67 - 21.245 \times 0.4 = 68.17\text{kN}$$

右支座 $M_{BL} = (97.84 - 75.83 \times 0.325) \times 0.8 = 58.56$ kN·m

$$V_{BL} = 75.83 - 21.245 \times 0.325 = 68.93\text{kN}$$

跨中 $M_1 = \dfrac{56.34 + 58.86}{2} - \dfrac{1}{8} \times 21.245 \times 7.075^2 = -75.48$ kN·m

BC 跨，左、右支座 $M_{BR} = (5.34 - 2.81 \times 0.325) \times 0.8 = 3.54$ kN·m

$$V_{BR} = 2.81 - 1.875 \times 0.325 = 2.20\text{kN}$$

跨中 $M_2 = 3.54 - \dfrac{1}{8} \times 1.875 \times 2.35^2 = 2.25$ kN·m

活荷载作用下：

AB 跨，左支座 $M_A = (30.97 - 21.72 \times 0.4) \times 0.8 = 17.83$ kN·m

$$V_A = 21.72 - 6.52 \times 0.4 = 19.11\text{kN}$$

右支座 $M_{BL} = (30 - 21.48 \times 0.325) \times 0.8 = 18.42$ kN·m

$$V_{BL} = 21.48 - 6.52 \times 0.325 = 19.36\text{kN}$$

跨中 $M_1 = \left(\dfrac{30.97 + 30}{2} - \dfrac{1}{8} \times 6.52 \times 7.8^2\right) \times 1.2 - \left(\dfrac{30.97 + 30}{2}\right) \times 0.2 = -29.02$ kN·m

BC 跨，左、右支座 $M_{BR} = 1.22 \times 0.8 = 0.98$ kN·m $V_{BR} = 0$

跨中 $M_2 = 0.98 \times 1.2 = 1.18$ kN·m

风荷载作用下：

AB 跨，左支座 $M_A = 22.176 - 5.394 \times 0.4 = 20.02$ kN·m $V_A = 5.394$ kN

右支座 $M_{BL} = 19.898 - 5.394 \times 0.325 = 18.14$ kN·m $V_{BL} = 5.394$ kN

跨中 $M_1 = 0.94$ kN·m

BC 跨，左、右支座 $M_{BR} = 8.048 - 5.366 \times 0.325 = 6.30$ kN·m $V_{BR} = 5.366$ kN

跨中 $M_2 = 0$

水平地震作用下：

AB 跨，左支座 $M_A = 71.122 - 17.384 \times 0.4 = 64.17$ kN·m $V_A = 17.384$ kN

右支座 $M_{BL} = 64.471 - 17.384 \times 0.325 = 58.82$ kN·m $V_{BL} = 17.384$ kN

跨中 $M_1 = 2.68$ kN·m

BC 跨，左、右支座 $M_{BR} = 26.078 - 17.386 \times 0.325 = 20.43$ kN·m $V_{BR} = 17.386$ kN

跨中 $M_2 = 0$

10.6.3　框架柱弯矩、轴力及剪力计算值

框架柱内力组合见表 10 - 37（见文后插页）。

10.6.4　剪力墙弯矩、轴力及剪力计算值

剪力墙内力组合见表 10 - 38（见文后插页）。

10.6.5　连梁弯矩及剪力计算值

连梁的内力组合方法与框架梁的相同。

10.7　内　力　调　整

10.7.1　框架梁内力调整

强剪弱弯。$V_b = \eta_{vb} \dfrac{M_b^l + M_b^r}{l_n} + V_{Gb}$

AB 跨：

10 层 $V_b = 1.1 \times \dfrac{183.78 + 162.42}{7.225} + \dfrac{1}{2} \times (27.459 + 0.5 \times 6.52) \times 7.225 \times 1.2 = $ 185.88kN

7 层 $V_b = 1.1 \times \dfrac{239.70 + 217.07}{7.225} + \dfrac{1}{2} \times (21.245 + 0.5 \times 6.52) \times 7.225 \times 1.2 = $ 175.77kN

2 层 $V_b = 1.1 \times \dfrac{178.36 + 176.26}{7.15} + \dfrac{1}{2} \times (21.245 + 0.5 \times 6.52) \times 7.15 \times 1.2 = 159.68$kN

1 层 $V_b = 1.1 \times \dfrac{161.73 + 157.02}{7.075} + \dfrac{1}{2} \times (21.245 + 0.5 \times 6.52) \times 7.075 \times 1.2 = $ 153.58kN

BC 跨：

10 层 $V_b = 1.1 \times \dfrac{2 \times 41.78}{2.45} + \dfrac{1}{2} \times 1.725 \times 2.45 \times 1.2 = 40.05$kN

7 层 $V_b = 1.1 \times \dfrac{2 \times 52.46}{2.45} + \dfrac{1}{2} \times 1.875 \times 2.45 \times 1.2 = 49.86$kN

2 层 $V_b = 1.1 \times \dfrac{2 \times 35.05}{2.4} + \dfrac{1}{2} \times 1.875 \times 2.4 \times 1.2 = 34.83$kN

1 层 $V_b = 1.1 \times \dfrac{2 \times 31.40}{2.35} + \dfrac{1}{2} \times 1.875 \times 2.35 \times 1.2 = 32.04$kN

10.7.2　框架柱内力调整

1. 强柱弱梁 $\sum M_c = \eta_c \sum M_b$

A 柱：

7 层 $\sum M_{c7} = 1.1 \times 239.70 = 263.67$kN·m

$M_7^u = 263.67 \times \dfrac{69.879}{127.642} = 144.35$kN·m

$\sum M_{c6} = 1.1 \times 232.50 = 255.75$kN·m　　$M_7^b = 255.75 \times \dfrac{57.174}{124.539} = 117.41$kN·m

2 层 $\sum M_{c2} = 1.1 \times 178.36 = 196.20\text{kN} \cdot \text{m}$　$M_2^u = 196.20 \times \dfrac{32.391}{77.971} = 81.51\text{kN} \cdot \text{m}$

$\sum M_{c1} = 1.1 \times 163.73 = 180.10\text{kN} \cdot \text{m}$　$M_2^b = 180.10 \times \dfrac{46.611}{71.122} = 118.03\text{kN} \cdot \text{m}$

1 层 $M_1^u = 180.10 \times \dfrac{24.51}{71.122} = 62.07\text{kN} \cdot \text{m}$　$M_1^b = 135.85 \times 1.3 = 176.61\text{kN} \cdot \text{m}$

B柱：

7 层 $\sum M_{c7} = 1.1 \times (217.07 + 52.46) = 296.48\text{kN} \cdot \text{m}$

$$M_7^u = 296.48 \times \frac{80.204}{80.204 + 72.929} = 155.28\text{kN} \cdot \text{m}$$

$$\sum M_{c6} = 1.1 \times (229.0 + 54.74) = 312.11\text{kN} \cdot \text{m}$$

$$M_7^b = 312.11 \times \frac{80.204}{80.204 + 86.886} = 149.81\text{kN} \cdot \text{m}$$

2 层 $\sum M_{c2} = 1.1 \times (176.26 + 35.05) = 232.44\text{kN} \cdot \text{m}$

$$M_2^u = 232.44 \times \frac{44.833}{44.833 + 58.788} = 100.57\text{kN} \cdot \text{m}$$

$$\sum M_{c1} = 1.1 \times (157.02 + 31.40) = 207.26\text{kN} \cdot \text{m}$$

$$M_2^b = 207.26 \times \frac{57.061}{57.061 + 33.489} = 130.61\text{kN} \cdot \text{m}$$

1 层 $M_1^u = 207.26 \times \dfrac{33.489}{57.061 + 33.489} = 76.65\text{kN} \cdot \text{m}$

$$M_1^b = 143.26 \times 1.3 = 186.24\text{kN} \cdot \text{m}$$

2. 强剪弱弯 $V_c = \eta_{vc} \dfrac{M_c^u + M_c^b}{H_n}$

A柱：

10 层 $V_c = 1.1 \times \dfrac{219.68 + 123.83}{3.48} = 108.58\text{kN}$

7 层 $V_c = 1.1 \times \dfrac{144.35 + 117.41}{3.5} = 82.27\text{kN}$

2 层 $V_c = 1.1 \times \dfrac{81.51 + 118.03}{3.5} = 62.71\text{kN}$

1 层 $V_c = 1.1 \times \dfrac{62.07 + 176.61}{4.7} = 55.86\text{kN}$

B柱：

10 层 $V_c = 1.1 \times \dfrac{240.97 + 155.79}{3.48} = 125.41\text{kN}$

7 层 $V_c = 1.1 \times \dfrac{155.28 + 149.81}{3.5} = 95.89\text{kN}$

2 层 $V_c = 1.1 \times \dfrac{100.57 + 130.61}{3.5} = 72.66\text{kN}$

1 层 $V_c = 1.1 \times \dfrac{76.65 + 186.24}{4.7} = 61.53\text{kN}$

10.7.3　剪力墙内力调整

1. 正截面内力调整

1、2 层：底部加强部位（1～2 层）及上一层弯矩用底部底截面弯矩值

$$M = 43\,757.26\text{kN} \cdot \text{m}$$

7、10 层：$M' = 1.2M$

以 10 层下端弯矩 M 为例，说明计算方法，$M' = 1.2 \times 346.65 = 415.98\text{kN} \cdot \text{m}$。

2. 斜截面内力调整

1、2 层：底部加强部位 $V = \eta_{\text{vw}} V_{\text{w}}$

$$V_1^{\text{b}} = 1.2 \times 2251.32 = 2701.58\text{kN}$$

$$V_1^{\text{u}} = V_2^{\text{b}} = 1.2 \times 1970.61 = 2364.73\text{kN}$$

$$V_2^{\text{u}} = 1.2 \times 1766.16 = 2119.39\text{kN}$$

其他层：不调。

10.8　构 件 截 面 设 计

10.8.1　框架梁

以 1 层 AB 跨梁为例说明截面配筋计算过程，框架梁正截面、斜截面的最终配筋结果见表 10 - 39 和表 10 - 40。

1 层 AB 跨梁最不利内力：

跨中截面 $M = 126.65\text{kN} \cdot \text{m}$

支座截面 $M_{\text{A}} = 161.73\text{kN} \cdot \text{m}$　$V = 136.24\text{kN}$

C30 混凝土：$f_{\text{c}} = 14.3\text{N/mm}^2$　$f_{\text{t}} = 1.43\text{N/mm}^2$

纵筋选用 HRB400 级钢筋：$f_{\text{y}} = f_{\text{y}}' = 360\text{N/mm}^2$

箍筋选用 HPB300 级钢筋：$f_{\text{yv}} = 270\text{N/mm}^2$

1. 梁正截面受弯承载力计算（$\gamma_{\text{RE}} = 0.75$）

跨中配筋计算：因为梁板现浇，故跨中按 T 形截面计算。首先确定 T 形截面的翼缘宽度。

按计算跨度考虑：$b_{\text{f}}' = \dfrac{l_0}{3} = \dfrac{7800}{3} = 2600\text{mm}$；

按梁净距考虑：$b_{\text{f}}' = b + S_{\text{n}} = 300 + 3325 = 3625\text{mm}$；

按翼缘高度考虑：$h_{\text{f}}'/h_0 = 100/610 = 0.16 > 0.1, b_{\text{f}}'$ 不取值。

故梁受压区翼缘宽度 $b_{\text{f}}' = 2600\text{mm}$，翼缘厚度 $h_{\text{f}}' = 100\text{mm}$，$h_0 = 650 - 40 = 610\text{mm}$。

判断 T 形截面的类型：

$\alpha_1 f_{\text{c}} b_{\text{f}}' h_{\text{f}}' (h_0 - h_{\text{f}}'/2) = 1.0 \times 14.3 \times 2600 \times 100 \times (610 - 100/2) \times 10^{-6} = 2082.08\text{kN} \cdot \text{m} > \gamma_{\text{RE}} M = 0.75 \times 126.65 = 94.99\text{kN} \cdot \text{m}$，故属于第一类 T 形截面。

计算截面配筋：

$$\alpha_{\text{s}} = \frac{\gamma_{\text{RE}} M}{a_1 f_{\text{c}} b_{\text{f}}' h_0^2} = \frac{0.75 \times 126.65 \times 10^6}{1.0 \times 14.3 \times 2600 \times 610^2} = 0.006\,87$$

$\xi = 1 - \sqrt{1 - 2\alpha_{\text{s}}} = 1 - \sqrt{1 - 2 \times 0.006\,87} = 0.006\,89 < 0.35$，满足要求。

$$A_s = \alpha_1 f_c b'_f \xi h_0 / f_y = 1.0 \times 14.3 \times 2600 \times 0.006\,89 \times 610/360 = 434.1\,mm^2$$

$$\rho_{min} = 0.2\% > 0.45 \frac{f_t}{f_y} = 0.45 \times \frac{1.43}{360} = 0.179\%$$

$\rho = A_s/bh_0 = 434.1/(300 \times 610) = 0.237\% > 0.2\%$，满足要求。

选配钢筋 3 Φ 14 (实配面积 $A_s = 461\,mm^2$)

支座配筋计算：将跨中截面的 2 Φ 14 伸入支座，作为支座负弯矩作用下的受压钢筋 ($A'_s = 308mm^2$)，据此计算支座上部钢筋数量。因支座 A 与支座 B_1 的负弯矩值接近，故仅取支座 A 进行配筋计算，两支座采用相同配筋。

$$\alpha_s = \frac{\gamma_{RE}M_A - f'_y A'_s(h_0 - a'_s)}{\alpha_1 f_c bh_0^2} = \frac{0.75 \times 161.73 \times 10^6 - 360 \times 308 \times (610 - 40)}{1.0 \times 14.3 \times 300 \times 610^2} = 0.036\,4$$

$$\xi = 1 - \sqrt{1 - 2\alpha_s} = 1 - \sqrt{1 - 2 \times 0.036\,4} = 0.037 < 0.35$$

但 $\xi h_0 = 0.037 \times 610 = 22.6 < 2a'_s = 2 \times 40 = 80mm$

故 $A_{s2} = \frac{\gamma_{RE}M_A - f'_y A'_s(h_0 - a'_s)}{f_y(h_0 - a'_s)} = \frac{0.75 \times 161.73 \times 10^6 - 360 \times 308 \times (610 - 40)}{360 \times (610 - 40)} =$ 283.1 mm^2

则 $A_S = A_{S1} + A_{S2} = 308 + 283.1 = 591.1mm^2$

$\rho_{min} = 0.25\% > 0.55 \frac{f_t}{f_y} = 0.55 \times \frac{1.43}{360} = 0.22\%$ $\rho = A_s/bh_0 = 591.1/(300 \times 610) =$ 0.323% > 0.25%，满足要求。

选配钢筋 3 Φ 16 (实配面积 $A_s = 603\,mm^2$)

框架梁正截面配筋结果见表 10-39。

表 10-39　　　　　框架梁纵向钢筋计算

层次	截面		M	ξ	A_s	实配钢筋	实配钢筋面积	$p\%$
10	AB跨	跨中	185.92	0.010	638.2	3 Φ 18	763	0.417
		支座	183.78	0.021	671.7	3 Φ 18	763	0.417
	BC跨	跨中	14.17	0.008	95.6	2 Φ 14	308	0.331
		支座	41.78	0.003	322.4	3 Φ 18	763	0.820
7	AB跨	跨中	135.44	0.007	464.3	3 Φ 14	461	0.252
		支座	239.7	0.076	876.1	3 Φ 20	942	0.515
	BC跨	跨中	5.17	0.003	34.8	2 Φ 14	308	0.331
		支座	52.46	0.023	404.8	3 Φ 20	942	1.013
2	AB跨	跨中	127.41	0.007	436.7	3 Φ 14	461	0.252
		支座	178.36	0.045	651.9	3 Φ 18	763	0.417
	BC跨	跨中	3.25	0.002	21.9	2 Φ 14	308	0.331
		支座	35.05	—	—	3 Φ 18	763	0.820
1	AB跨	跨中	126.65	0.007	434.0	3 Φ 14	461	0.252
		支座	161.73	0.037	591.1	3 Φ 16	603	0.330
	BC跨	跨中	4.35	0.002	29.3	2 Φ 14	308	0.331
		支座	31.4	—	—	3 Φ 16	603	0.648

2. 梁斜截面受剪承载力计算（$\gamma_{RE} = 0.85$）

$0.2\beta_c f_c bh_0 = 0.2 \times 1.0 \times 14.3 \times 300 \times 610 \times 10^{-3} = 523.4\text{kN} > \gamma_{RE}V = 0.85 \times 153.58 = 130.54\text{kN}$ 满足要求。

$$\frac{nA_{sv1}}{s} = \frac{\gamma_{RE}V - 0.42f_t bh_0}{f_{yv}h_0} = \frac{0.85 \times 153.58 \times 10^3 - 0.42 \times 1.43 \times 300 \times 610}{270 \times 610} = 0.125$$

采用 $\phi 8$ 双肢箍，得 $s = \dfrac{2 \times 50.3}{0.125} = 804.8\text{mm}$

AB 跨：

梁端箍筋加密区长度为 $\max\{1.5h_b, 500\text{mm}\} = \max\{1.5 \times 650, 500\} = 975\text{mm}$，取 1000mm

箍筋最大间距为 $\min\{h_b/4, 8d, 150\text{mm}\} = \min\{650/4, 8 \times 14, 150\} = 112\text{mm}$

箍筋最小直径为 8mm

故箍筋加密区选用双肢 $\Phi 8@100$（$A_s = 503\text{ mm}^2$），非加密区选用双肢 $\Phi 8@200$（$A_s = 251\text{ mm}^2$）

$$\rho_{svmin} = 0.26\frac{f_t}{f_{yv}} = 0.26 \times \frac{1.43}{270} = 0.138\%$$

$\rho_{sv} = A_{sv}/b_s = 251/(300 \times 200) = 0.418\% > 0.138\%$，满足要求。

BC 跨：

梁端箍筋加密区长度为 $\max\{1.5\,h_b, 500\text{mm}\} = \max\{1.5 \times 350, 500\} = 525\text{mm}$，取 550mm。

箍筋最大间距为 $\min\{h_b/4, 8d, 150\text{mm}\} = \min\{350/4, 8 \times 14, 150\} = 87.5\text{mm}$。

箍筋最小直径为 8mm。

故箍筋加密区选用双肢 $\Phi 8@80$（$A_s = 629\text{ mm}^2$），非加密区选用双肢 $\Phi 8@160$（$A_s = 314\text{ mm}^2$）。

$\rho_{sv} = A_{sv}/b_s = 314/(300 \times 160) = 0.654\% > 0.138\%$，满足要求。

框架梁斜截面配筋结果见表 10 - 40。

表 10 - 40　　　　　　　　　　　　　　　框架梁箍筋数量计算

层次	截面	V	0.2Bffcbho	$A_{sv}(s)$	梁端加密区 实配钢筋	沿梁全长 实配钢筋
10	AB 跨支座	185.88	523.4	0.292	$\Phi 8@100$	$\Phi 8@200$
	BC 跨支座	40.05	266.0	-0.261	$\Phi 8@80$	$\Phi 8@160$
7	AB 跨支座	175.77	523.4	0.240	$\Phi 8@100$	$\Phi 8@200$
	BC 跨支座	49.86	266.0	-0.161	$\Phi 8@80$	$\Phi 8@160$
2	AB 跨支座	159.68	523.4	0.157	$\Phi 8@100$	$\Phi 8@200$
	BC 跨支座	34.83	266.0	-0.314	$\Phi 8@80$	$\Phi 8@160$
1	AB 跨支座	153.58	523.4	0.125	$\Phi 8@100$	$\Phi 8@200$
	BC 跨支座	32.04	266.0	-0.342	$\Phi 8@80$	$\Phi 8@160$

10.8.2　框架柱

框架柱采用混凝土 C40：$f_c = 19.1\text{N/mm}^2$　$f_t = 1.71\text{N/mm}^2$

纵筋选用 HRB400 级钢筋：$f_y = f'_y = 360\text{N/mm}^2$

箍筋选用 HPB300 级钢筋：$f_{yv} = 270\text{N/mm}^2$

1. 剪跨比及轴压比的验算

（1）剪跨比：$\lambda = \dfrac{M_c}{V_c h}$（式中：$M_c$、$V_c$ 分别为柱端部截面组合的弯矩设计值和剪力设计值。其中 M_c 取柱上下端截面弯矩设计值的较大者）。

（2）轴压比：$n = \dfrac{N}{f_c A}$（式中：N 取考虑地震作用效应组合的轴力设计值）。

剪跨比及轴压比的验算见表 10-41。

表 10-41　　　　　　　　　　　　剪跨比及轴压比验算

柱号	层次	b	h_0	f_c	M_c	V_c	N	$Mc/Vch0$	$N/fcbh$
A	10	550	510	19.1	219.68	95.42	369.48	4.51	0.06
	7	550	510	19.1	150.09	77.41	1199.24	3.80	0.21
	2	600	560	19.1	130.17	64.87	2623.49	3.58	0.38
	1	650	610	19.1	135.85	44.48	2934.79	5.01	0.36
B	10	550	510	19.1	240.97	110.21	413.38	4.29	0.07
	7	550	510	19.1	166.87	91.45	1606.42	3.58	0.28
	2	600	560	19.1	151.35	76.94	3587.65	3.51	0.52
	1	650	610	19.1	143.26	49.56	3999.27	4.74	0.50

根据《高规》规定对于三级抗震等级的柱剪跨比宜大于 2，轴压比不宜大于 0.9。根据以上计算结果表明，柱剪跨比和轴压比符合规范规定，满足要求。

2. 正截面受压承载力计算（$n>0.15$，$\gamma_{RE}=0.8$；$n<0.15$，$\gamma_{RE}=0.75$）

以 1 层 A 轴柱底截面为例说明框架柱正截面及斜截面配筋计算过程，框架柱正截面、斜截面最终配筋结果见表 10-42 和表 10-43。

由内力组合可见，A 柱上下端截面共 6 组内力，取 A 柱底截面 M_{max} 的一组（$M=176.61\text{kN·m}$，$N=2934.79\text{kN}$）进行配筋计算，采用对称配筋。

由于 $M_1/M_2 = 62.07/176.61 = 0.35 < 0.9$

轴压比 $n = 0.36 < 0.9$

$$i = \sqrt{\frac{I}{A}} = \frac{h}{\sqrt{12}} = \frac{650}{\sqrt{12}} = 187.64\text{mm}$$

$$l_0/i = 4800/187.64 = 25.58 < 34 - 12M_1/M_2 = 34 - 12 \times 0.35 = 29.8$$

故不需要考虑附加弯矩的影响。

$\alpha_1 f_c b \xi_b h_0 / \gamma_{RE} = 1.0 \times 19.1 \times 650 \times 0.518 \times 610 \times 10^{-3} / 0.8 = 4904\text{kN} > N = 2934.79\text{kN}$

故属大偏心受压。

$$x = \frac{\gamma_{RE} N}{\alpha_1 f_c b} = \frac{0.8 \times 2934.79 \times 10^3}{1.0 \times 19.1 \times 650} = 189.1\text{mm} > 2a'_s = 2 \times 40 = 80\text{mm}，满足要求。$$

$$e_0 = \frac{M}{N} = \frac{176.61 \times 10^3}{2934.79} = 60.2\text{mm}$$

$$e_a = \max\{h/30, 20\text{mm}\} = \max\{650/30, 20\} = 21.7\text{mm}$$

$$e_i = e_0 + e_a = 60.2 + 21.7 = 81.9\text{mm}$$

$$e = e_i + h/2 - a_s = 81.9 + 650/2 - 40 = 366.9\text{mm}$$

$$A_s = A'_s = \frac{\gamma_{RE} N \cdot e - \alpha_1 f_c bx(h_0 - x/2)}{f'_y(h_0 - a'_s)}$$

$$= \frac{0.8 \times 2934.79 \times 10^3 \times 366.9 - 1.0 \times 19.1 \times 650 \times 189.1 \times (610 - 189.1/2)}{360 \times (610 - 40)}$$

$$= -1699.8\text{mm}^2 < 0$$

故仅需按构造要求配筋。

三级抗震等级框架中柱、边柱全部纵向钢筋最小配筋百分率 $\rho_{min} = 0.65\%$

则一侧 $A_{smin} = \rho_{min} bh_0/2 = 0.65\% \times 650 \times 610/2 = 1288.6\text{mm}^2$

故每侧选用 2 ⌀ 22 + 2 ⌀ 20（实配面积 $A_s = A'_s = 1388\text{mm}^2$）

表 10 - 42　　　　　　　　　　框 架 柱 纵 筋 数 量

柱号	层次	计算值 As	实配 As	实配面积（mm²）	每一侧配筋率（%）	总配筋率（%）
A 柱	10	577.7	4 ⌀ 18	1017.0	0.363	0.725
	7	−477.3	4 ⌀ 18	1017.0	0.363	0.725
	2	−1556.3	4 ⌀ 20	1256.0	0.374	0.748
	1	−1699.8	2 ⌀ 22 + 2 ⌀ 20	1388.0	0.350	0.700
B 柱	10	627.9	4 ⌀ 18	1017.0	0.363	0.725
	7	−683.2	4 ⌀ 18	1017.0	0.363	0.725
	2	−1726.2	4 ⌀ 20	1256.0	0.374	0.748
	1	−1993.8	2 ⌀ 22 + 2 ⌀ 20	1388.0	0.350	0.700

3. 斜截面受剪承载力（$\gamma_{RE} = 0.85$）

不利内力：$V = 55.86\text{kN}$　$N = 2934.79\text{kN}$

$0.2\beta_c f_c bh_0 = 0.2 \times 1.0 \times 19.1 \times 650 \times 610 \times 10^{-3} = 1514.63\text{kN} > \gamma_{RE} V = 0.85 \times 55.86 = 47.48\text{kN}$ 满足要求。

$N = 2934.79\text{kN} > 0.3 f_c A_c = 0.3 \times 19.1 \times 650^2 \times 10^{-3} = 2421\text{kN}$，$N$ 取 $0.3 f_c A_c = 2421\text{kN}$

$$\lambda = \frac{H_n}{2h_0} = \frac{4700}{2 \times 610} = 3.85 > 3,\ \text{取}\ \lambda = 3$$

$$\frac{nA_{sv1}}{s} = \frac{\gamma_{RE} V - \dfrac{1.05}{\lambda + 1} f_t bh_0 - 0.056N}{f_{yv} h_{c0}}$$

$$= \frac{0.85 \times 55.86 \times 10^3 - \dfrac{1.05}{3 + 1} \times 1.71 \times 650 \times 610 - 0.056 \times 2421 \times 10^3}{270 \times 610}$$

$$= -1.6\text{mm}^2/\text{mm} < 0$$

仅需按构造要求配置箍筋。

4. 框架柱箍筋构造要求

（1）柱端箍筋加密区范围：

①底层柱上端和其他各层柱两端，取 $\max\{b,\dfrac{1}{6}H_c,500\text{mm}\}$

底层柱上端 $\max\{b,\dfrac{1}{6}H_c,500\text{mm}\}=\max\{650,\dfrac{1}{6}\times4700,500\}=783\text{mm}$，取 800mm。

②2～6 层柱两端 $\max\{b,\dfrac{1}{6}H_c,500\text{mm}\}=\max\{600,\dfrac{1}{6}\times3500,500\}=600\text{mm}$。

③7～10 层柱两端 $\max\{b,\dfrac{1}{6}H_c,500\text{mm}\}=\max\{550,\dfrac{1}{6}\times3500,500\}=583\text{mm}$，取 600mm。

④底层柱刚性地面上、下各 500mm 范围。

⑤底层柱柱根以上 $\dfrac{1}{3}H_c=\dfrac{1}{3}\times4700=1567\text{mm}$，取 1600mm。

（2）柱端箍筋加密区箍筋最大间距为：

$$\min\{8d,150\text{mm}(\text{柱根 }100\text{mm})\}=\min\{8\times20,150\}=150\text{mm}(100\text{mm})$$

（3）柱端箍筋加密区箍筋最小直径为 $\Phi8$。

故柱端箍筋加密区采用四肢 $\Phi8@100(A_{sv}=503\text{ mm}^2)$；非加密区采用四肢 $\Phi8@200(A_{sv}=251\text{ mm}^2)$，均采用井字形复合箍筋。

（4）柱端箍筋加密区箍筋的体积配箍率 ρ_v。

$$\rho_v=\frac{\sum A_{svi}l_i}{sA_{cor}}=\frac{50.3\times610\times8}{100\times610^2}=0.660\%>\lambda_v\frac{f_c}{f_{yv}}=0.07\times\frac{19.1}{270}=0.495\%，满足要$$
求。

5. 梁柱节点受剪承载力计算

$$V_j=\frac{\eta_{jb}\sum M_b}{h_{b0}-a_s'}\left(1-\frac{h_{b0}-a_s'}{H_c-h_b}\right)=\frac{1.1\times(217.07+52.46)\times10^3}{460-40}\times\left(1-\frac{460-40}{0.95\times3600-500}\right)$$
$$=604.37\text{kN}$$

因验算方向的梁截面宽度为 300mm＞550mm/2，故核芯区截面有效验算宽度 b_j 取 550mm。

$0.3\eta_j f_c b_j h_j/\gamma_{RE}=0.3\times1.0\times19.1\times550\times550\times10^{-3}/0.85=2039.21\text{kN}>604.37\text{kN}$，满足要求。

N 取 1606.42kN 和 $0.5f_cA=0.5\times19.1\times550^2\times10^{-3}=2888.9\text{kN}$ 中较小值，即 N 取 1606.42kN $f_{yv}\dfrac{A_{sv}}{s}(h_{b0}-a_s')\geqslant\gamma_{RE}V_j-\left(1.1\eta_j f_t b_j h_j+0.05\eta_j N\dfrac{b_j}{b_c}\right)=0.85\times604.37\times10^3-$

$\left(1.1\times1.0\times1.71\times550\times550+0.05\times1.0\times1606.42\times10^3\times\dfrac{550}{550}\right)<0$。

故节点核芯区箍筋按构造要求配置即可；取节点核芯区箍筋与柱端加密区箍筋相同，为四肢 $\varphi8@100$，箍筋用量见表 10-64。

核芯区剪压比验算：

$$\frac{\gamma_{RE}V_j}{\eta_j f_c b_j h_j}=\frac{604.37\times10^3}{1.0\times19.1\times550\times550}=0.105<0.3，满足要求。$$

上述计算取 $\sum M_b$ 最大、柱截面较小的节点计算。计算结果表明，采用柱端加密区的箍筋数量可满足节点核心区截面的受剪承载力。其他节点不必验算，节点核芯区截面的箍筋采用柱端加密区的箍筋数量即可。

表 10 - 43　　　　　　　　　　　　　　　**框 架 柱 箍 筋 数 量**

柱号	层次	V	$0.2\beta_{fbh}$	N(kN)	$0.3f_cA$	$A_{sv}(s)$	$\lambda_c f_c / f_{yv}$ (%)	加密区		非加密区	
								实配钢筋	ρ_v(%)	实配钢筋	$\rho_m$in
A柱	10	108.58	1071.51	369.48	1733	−0.4	0.424	$\Phi8@100$	0.660	$\Phi8@200$	0.165
	7	82.27	1071.51	1199.24	1733	−0.9	0.424	$\Phi8@100$	0.660	$\Phi8@200$	0.165
	2	64.87	1283.52	2623.49	2063	−1.4	0.495	$\Phi8@100$	0.660	$\Phi8@200$	0.165
	1	55.86	1514.63	2934.79	2421	−1.6	0.495	$\Phi8@100$	0.660	$\Phi8@200$	0.165
B柱	10	125.41	1071.51	413.38	1733	−0.3	0.424	$\Phi8@100$	0.660	$\Phi8@200$	0.165
	7	95.89	1071.51	1606.42	1733	−1.0	0.424	$\Phi8@100$	0.660	$\Phi8@200$	0.165
	2	76.94	1283.52	3587.65	2063	−1.3	0.637	$\Phi8@100$	0.660	$\Phi8@200$	0.165
	1	61.53	1514.63	3999.27	2421	−1.6	0.637	$\Phi8@100$	0.660	$\Phi8@200$	0.165

10.8.3　剪力墙

1. 剪跨比及轴压比验算

剪力墙的剪跨比 $\lambda = M/(Vh_{w0})$，其中 M 为与 V 相应的弯矩值，并且 M 与 V 应取调整后的值，但不应乘承载力抗震调整系数；另外，对同一层剪力墙，应取上、下端剪跨比计算结果的较大值。计算轴压比时，N 取重力荷载设计值，计算轴压比不宜超过剪力墙轴压比限值 0.6。表 10 - 44 列出了剪力墙剪跨比及轴压比的验算结果，表中 A_w、h_{w0} 分别表示剪力墙的截面面积和截面有效高度。可见，轴压比满足要求，剪跨比大于 2，按式 $V_w \leqslant 0.20\beta_c f_c b_w h_w / \gamma_{RE}$ 验算剪力墙的截面尺寸；剪跨比小于 2，按式 $V_w \leqslant 0.15\beta_c f_c b_w h_w / \gamma_{RE}$ 验算剪力墙的截面尺寸。

表 10 - 44　　　　　　　　　**剪力墙的剪跨比及轴压比验算**

层次	截面	A_w	h_{w0}	f_c	M	V	N	M/Vh_{w0}	$N/f_c A_w$
10	上端	2 483 500	8025	19.1	165.82	180.61	775.88	0.11	0.016
	下端	2 483 500	8025	19.1	415.98	136.13	1021.86	0.38	0.022
7	上端	2 483 500	8025	19.1	4172.74	679.96	2452.54	0.76	0.052
	下端	2 483 500	8025	19.1	7418.98	920.37	2698.53	1.00	0.057
2	上端	2 579 000	8050	19.1	43 757.26	2119.39	5130.43	2.56	0.104
	下端	2 579 000	8050	19.1	43 757.26	2364.73	5376.41	2.30	0.109
1	上端	2 967 500	8075	19.1	43 757.26	2364.73	5665.96	2.29	0.100
	下端	2 967 500	8075	19.1	43 757.26	2701.58	6038.86	2.01	0.107

C40 混凝土：$f_c = 19.1\text{N/mm}^2$　　$f_c = 1.71\text{N/mm}^2$；

水平及竖向分布筋用 HPB300 级钢筋：$f_{yv} = f_{yw} = 270\text{N/mm}^2$；

端部受力钢筋选用 HRB400 级钢筋，$f_y = f'_y = 360\text{N/mm}^2$。

2. 正截面受压承载力计算（$\gamma_{RE} = 0.85$）

以 1 层剪力墙为例说明配筋计算方法，其正截面、斜截面配筋结果见表 10 - 45 和表 10 - 46。

不利内力：$M = 43\,757.26\text{kN} \cdot \text{m}$　$N = 5821.14\text{kN}$

C40 混凝土：$f_c = 19.1\text{N/mm}^2$　$f_c = 1.71\text{N/mm}^2$

水平及竖向分布筋用 HPB300 级钢筋：$f_{yv} = f_{yw} = 270\text{N/mm}^2$

端部受力钢筋选用 HRB400 级钢筋，$f_y = f'_y = 360\text{N/mm}^2$

剪力墙的翼缘宽度 $b'_f = 650\text{mm}$，翼缘厚度 $h'_f = 650\text{mm}$，$b_w = 300\text{mm}$，$h_w = 8375\text{mm}$，$a'_s = b_w = 300\text{mm}$，$h_{w0} = 8075\text{mm}$。竖向分布钢筋采用 2 排 $\Phi14@200$，相应的配筋率为 $\rho_w = \dfrac{A_{sw}}{b_w s}$
$$= \frac{308}{300 \times 200} = 0.513\% > 0.25\%，\text{满足要求。}$$

采用对称配筋，先假定 $\sigma_s = f_y$，且 $x < h_f$

$$x = \frac{\gamma_{RE} N + b_w h_{w0} f_{yw} \rho_w}{\alpha_1 f_c b'_f + 1.5 b_w f_{yw} \rho_w}$$

$$= \frac{0.85 \times 5821.14 \times 10^3 + 300 \times 8075 \times 270 \times 0.513\%}{1.0 \times 19.1 \times 650 + 1.5 \times 300 \times 270 \times 0.513\%} = 637\text{mm} < h'_f$$

所得 $x < \xi_b h_{w0} = 0.518 \times 8075 = 4182.85\text{mm}$ 且 $x > 2a'_s = 2 \times 300 = 600\text{mm}$

$$M_{sw} = \frac{1}{2}(h_{w0} - 1.5x)^2 b_w f_{yw} \rho_w$$

$$= \frac{1}{2} \times (8075 - 1.5 \times 637)2 \times 300 \times 270 \times 0.513\% = 1.053\,17 \times 10^{10}\text{N} \cdot \text{mm}$$

$$M_c = \alpha_1 f_c b'_f x\left(h_{w0} - \frac{x}{2}\right) = 1.0 \times 19.1 \times 650 \times 637 \times \left(8075 - \frac{637}{2}\right)$$

$$= 6.132\,68 \times 10^{10}\text{N} \cdot \text{mm}$$

$$A_s = A'_s = \frac{\gamma_{RE} M + \gamma_{RE} N(h_{w0} - h_w/2) + M_{sw} - M_c}{f'_y(h_{w0} - a'_s)}$$

$$= \frac{0.85 \times 43\,757.26 \times 10^6 + 0.85 \times 5821.14 \times 10^3 \times (8075 - 8375/2) + 1.053\,17 \times 10^{10} - 6.13268 \times 10^{10}}{360 \times (8075 - 300)}$$

$$= 2012.8\text{mm}^2 < 3380\text{mm}^2$$

且 $\lambda_N < 0.3$，故剪力墙可不设约束边缘构件，仅设构造边缘构件。

底部加强部位（1、2 层）：纵向钢筋最小量为 $\max\{0.08A_c, 6\varphi14\} = 0.008 \times 650^2 = 3380\text{mm}^2$

选配 12 Φ 20（实配面积 $A_s = 12 \times 314.2 = 3770.4\text{mm}^2$）

其他部位（7、10 层）：纵向钢筋最小量为 $\max\{0.06A_c, 6\varphi12\} = 0.006 \times 550^2 = 1815\text{mm}^2$

选配 12 Φ 14（实配面积 $A_s = 12 \times 153.9 = 1846.8\text{mm}^2$）

表 10 - 45　　　　　　　　剪力墙纵向钢筋计算

层次	$M(\text{kN} \cdot \text{m})$	$N(\text{kN})$	ξ	$A_s(\text{mm})$	实配钢筋（A_s）	
10	415.98	1047.60	0.047	−5721.0	12 Φ 14	1846.8
7	7418.98	2595.72	0.062	−5336.7		

层次	$M(kN \cdot m)$	$N(kN)$	ξ	$A_s(mm)$	实配钢筋（A_s）	
2	43 757.26	5170.91	0.080	2839.2	12 ϕ 20	3770.4
1	43 757.26	5821.14	0.079	2012.8		

3. 斜截面承载力的计算（$\gamma_{RE}=0.85$）

不利内力：$V = 2701.58kN$ $N = 5821.14kN$

由表可知，该剪力墙的剪跨比为 2.29＞2.0

$0.2\beta_c f_c b_w h_w = 0.2 \times 1.0 \times 19.1 \times 300 \times 8375 \times 10^{-3} = 9597.75kN > \gamma_{RE}V = 0.85 \times 2701.58 = 2296.34kN$，满足要求。

$\lambda=2.29＞2.2$，取 $\lambda=2.2$

$0.2f_c b_w h_w = 0.2 \times 19.1 \times 300 \times 8375 = 9597.75kN > N$，计算时取 N 等于 5821.14kN。

$$\frac{A_{sh}}{s} = \frac{\gamma_{RE}V_w - \frac{1}{\lambda - 0.5}\left(0.4f_t b_w h_{w0} - 0.1N\frac{A_w}{A}\right)}{0.8f_{yv}h_{w0}}$$

$$= \frac{0.85 \times 2701.58 \times 10^3 - \frac{1}{2.2 - 0.5} \times (0.4 \times 1.71 \times 300 \times 8075 - 0.1 \times 5821.14 \times 10^3 \times 1)}{0.8 \times 270 \times 8075}$$

$$= 0.954$$

选用 2 排 $\Phi12@200$，相应的 $\frac{A_{sh}}{s} = \frac{226}{200} = 1.13 > 0.954$。

配筋率为 $\rho_{sh} = \frac{A_{sh}}{bs} = \frac{226}{300 \times 200} = 0.377\% > 0.25\%$，满足要求。

表 10 - 46 剪力墙水平分布钢筋计算

层次	V	$0.15(0.2)\beta fbh$	N	$0.2f_t b_w h_w$	$A_{sh}(s)$	实配钢筋		
						数量	$A_{sh}(s)$	ρ（%）
10	180.61	6201.292 5	1047.60	8268.39	−0.674	2Φ12@200	1.13	0.435
7	920.37	6201.292 5	2595.72	8268.39	−0.222	2Φ12@200	1.13	0.435
2	2364.73	8293.22	5170.91	8293.22	0.847	2Φ12@200	1.13	0.435
1	2701.58	9597.75	5821.14	9597.75	0.954	2Φ12@200	1.13	0.377

4. 连梁

连梁正截面受弯承载力及斜截面受剪承载力计算与框架梁的计算结果相同，配筋结果见③轴线框架梁 BC 跨配筋。

10.9 框架梁、框架柱、剪力墙施工图

框架梁、框架柱、剪力墙施工图分别见图 10 - 30～图 10 - 32。

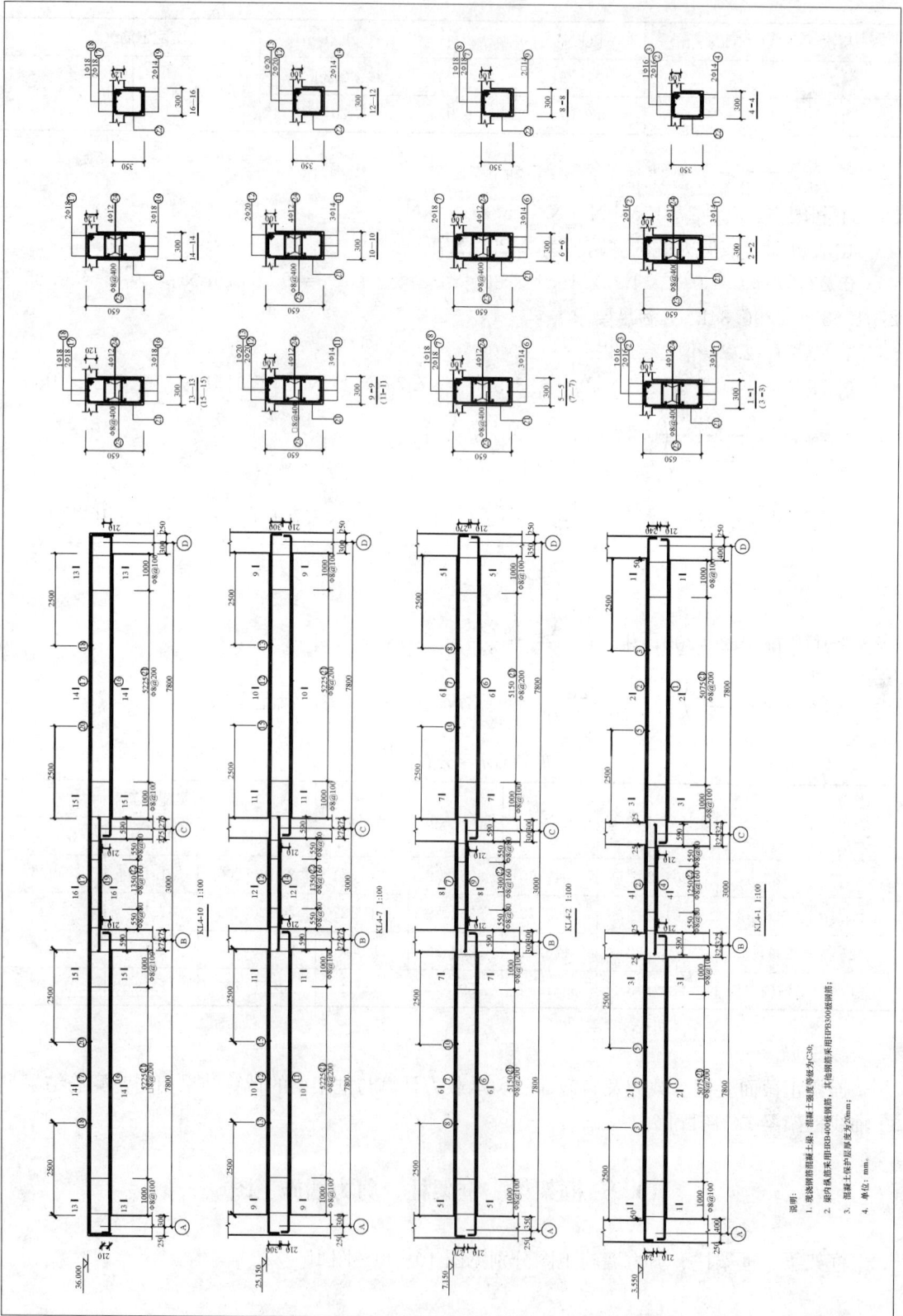

图 10-30

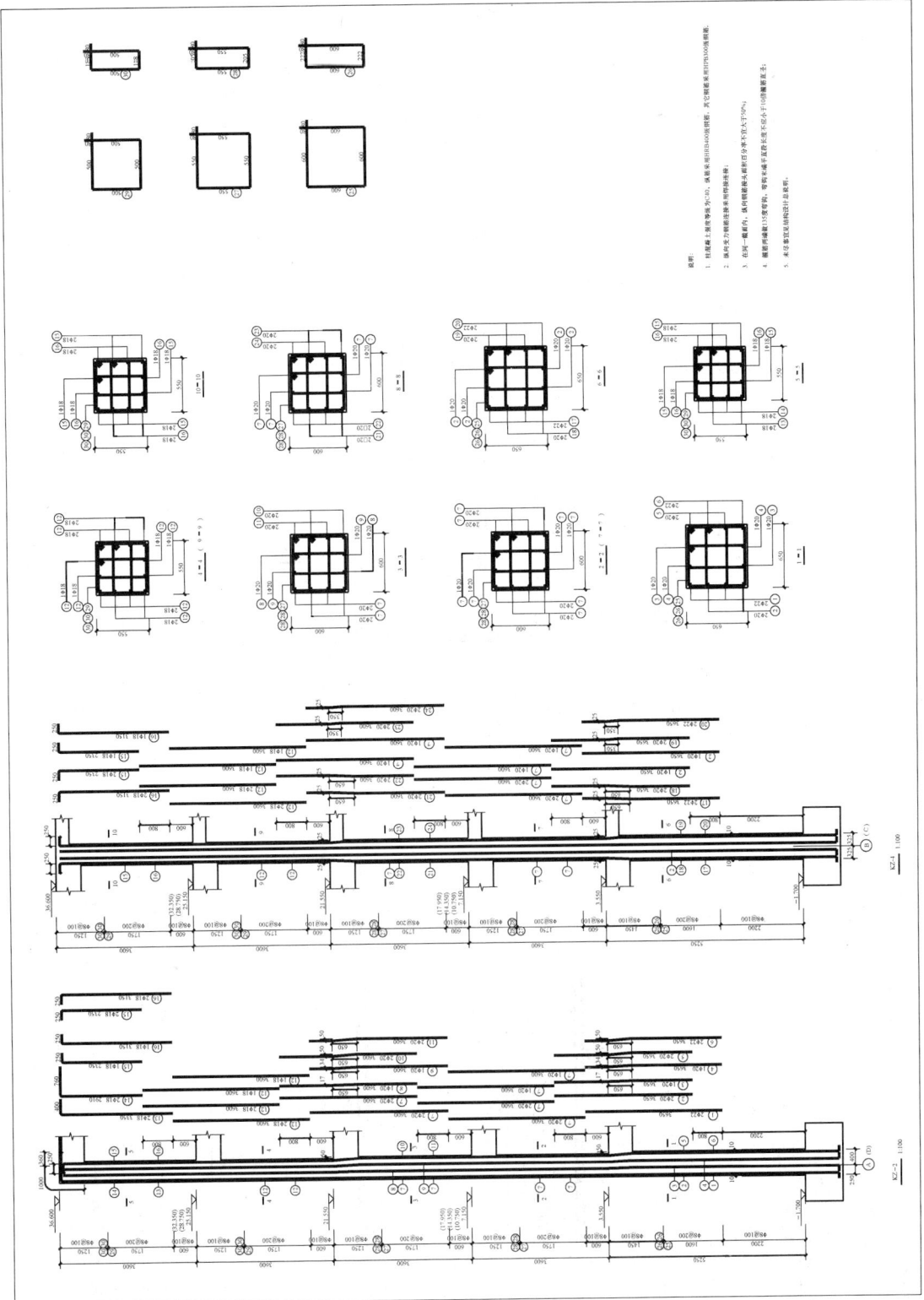

图 10 - 31

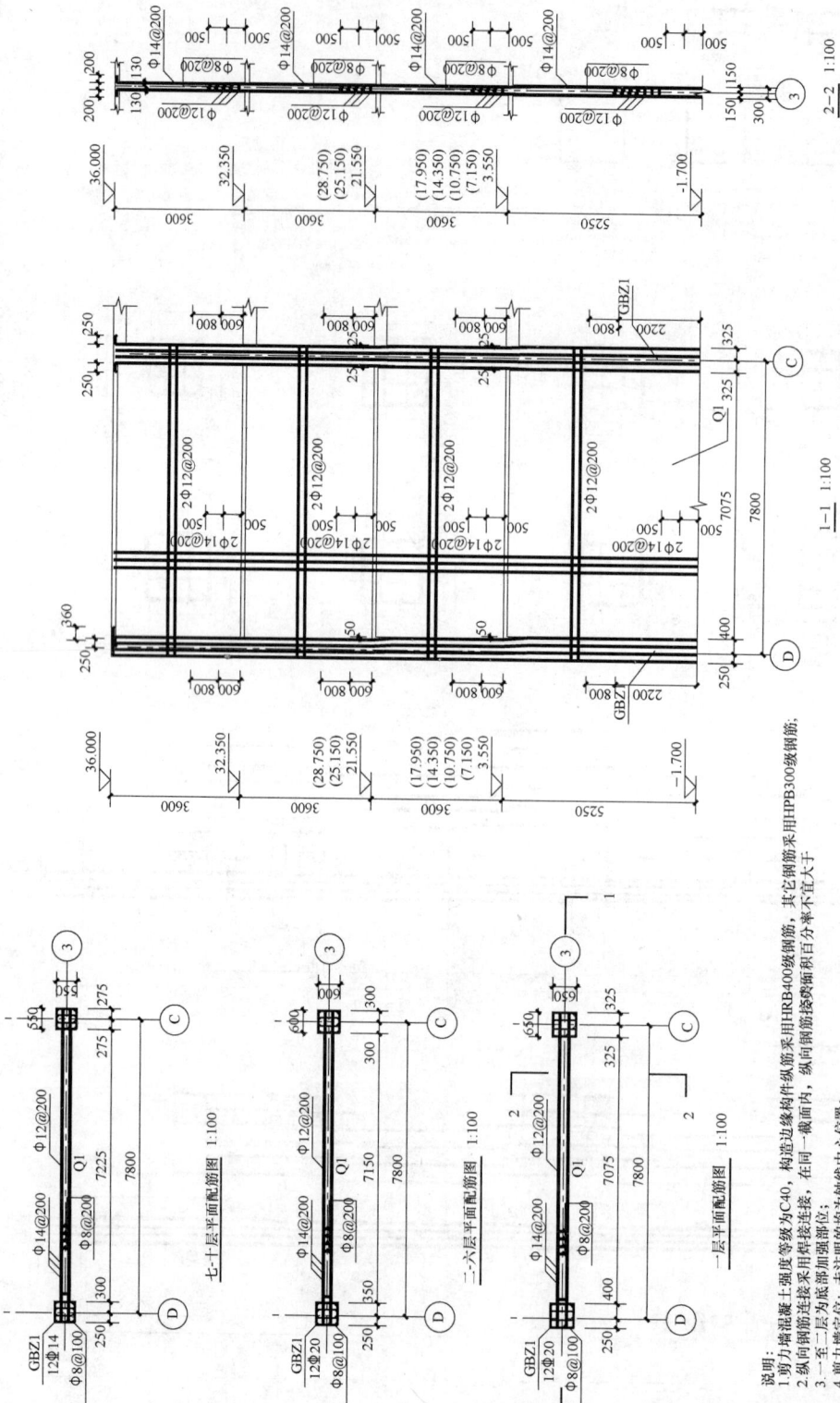

图 10-32

参 考 文 献

[1] 建筑结构荷载规范（GB 50009—2012）. 北京：中国建筑工业出版社，2012.

[2] 建筑抗震设计规范（GB 50011—2012）. 北京：中国建筑工业出版社，2010.

[3] 高层建筑混凝土结构技术规程（JGJ 3—2010）. 北京：中国建筑工业出版社，2010.

[4] 混凝土结构设计规范（GB 50010—2010）. 北京：中国建筑工业出版社，2010.

[5] 钱稼茹，赵作周，叶列平. 高层建筑结构设计 [M]. 2 版. 北京：中国建筑工业出版社，2012.

[6] 沈小璞. 高层建筑结构设计 [M]. 武汉：武汉大学出版社，2014.

[7] 包世华. 新编高层建筑结构 [M]. 3 版. 北京：中国水利水电出版社，2013.

[8] 吕西林. 高层建筑结构 [M]. 3 版. 武汉：武汉理工大学出版社，2012.

[9] 霍达，何宜斌. 高层建筑结构设计 [M]. 2 版，高等教育出版社，2012.

[10] 施岚青. 2016 一级注册结构工程师专业考试复习教程 [M]. 北京：中国建筑工业出版社，2016.

[11] 黄林青. 高层建筑混凝土结构 [M]. 1 版，中国电力出版社，2009.